コンクリート工学の基礎

建設材料 コンクリート：改訂・改題

村田 二郎・長瀧 重義・菊川 浩治 ｜ 著

鈴木 一雄・藤原 浩巳・久田 真・佐伯 竜彦 ｜ 改訂

共立出版

はじめに

　昨年（2011年）3月11日に日本を襲った東日本大震災は，尋常ならざる被害を国土および国民にもたらしたことで，我々建設技術に携わる者に激しい衝撃を与えるものでした．

　先人から引き継がれ，我々の世代まで営々と築き上げてきた建設技術は，人の命と財産を守る最重要なものであるとの自負が崩れ去り，多くの命が失われたことに対して，すべての建設技術者が，深い自責の念を感じているものと思います．

　また，「コンクリートでは人の命は守れない！」などの活字を目にする度に，長年コンクリート工学を専門としてきた者として忸怩たる思いをさせられてしまいますが，しかし反面「本当にそうか？」という思いも湧き起こってきます．確かにコンクリートだけでは人の命は守れません．しかしコンクリートなくしては人の命は守れないのも事実です．今回の震災におけるコンクリート構造物への被害から，これまで見過ごされてきた問題点を洗い出し，さらに安全性を高めるための技術開発にチャレンジしていくことこそが，我々の果たすべき使命と信じます．

　本書は，旧「建設材料　コンクリート」を著者の一人である村田二郎先生のご指導を受けた鈴木と長瀧重義先生よりご指導を受けた藤原，久田，佐伯の4名で改訂して，書名も「コンクリート工学の基礎」と改題したものです．執筆中に東日本大震災があり，新たにコンクリート工学を学ぶ学生諸君や新進の技術者のための書として，前述の思いが伝わってくれることを念じて書いたつもりでおります．コンクリート工学の基本について，新たなる技術を盛り込みながら，わかりやすく全般を網羅するようにしておりますので，是非，良き参考書としてご愛読いただければ幸いです．

　また，不備な点や至らぬ点もあるかと存じますので，読者からのご叱正をお願いいたします．

　2012年3月　　　　　　　　　　　　　　　　　　　　　　　　　改訂者一同

目 次

第1章 総 論

1.1 定　義 *1*
1.2 複合材料としてのコンクリート *1*
1.3 コンクリートの長所と短所 *2*
1.4 環境とコンクリート *2*
1.5 規準類および資格 *3*

第2章 セメント

2.1 セメントの種類 *5*
2.2 ポルトランドセメント *6*
2.3 混合セメント *15*
2.4 その他のセメント *19*
　　演習問題 *24*

第3章 水

3.1 一　般 *27*
3.2 塩類を含む水 *28*
3.3 海　水 *28*
3.4 その他の成分を含む水 *29*
3.5 レディーミクストコンクリート工場の回収水 *29*
　　演習問題 *30*

第4章 骨 材

4.1 概　説 *31*
4.2 細粗骨材の区分 *31*
4.3 骨材の含水状態 *32*

4.4	密度および単位容積質量	34
4.5	耐久性（耐凍害性）	35
4.6	粒　度	36
4.7	粗骨材の最大寸法	40
4.8	有害物	41
4.9	化学的および物理的安定性	43
4.10	すりへり抵抗性	44
4.11	海砂・山砂	44
4.12	砕石・砕砂	46
4.13	スラグ骨材	50
4.14	軽量骨材	58
4.15	重量骨材	61
4.16	再生骨材	62
	演習問題	62

第5章　混和材料

5.1	概　説	65
5.2	ポゾラン	66
5.3	鉱物質微粉末	70
5.4	膨張材	72
5.5	AE 剤	74
5.6	減水剤および AE 減水剤	76
5.7	高性能減水剤および高性能 AE 減水剤	77
5.8	促進剤	80
5.9	遅延剤	81
5.10	その他の混和材料	83
	演習問題	87

第6章　フレッシュコンクリートの性質

6.1	概　説	89
6.2	ワーカビリティー	90

6.3	コンシステンシー	93
6.4	フィニッシャビリティー	95
6.5	プラスティシティー	95
6.6	レオロジー	96
6.7	材料分離	102
6.8	空気量	104
6.9	塩化物	106
6.10	初期ひび割れ	107
6.11	コンクリートの側圧	107
	演習問題	109

第7章　硬化コンクリートの性質

7.1	単位容積質量	113
7.2	圧縮強度	114
7.3	圧縮強度以外の強度	120
7.4	コンクリートの弾塑性的性質	127
7.5	コンクリートの体積変化	133
7.6	熱的性質	137
7.7	耐久性	137
7.8	水密性	147
7.9	耐火性	148
7.10	耐冷性	149
	演習問題	150

第8章　配　　合

8.1	概　説	153
8.2	コンクリートの性能照査	153
8.3	配合の表し方	163
8.4	配合の設計	165
8.5	現場配合への修正	169
8.6	配合設計例	170

演習問題 *172*

第9章　現場練りコンクリート

9.1　概　説 *175*
9.2　施工管理 *175*
9.3　コンクリートの施工 *176*
　　演習問題 *180*

第10章　レディーミクストコンクリート

10.1　概　説 *181*
10.2　レディーミクストコンクリートの種類および呼び方 *182*
10.3　品質および容積 *184*
10.4　材料および配合 *186*
10.5　製造方法 *189*
10.6　品質管理 *193*
10.7　購　入 *204*
10.8　検　査 *206*
10.9　報　告 *211*
　　　演習問題 *216*

第11章　プレキャストコンクリート

11.1　概　説 *217*
11.2　プレキャストコンクリートの製造 *218*
11.3　主な製品 *226*
11.4　特殊プレキャストコンクリート *234*
　　　演習問題 *236*

12章　コンクリート試験法

12.1　概　説 *239*
12.2　フレッシュコンクリートの管理試験 *239*
12.3　硬化コンクリートの試験 *246*

演習問題 ……………………………………………………………… *259*
演習問題解答 …………………………………………………… *261*
索　引 ………………………………………………………………… *273*

1 総　　論

コンクリートは鉄鋼とともに，建設材料のうち最も重要なものである．広義のコンクリートは，アスファルトコンクリート，プラスチックコンクリートを含むが，通常はセメントコンクリートを指している．

1.1　定　　義

(1)　コンクリートは，セメント，水，細骨材，粗骨材および必要に応じて混和材料を練り混ぜ，その他の方法によって一体化したものをいう．なおモルタルはコンクリートのうち粗骨材を欠くもの，セメントペーストはモルタルのうち細骨材を欠くものである．

(2)　鉄筋コンクリートとは補強材として鉄筋をコンクリートに埋め込んだものをいい，型鋼と鉄筋で補強したものを鋼コンクリート合成構造という．補強材として高張力鋼線，鋼より線または鋼棒あるいはプラスチック長繊維を用い，プレストレスを導入したものをプレストレストコンクリートという．

1.2　複合材料としてのコンクリート

(1)　コンクリートは重要な複合材料の1つである．複合材料には分散強化形と繊維強化形がある．コンクリートは多種の素材からなる多相分散強化形複合材料に分類される．

(2)　鉄筋コンクリートでは，一般にコンクリートを均等質材料と考え，コンクリートと鉄筋からなる二相繊維強化形複合材料として取り扱われている．

(3)　それぞれの複合材料には固有の複合則がある．Abramsの水セメント

比法則はコンクリートの重要な複合則である．しかし，今日までに複合則として明らかにされたものは水セメント比法則以外はきわめて少ない．これは，コンクリートを構成する素材の種類が多く，かつ各素材の粒形，粒度，物理化学特性が著しく異なっていて，複合機構がきわめて複雑なため，これを解析的に究明することが難しいことを物語っている．

（4）　近年，空げき理論，多孔体における水や空気の透過理論，熱流れ理論，レオロジーに基づく理論解析法や種々の有限要素法による数値解析法等の適用ならびに高性能の光学機器や細孔分布測定装置，分析機器等の活用により，コンクリートの複合機構やその法則性が次第に明らかになっている．これらの成果は，コンクリート構造物の設計，施工の合理化，省力化に大きく寄与するものと期待される．

1.3　コンクリートの長所と短所

（1）　コンクリートは（ⅰ）圧縮強度および剛性が大きい，（ⅱ）耐久性，耐火性が優れている，（ⅲ）任意の形状および寸法の部材をつくることができる，（ⅳ）構造物を単体的につくることができる，などの長所がある．

（2）　一方，（ⅰ）自重が大きく，長大スパンの橋梁などをつくることが難しい，（ⅱ）乾燥収縮および自己収縮を起こすことと引張強度が小さいことから，ひび割れが生じやすい，（ⅲ）取りこわしが困難である，などの短所がある．

1.4　環境とコンクリート

コンクリートの材料であるセメントは，その製造において大量のCO_2を排出する．また，コンクリートの製造やコンクリート構造物の施工においても多量な資源とエネルギーを必要とする．

一方で，セメントの製造においては，副産物や廃棄物を原料や燃料として受け入れており，セメント産業は「静脈産業」とも呼ばれている．さらに，ある種の副産物や廃棄物はコンクリートの材料として積極的に利用されている．

コンクリートは社会資本を整備する上で欠かせない材料であることから，環境負荷の低減，さらには環境保全に貢献できる技術開発を進めていくことが大切である．

1.5 規準類および資格

A 関連規準類

(1) 規準：土木学会コンクリート標準示方書は，設計編，施工編，ダムコンクリート編，維持管理編および規準編からなり〔以下，示方書（設計編），示方書（施工編），示方書（ダム編），示方書（維持管理編）および示方書（規準編）と略記する〕，コンクリート構造物の設計・施工の全般にわたって適用される基本的な事項を示している．その他，日本道路協会では道路に関連のあるコンクリート構造物，すなわち舗装，橋梁，基礎などの規準を定めており，日本大ダム会議ではコンクリートダムの設計・施工規準を制定している．日本コンクリート工学会では，コンクリート構造物の設計，施工あるいは試験方法に関する指針類を定めている．

また，NEXCO，JRなどでは，それぞれの業務範囲のコンクリート構造物の設計・施工規準を定めている．

外国にも同様な規準があり，その主なものは，米国コンクリート学会規準（ACI Standard），英国規格協会規準（BS Code），ドイツ規格（DIN）などがある．

(2) 規格：コンクリートの材料，製品，施工機械，試験方法などの規格（日本工業規格 JIS）が日本工業標準調査会（JISC）によって定められている．

国際規格は，国際標準化機構（ISO）によって定められている．

外国規格の主なものは，米国材料試験協会の規格（ASTM standard），英国規格（BS），ドイツ規格（DIN）および欧州統一規格（CENEN）などである．

(3) 法規：土木構造物の設計・施工全般に対する法律はない．ただし，型枠，支保工の設計，施工に関して厚生労働省労働安全衛生規則があり，労務について労働基準法がある．

B 資格

コンクリート技術に関係のある資格に技術士および技術士補（文部科学省），土木施工管理技士（国土交通省），コンクリート技士および主任技士，コンクリート診断士（日本コンクリート工学会），プレストレストコンクリート技士

（プレストレストコンクリート技術協会），コンクリートブロック製造技士（全国土木コンクリートブロック協会）などがある．技術士は工学全般にわたる広い範囲の部門があり，関連部門は「コンクリートおよび鋼構造部門」である．コンクリート技士および主任技士はコンクリート施工技術の専門的資格である．

2 セメント

2.1 セメントの種類

　セメントの種類は非常に多く，種々の分類法が提案されているが，現在わが国の土木・建築工事に用いられているセメントは次のようである．

(a) ポルトランドセメント（JIS R 5210）
　　普通ポルトランドセメント
　　早強ポルトランドセメント
　　超早強ポルトランドセメント
　　中庸熱ポルトランドセメント
　　低熱ポルトランドセメント
　　耐硫酸塩ポルトランドセメント

(b) 混合セメント
　　高炉セメント（A，B，C種 JIS R 5211）
　　シリカセメント（A，B，C種 JIS R 5212）
　　フライアッシュセメント（A，B，C種 JIS R 5213）

(c) エコセメント（JIS R 5214）

(d) 白色セメント，カラーセメント

(e) 超速硬セメント（レギュレーテッドセットセメント）

(f) 膨張セメント

　このほか，さらに特殊なセメントとして耐酸セメント，コロイドセメント，油井セメント，アルミナセメント，リン酸セメントなどがある．

2.2 ポルトランドセメント

A 製　造

a クリンカーの原料・製造

(1) ポルトランドセメント（Portland cement）は，小豆粒大のクリンカー（clinker）を製造し，ついでせっこうを加え，微粉砕して製造する．

(2) クリンカーは，CaO，SiO_2，Al_2O_3，Fe_2O_3 を含有する原料を適当な割合で混合したものを焼成してつくる．

(3) クリンカーをつくるときの主原料は，表2.1のようである．

表2.1　ポルトランドセメントクリンカーの主原料（2000年度）

原料	クリンカー1tをつくるのに必要な量	摘　要
石灰石	1093 kg	CaO 原料，一般に $CaCO_3$ の含有量 95% 以上．$MgCO_3$ が過多なものは使用できない．
粘土	279 kg	Al_2O_3，SiO_2 原料，頁岩，泥岩，粘板岩風化物など．
軟質けい石 可溶白土		粘土のみでは SiO_2 が不足する場合に用いられる．
鉄滓，銅カラミ	30 kg	Fe_2O_3 原料，粘土中の Fe_2O_3 では不足するので用いる．溶融点を下げる．

(4) 表2.1に示す原料は合計で1.45tであるが，焼成により炭酸ガス，水分，有機物などが失われて1tのクリンカーができる．

(5) 近年は，省エネルギー，炭酸ガス排出の抑制およびセメント中のアルカリ（Na，K）を低減する等の目的でフライアッシュや高炉スラグ，転炉スラグをクリンカーの原料として用いている工場が多くなっている．

b クリンカーの製造方法

わが国においては，クリンカーはほぼ全量が乾式法で製造されている．

(1) 石灰石，粘土類を乾燥し破砕する．これを所定の割合に調合し，微粉砕して回転窯に投入し焼成する．乾式改良法は石灰石と粘土原料を別々に粉砕調合してから焼成する方法で，熱効率が良く，品質も良くなる．

(2) 回転窯における焼成反応：回転窯には約5%の下りこう配がついており，原料は窯の回転に伴って徐々に移動し，焼成帯に至り焼き締められる．回転窯中における焼成反応は，表2.2のようである．このようにして生成したク

リンカーの主要組成化合物は，C_3S，C_2S，C_3A，C_4AF であって，その量的割合は，普通，早強，超早強，中庸熱，低熱，耐硫酸塩のタイプによって異なる．近年は，NSP と呼ばれる竪窯を併用し熱効果を高めている．

表 2.2 クリンカーの焼成反応

温度（℃）	焼成反応
100～110	原料中の水分蒸発
450～600	粘土の脱水・分解（Al_2O_3 と SiO_2 の結合が弛緩する）
750～900	石灰石の分解（$CaCO_3 \longrightarrow CaO + CO_2$）
800～1000	ウォラストナイト（$CaO \cdot SiO_2$）の生成
950～1200	けい酸二カルシウム（$2CaO \cdot SiO_2$，C_2S と略記）の生成
1200～1300	アルミン酸三カルシウム（$3CaO \cdot Al_2O_3$，C_3A と略記）や鉄アルミン酸四カルシウム（$4CaO \cdot Al_2O_3 \cdot Fe_2O_3$，$C_4AFC4AF$ と略記）系液相の生成
1350～1450	けい酸三カルシウム（$3CaO \cdot SiO_2$，C_3S と略記）の生成

注）セメント化学では CaO を C，SiO_2 を S，Al_2O_3 を A，Fe_2O_3 を F と略してよいことになっている．したがって $2CaO \cdot SiO_2$ を C_2S と略記できる．

c　クリンカーの粉砕

(1) 焼成されたクリンカーはエアークエンチングクーラなどにより急冷され，仕上げミルでせっこうとともに微粉砕されてポルトランドセメントとなる．

(2) せっこうは，凝結時間を調節する目的で添加され，その量は質量比で約 3% である．

(3) 普通ポルトランドセメントの場合には，JIS R 5211（高炉セメント）に規定する高炉スラグ，JIS R 5212（シリカセメント）に規定するシリカ質混合材，JIS A 6201（フライアッシュ）に規定するフライアッシュまたは炭酸カルシウム 95% 以上を含むセメント製造用石灰石をそれぞれ単独または組み合わせたものを加えて，混合粉砕するか，あらかじめ粉砕したものを加えて均一に混合してもよい．その総量は質量比でセメントの 5% 以下とする．

B　化学成分と化合物

(1) ポルトランドセメントの化学成分は，セメントの種類だけでなく製造工場によっても多少異なるが，その平均的な値は表 2.3 に示すようである．

(2) セメントの化学成分分析は JIS R 5202 ポルトランドセメントの化学分析方法によっているが，工場による分析のスピード化等も考慮して，平成 14

表2.3 ポルトランドセメントの化学成分（平成14年セメント協会資料）

セメント の種類	強熱減量 (ig. loss)	不溶残分 (insol.)	化学成分（%）					
			SiO_2	Al_2O_3	Fe_2O_3	CaO	MgO	SO_3
普通	1.8	0.2	21.1	5.1	2.8	64.2	1.5	2.0
早強	1.2	0.1	20.4	4.8	2.7	65.2	1.3	2.9
中庸熱	0.4	0.1	23.0	3.8	4.1	64.1	1.3	2.0
低熱	1.0	0.1	26.3	2.7	2.55	63.5	0.9	2.3

年にセメントの蛍光X線分析方法がJIS R 5204として新しく制定された．なおこの方法による分析値はJIS R 5202附属書に定める分析値と等値になるよう規格化されている．

　(3)　クリンカー中では表2.3に示す化学成分は単味では存在せず，焼成によって化合物を形成し，さらにその化合物が主成分となって，エーライト，ビーライトなどの組成鉱物をなしている．表2.4に各組成鉱物の特性ならびにポルトランドセメント中に占める比率を示す．

表2.4 組成鉱物の特性および化合物の含有比率の標準

組成鉱物	主要化合物	組成鉱物の特性					化合物含有比率（%）			
		早期強度	長期強度	水和熱	乾燥収縮	化学抵抗	普通	早強	中庸熱	耐硫酸塩
エーライト	C_3S	大（3～28日の強度発現）	中	中	中	—	51	64	43	54
ビーライト	C_2S	小	大（28日以後の強度発現）	小	中	—	25	11	35	27
フェライト相	C_4AF	小	小	中	小	大	9	9	12	12
アルミネート相	C_3A	大（1日の強度発現に影響）	小	大	大	小	9	8	5	2

　(4)　表2.4に示すように，早強セメントはC_3Sを多くして早期強度が大きくなるようにしてある．中庸熱セメントは低収縮，耐硫酸塩の性質を有するようC_3S，C_3Aを減じ，C_2S，C_4AFを増してある．中庸熱セメントは初期強度が若干小さいが，非常に安定で土木用セメントに適している．低熱セメントはさらにC_2S（40%以上）を増したもので，熱の発生が少なく，長期強度が期待できる．高強度，高流動コンクリートの製造にも適している．耐硫酸塩セメン

トは C_4AF を増し，C_3A を減じて化学抵抗性を増してある．

(5)　近年アルカリ骨材反応によるコンクリート構造物の早期劣化を防ぐためにセメント中のアルカリ量（全アルカリ＝$Na_2O+0.658K_2O$）を 0.6% 以下とした低アルカリ形のポルトランドセメントが規格化されている．また現在では普通ポルトランドセメント中のアルカリ量は，0.75% 以下に収まるよう製造管理されている．

(6)　塩化物の総量規制を反映して，ポルトランドセメント中の塩化物イオン（Cl^-）量は 0.02% 以下に規定してきたが，循環型社会構築におけるセメントの役割を配慮して 2003 年に普通ポルトランドセメントのみ 0.035% に引き上げられた．

C　水　和

(1)　ポルトランドセメントに水を加えて練ると，時間の経過とともに流動性を失い固化する．これはセメントと水との化学反応によるものであって，これをセメントの水和（hydration）という．

(2)　セメント中の鉱物組成が水に対して示す性質が異なっているばかりでなく，さらにそれらの水和物は複雑な結晶性または非結晶性物質より形成されるきわめて複雑な物質であるため，セメントの水和現象には未解明の点も多いが，およそ図 2.1 に示す水和機構で説明されている．

(3)　図 2.1 に示す水和作用によって生成する結晶は，図 2.2 の水和モデル図に示すようにしだいに成長して互いに交錯し，その間にゲル状物質を包み込む．このゲルが脱水して硬質ゲルとなり，また，結晶化によってしだいに組織を密実にし，大きい強度を発揮する[1]．

(4)　組成化合物の水和速度について：粒径 25μ の粒子が 75% だけ水和するのに要する時間は，C_3S で 7 日間，C_2S で 5.5 ヶ月，C_3A は 3 時間程度であり，実際のセメント粒子が水和する層の厚さは，20℃ の場合 1 日で 0.5μ，7 日で 1.7μ，28 日で 3.5μ，90 日で 5μ 程度である．

(5)　ポルトランドセメントの完全水和に要する水量は，およそセメントの 35〜37%（質量比）といわれている．図 2.3 はセメント硬化体構成成分の容積百分率を示したものである．

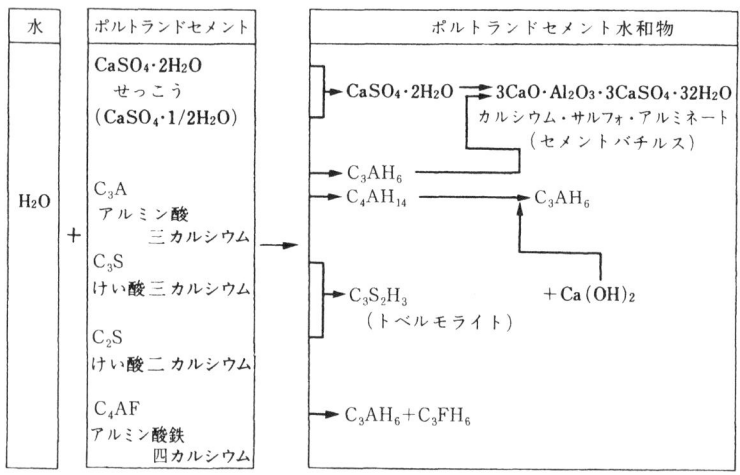

図2.1 セメントの水和機構

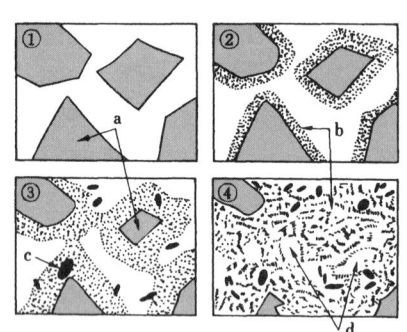

a：未水和のセメント　b：ゲル
c：$Ca(OH)_2$などの大型結晶　d：毛細管空げき

図2.2 ポルトランドセメントの水和モデル[1]

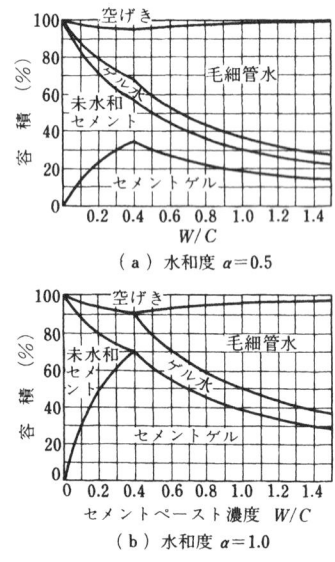

図2.3 セメント硬化体構成成分の容積百分率[2]

D 風化

(1) セメントを空気中で貯蔵すると，空気中の湿気および炭酸ガスを吸収して軽微な水和反応と炭酸化を生じて固化する．この現象を風化（aeration）という．

(2) 風化の機構については次式のように説明されている[3]．アルカリ含有量の低いセメントでは，(ⅰ)，(ⅱ)，(ⅲ) の反応が主体となり，アルカリ含有量の高いセメントでは，(ⅳ)，(ⅴ)，(ⅵ) の反応も累加される．したがって高アルカリセメントの方が風化しやすい．

$$
\begin{array}{c}
\text{(ⅰ)} \quad\quad \text{(ⅱ)} \\
H_2O \quad\quad CO_2 \\
(\text{空気中}) \quad (\text{空気中}) \\
\text{Free } CaO \longrightarrow Ca(OH)_2 \longrightarrow CaCO_3 + H_2O \\
C_3S \\
(\text{ⅲ}) \downarrow R_2SO_4 \; (\text{セメント中}) \\
\quad\quad CO_2 \quad\quad\quad Ca(OH)_2 \\
CaSO_4 + ROH \longrightarrow R_2CO_3 + H_2O \longrightarrow CaCO_3 + ROH \\
(\text{ⅳ}) \quad\quad\quad (\text{ⅴ}) \\
(\text{ⅵ}) \downarrow \\
C_3A \quad H_2O \\
+ \longrightarrow C_3A \cdot 3CaSO_4 \cdot 32H_2O \\
CaSO_4
\end{array}
$$

(3) 風化したセメントは強熱減量が増え，密度が小さくなり，凝結が遅れ，強度が減少する．これは主としてセメント粒子の表面が薄い炭酸石灰の膜で被覆されて，水とセメントとの接触が阻害されるためである．

強熱減量は風化の程度の目安としてよい参考になるものであり，これが4%を示す程度に風化すれば，強度は60%程度にまで低下する．

E 物理的性質

ポルトランドセメントの物理的性質はJIS R 5210「ポルトランドセメント」に，試験方法はJIS R 5201「セメントの物理試験方法」に規定されている．

a 密度

(1) ポルトランドセメントの密度（density）は，普通セメントが$3.15\,g/cm^3$程度，早強セメントが$3.13\,g/cm^3$程度，超早強セメントが$3.10\,g/cm^3$程

度，中庸熱セメントが $3.20\,\mathrm{g/cm^3}$ 程度，低熱セメントが $3.23\,\mathrm{g/cm^3}$ 程度および耐硫酸塩セメントが $3.20\,\mathrm{g/cm^3}$ 程度である．一般に，SiO_2，Al_2O_3 に富むものは密度が大きく，CaO，Al_2O_3 に富むほど小さくなる．

(2) 密度は，焼成が不十分な場合，他物を混和しているとき，風化しているときなどに低い値を示す．

(3) 密度試験は JIS R 5201 に示す鉱油を用いる置換法で行う．この試験は (2) の事項を判定するために良い示唆を与えるものではあるが，密度の大小によってセメントの良否を判定することができないのは当然である．

b 粉末度

(1) セメントの成分が一定の場合には，粒子が細かいほど，すなわち粉末度（fineness）が高いほどセメントの表面積の総和が大きくなるから，水和反応が活発になり，凝結が早く，発熱速度も大きく早期強度が大となる．また 6.7 節 B で述べるコンクリートのブリーディング（bleeding）は小さくなる．

(2) しかし粉末度が細かすぎると，収縮量が大きくなること，湿気の影響を受けやすくなること，耐久性をいくぶん低下させること，粉砕費がかさむことなどの欠点を生じる．

(3) 市販のポルトランドセメントの粉末度はだいたい表 2.5 に示すようであって，いくぶん細かすぎる傾向にある．

表 2.5 ポルトランドセメントの粉末度（ブレーン比表面積 cm^2/g）

セメント	範囲	平均	規格値
普通セメント	2990〜3620	3410	≧2500
早強セメント	4080〜4580	4180	≧3300
超早強セメント	5580〜5950	5620	≧4000
中庸熱セメント	3070〜3290	3220	≧2500
低熱セメント	3120〜3440	3470	≧2500
耐硫酸塩セメント	3060〜3400	3300	≧2500

(4) 粉末度の試験は JIS R 5201 の「ブレーン空気透過法」によって行い，比表面積で示す．比表面積とは，粒子を球と仮定した場合の 1g のセメント粒子の全表面積を cm^2 単位で表したものである．したがって，比表面積が大きいほど粉末度が細かいことになる．

c 凝結

(1) セメントの凝結時間（setting-time）は，セメントの化学成分および

粉末度，水セメント比，温度および湿度などによって相違する．

(2) たとえば，試験温度と凝結時間の関係は表2.6に示すようであって，温度が高いほど凝結時間は短くなる．

(3) 凝結時間の試験は，JIS R 5201 に規定するビカー針を用い，標準軟度のセメントペーストについて行う．JIS R 5201には温度 $20±2℃$，湿度50%以上で試験した場合，普通，中庸熱，低熱および耐硫酸塩セメントでは始発は1時間以上，終結は10時間以内，早強，超早強セメントでは始発を45分間以上，終結は10時間以内とそれぞれ規定している．

表2.6 凝結時間と温度の関係

温度(℃)	湿度(%)	始　発 (時—分)	終　結 (時—分)
0	86	6—10	11—39
5	80	4—08	6—25
10	86	3—23	5—17
18	90	2—07	3—21
38	80	1—42	2—05

注）普通ポルトランドセメントの場合

(4) 普通セメント，早強セメント，中庸熱セメントの凝結時間は，始発2.5時間，終結3.5時間程度であり，低熱セメント，耐硫酸塩セメントは始発3時間，終結4時間程度である．超早強セメントは始発1.5時間，終結2.5時間でやはり凝結時間は最も短い．

(5) 凝結の始発および終結には物理化学的意味は少なく，ある一定の圧力に耐えられる硬さに達したときを始発・終結と約束したものである．

(6) 正常な凝結をしない場合を異常凝結といい，急結，二重凝結，偽凝結または著しい緩結などに分類されている．これらの異常凝結は主にセメント中のせっこうに起因するといわれており，軽度の場合には練混ぜ時間を延長するとか，施工に注意を払えばこのセメントを使用してよい．しかし重症の場合はコンクリートのワーカビリティー（workability）を悪くするので使用しないのがよい．

d　安定性

(1) セメントは，それを使用したコンクリートに異常膨張が生じて，膨張ひび割れやそりを生じさせたりしないような安定（soundness）のものでなければならない．

(2) 異常膨張の原因としては，セメントクリンカーの焼成不十分による遊離石灰の残存，遊離マグネシアの存在，クリンカー中の三酸化硫黄（無水硫酸）によるエトリンガイトの生成，などがあげられる．しかし今日のセメントは，

製造技術の進歩により安定性不良のものはほとんどない．

(3) JIS R 5201 には，安定性試験方法として，セメントペーストでつくったパットによる煮沸方法（促進法）およびルシャテリア法（附属書1）が規定されている．

e 強さ

(1) セメントの結合材としての結合力発現の程度を知れば，そのセメントを用いたコンクリートの強度の目安を得ることができる．しかしセメントペーストの強度からコンクリート強度を推定するよりも，モルタル強度から推定する方が近い推定値が得られるので，セメントの強さはモルタル試験によって行う．

(2) モルタルの強度は種々の条件によって影響を受けるので，JIS R 5201 は標準砂を使用し，セメント：砂を1：3，水セメント比50%の配合のモルタルでつくった4×4×16 cmの供試体を用いた場合の圧縮強度で示すように規定している．

(3) 各種セメントの強度規格値を表 2.7 に示す．

表2.7　各種セメントの強度規格値

セメントの種類		圧縮強さ (N/mm^2)				
		1日	3日	7日	28日	91日
ポルトランドセメント	普通	—	12.5	22.5	42.5	—
	早強	10.0	20.0	32.5	47.5	—
	超早強	20.0	30.0	40.0	50.0	—
	中庸熱	—	7.5	15.0	32.5	—
	低熱	—	—	7.5	22.5	42.5
	耐硫酸塩	—	10.0	20.0	40.0	—
高炉セメント	A種	—	12.5	22.5	42.5	—
	B種	—	10.0	17.5	42.5	—
	C種	—	7.5	15.0	40.0	—
フライアッシュセメント	A種	—	12.5	22.5	42.5	—
	B種	—	10.0	17.5	37.5	—
	C種	—	7.5	15.0	32.5	—

f 水和熱

(1) セメントの水和は発熱反応である．したがってマスコンクリートに用

いるセメントには水和熱の少ないことが要求される.

(2) 発熱量はセメントの各組成化合物によって異なるが,発熱に伴う温度上昇は粉末度によっても相違する.表2.8は各種セメ

表2.8 各種セメントの水和熱規格値(単位：J/g)

セメント種別 \ 材齢	7 日	28 日
中庸熱ポルトランド	290	340
低熱ポルトランド	250	290

ントのうち水和熱について規格値の定められているものを示したものであるが,中庸熱セメントや低熱セメントは水和熱の大きいC_3A, C_3Sが少なくなるように原料の調整が行われているので水和熱が小さく押えられている.水和熱の測定はJIS R 5203「セメントの水和熱測定方法」による.

g 収 縮

(1) 硬化したポルトランドセメントペーストは水中では膨張し,乾燥すれば収縮する.これは組織にゲル状物質を含有する物質に共通の性質である.

表2.9 セメント組成化合物の収縮率

組成化合物	収縮率($\times 10^{-5}$)
C_3S	79
C_2S	79
C_4AF	49
C_3A	234

(2) セメントの各組成化合物の収縮率は表2.9のようで,C_3Aの収縮に及ぼす影響はきわめて大きく,C_4AFの影響は小さい.またSO_3はセメントの収縮を少なくする.

(3) セメント水和物は空気中の炭酸ガスと反応して炭酸化物をつくるが,この反応も水和物に収縮を起こさせる.

2.3 混合セメント

A 高炉セメント

a 製 造

(1) 高炉スラグを溶融状態から自然に冷却すれば,安定な結晶を析出し,これを微粉砕しても水硬性がないが,大量の圧力水で急冷砕すると結晶を析出するひまがなく,ガラス質の多孔質粒状スラグができる.これを水砕という(空気で急冷砕したものを風砕と呼ぶ).

(2) 水砕はきわめて大きい潜在エネルギーを有しており,この物質自身では水硬性はないが,石灰またはセメントと混合し,水と混ぜるとアルカリ刺激を受けて固化する.これをスラグの潜在水硬性という.

(3) 高炉セメント（Portland blastfurnace slag cement）は，ポルトランドセメントに高炉急冷砕スラグを混ぜてつくった混合ポルトランドセメントである．

(4) 高炉セメントは，スラグの混合量により，A，BおよびC種に分類されている．高炉スラグの混合量は表 2.10 に示すようである．

表 2.10 高炉セメントの種類

種別	高炉スラグの混合率（質量%）
A 種	5をこえ30以下
B 種	30をこえ60以下
C 種	60をこえ70以下

(5) 高炉セメントに適した反応性の高いスラグであるためには，ガラス化率が高く，塩基度〔$(CaO+MgO+Al_2O_3)/SiO_2$〕が大きいことが望ましい．JIS R 5211「高炉セメント」では使用するスラグの塩基度を 1.4 以上（C 種高炉セメントでは 1.6 以上）と規定している．わが国の高炉セメント用スラグの化学成分の一例は表 2.11 のようであって，塩基度は 1.9 以上，ガラス化率も 95% 以上である．

表 2.11 高炉スラグの化学成分の一例

SiO_2	Al_2O_3	FeO	MnO	CaO	MgO	S	SiO_2	P	塩基度
32.1	16.7	1.2	1.3	42.2	3.4	1.2	0.7	—	1.94

b 水 和

(1) スラグは純水に接すると急速に反応するが，この反応によって，薄いけれども緻密なケイ酸ゲル層が粒子の表面に形成され，スラグ粒子内部への水の進入が妨げられる．

(2) しかしアルカリの存在のもとでは，ゲルは粗い群島構造を形成するので水和反応が進行する．

(3) ポルトランドセメントの水和物と本質的に異なる点は，スラグの場合水和に際してフリーな $Ca(OH)_2$ が生じないことである．

c 物理的性質

(1) スラグの性質や高炉セメントの種類（A，BおよびC種）によっていくぶん相違するが，密度はポルトランドセメントよりいくぶん小さくなる．高炉セメントに混入するスラグの粉末度はブレーン値で 4000〜4500 cm^2/g 程度であることが要求されるので，高炉セメントの粉末度はポルトランドセメントより一般に大きくなる．

(2) 凝結および初期強度の発現がポルトランドセメントより遅く，寒冷時

2.3 混合セメント

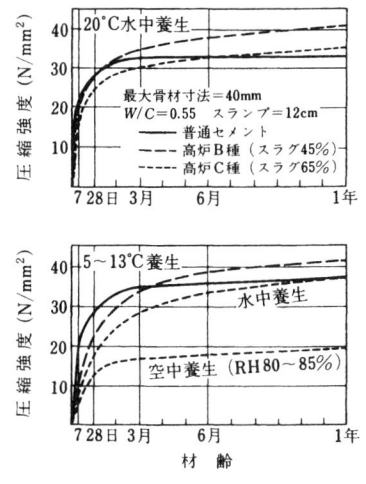

図 2.4 高炉セメントコンクリートの材齢と圧縮強度の関係[4]

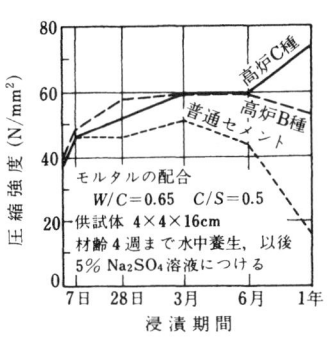

図 2.5 硫酸ナトリウム溶液に対する抵抗性[5]

には特にこの傾向が顕著に現れるので,初期の養生には十分な注意が必要である(図2.4).しかし長期材齢においては普通ポルトランドセメントと同等またはそれ以上となる.

(3) $Ca(OH)_2$ の生成が少ないうえに,スラグと反応して不溶性物質に変化するので,塩類や海水・下水などに対する化学的抵抗性が大きい(図2.5).

(4) 水和熱はスラグの性質,粉末度などにより必ずしも低くないが,高スラグ高炉セメントではかなり低くなる.スラグの混合量が60%程度の高炉セメントの水和熱は中庸熱セメントと同程度である(表2.8).

(5) 高炉セメントコンクリートは特に初期の湿潤養生が不十分であると,ひび割れの発生を招く原因となる.

(6) 水セメント比が同じ場合,高炉スラグコンクリートは普通ポルトランドセメントを用いたコンクリートより中性化がやや大きくなることが指摘されている.

(7) 現在市販されている高炉セメントはB種が主体で,A種,C種は少ない.

B　シリカセメントおよびフライアッシュセメント

a　製造

（1）　ポルトランドセメントクリンカーにシリカ質混和材料を調合し，適当量のせっこうを加えて微粉砕したものをシリカセメント（Portland pozzolan cement）という．

（2）　シリカ質混和材料は，天然産のものには火山灰，けい酸白土，凝灰岩があり，人工のものにはフライアッシュ，焼粘土などがある．

（3）　シリカ質混和材料としてフライアッシュを混合したものをフライアッシュセメント（fly ash cement）という．

（4）　JIS R 5212「シリカセメント」およびJIS R 5213「フライアッシュセメント」にはこれら混合材の混合量により，表2.12の3種に分類規定している．シリカセメントの場合A種のみが製造市販されている．

表2.12　シリカセメントおよびフライアッシュセメントの種類

種別	シリカ質混和材およびフライアッシュの混合率（質量%）
A 種	5をこえ10以下
B 種	10をこえ20以下
C 種	20をこえ30以下

b　水和

シリカ質混和材料（フライアッシュを含む）は，それ自身では水硬性をもたないが，水の存在において常温で$Ca(OH)_2$と化合する性質を有する．そして不溶性のケイ酸カルシウム塩やアルミン酸カルシウム塩を生成し硬化する．これをポゾラン反応（pozzolanic reaction）という．

c　物理的性質

（1）　シリカ質混和材およびフライアッシュの混合量によって相違するが，シリカセメント，フライアッシュセメントのいずれも密度はポルトランドセメントよりいくぶん小さい．粉末度はシリカセメントの場合，早強セメントと同程度，フライアッシュセメントの場合，中庸熱セメントと同程度と考えてよい．

（2）　材齢28日までの強さは普通ポルトランドセメントを使用した場合よりやや低いが，長期材齢では同程度またはそれ以上となる．

（3）　水密性の高いコンクリートがつくれる．

（4）　ポルトランドセメントに比べて化学抵抗性が大である．

（5）　水和熱は一般に低くなる．

(6) この種のセメントは長期間湿潤養生を行ったときに上記の利点が得られるものであるから，水理構造物のように十分長期間，湿潤養生ができる構造物に用いるのがよい．

(7) フライアッシュに未燃炭素が多く含まれると AE 剤の吸着が増大し，空気連行性が低下する．

(8) ポゾラン反応では $Ca(OH)_2$ を消費するため，普通ポルトランドセメントを用いたコンクリートと比べ中性化が大きくなる．

2.4 その他のセメント

A エコセメント

(1) 都市部などで発生する廃棄物のうち，主たる廃棄物である都市ごみを焼却した際に発生する灰を主とし，必要に応じて下水汚泥などの廃棄物を従としてクリンカーの主原料に用い，製品 1t につきこれらの廃棄物を乾燥ベースで 500 kg 以上使用してつくられるセメントをエコセメントと称し，平成 14 年に JIS R 5214 として新たに規格が制定された．

(2) エコセメントは商標でもあったが，Ecology と Economy の両者を満足するセメントの名称として規格にも用いることになった．

(3) エコセメントは，その特徴によって普通エコセメントと速硬エコセメントの 2 種類に分類される．

(4) 表 2.13 にエコセメントの品質規格値と実績値を示す．

(5) 普通エコセメントのクリンカー鉱物としては，C_3S，C_2S，C_3A，C_4AF で，前述のポルトランドセメントと同様であるが，塩化物イオン量が 0.1% 以下と許容値が高く，使用には配慮が必要である．

(6) 速硬エコセメントは，クリンカー鉱物として C_3S，C_2S，C_4AF の他に $C_{11}A_7 \cdot CaCl_2$ を含み速硬性を有する．可使時間の調整には，オキシカルボン酸系の遅延剤が有効である．また塩化物イオン量は 0.5～1.5% であるので無筋コンクリート部材に使用が可能である．表 2.14 にエコセメントの化学成分例を，表 2.15 に構成鉱物例をそれぞれ普通ポルトランドセメントと比較して示す．

表2.13 エコセメントの品質

種類 品質		普通エコセメント		速硬エコセメント	
		実績値	規格値	実績値	規格値
密度 (g/cm^3)		3.18	—	3.13	—
比表面積 (cm^2/g)		4,100	2,500 以上	5,300	3,300 以上
凝結	始発 (h-m)	2-21	1-00 以上	—	—
	終結 (h-m)	3-29	10-00 以下	0-20	1-00 以下
安定性	パット法	良	良	良	良
	ルシャテリエ法 mm	—	10 以下	—	10 以下
圧縮強さ (N/mm^2)	1 日	—	—	23.6	15.0 以上
	3 日	24.9	12.5 以上	30.6	22.5 以上
	7 日	35.2	22.5 以上	35.0	25.0 以上
	28 日	52.4	42.5 以上	48.6	32.5 以上
酸化マグネシウム %		1.84	5.0 以下	1.78	5.0 以下
三酸化硫黄 %		3.86	4.5 以下	8.79	10.0 以下
強熱減量 %		1.05	3.0 以下	0.73	3.0 以下
全アルカリ %		0.29	0.75 以下	0.56	0.75 以下
塩化物イオン %		0.053	0.1 以下	0.760	0.5 以上 1.5 以下

表2.14 エコセメントの化学成分例　　　単位%

種類	ig.loss	SiO$_2$	Al$_2$O$_3$	Fe$_2$O$_3$	CaO	MgO	SO$_3$	Na$_2$O	K$_2$O	Cl
普通エコセメント	1.05	16.95	7.96	4.40	61.04	1.84	3.86	0.28	0.02	0.053
速硬エコセメント	0.73	15.26	9.95	2.47	57.33	1.78	8.79	0.56	0.02	0.760
普通ポルトランドセメント	0.50	21.92	5.31	3.10	65.03	1.40	2.00	0.31	0.48	0.006

表2.15 エコセメントの構成鉱物例　　　単位%

種類	C$_3$S	C$_2$S	C$_3$A	C$_4$AF	C$_{11}$A$_7$·CaCl$_2$
普通エコセメント	49	12	14	13	0
速硬エコセメント	46	9	0	8	17
普通ポルトランドセメント	53	23	8	10	0

B 白色セメント

(1) 普通セメントが独特の灰緑色を示すのは，Fe_2O_3 と MgO の作用によるものであり，その主たるものは Fe_2O_3 である．したがって，この含有量を少なくすれば白色となる．

(2) 普通セメントに含まれる Fe_2O_3 の量は 3～4% であるが，白色セメント

では0.3％以下になるように，原料の選択，鉄以外の粉砕ボール（石球や溶融合成球）の使用などの処置がとられている．

(3) 白色セメントの物理的性質は，普通セメントに比べて早期強度はやや高いが，その他の性質はほとんど変わらない．試験成績の一例を表2.16に示す．

表2.16 白色ポルトランドセメントの試験成績の一例

密度 (g/cm^3)	粉末度 (cm^2/g)	凝結（時-分）		曲げ強さ (N/mm^2)			圧縮強さ (N/mm^2)			化学成分（％）						強熱減量（％）	不溶残分（％）
		始発	終結	3日	7日	28日	3日	7日	28日	SiO_2	Al_2O_3	Fe_2O_3	CaO	MgO	SO_3		
3.08	3400	2-52	4-33	4.4	5.8	7.2	20.6	29.2	41.5	23.5	4.6	0.2	66.6	1.2	2.3	1.3	0.1

(4) カラーセメントは白色セメントに各種の顔料を混合してつくる（表2.17）．

表2.17 カラーセメント用顔料の例

着色系	名称および主成分
赤	ベンガラ，合成酸化鉄（Fe_2O_3）
青	群青 $\{2(Al_2Na_2Si_3O_{10})\cdot NaSO_4\}$，コバルト（$CoO\cdot nAl_2O_3$）
黄	青合成酸化鉄（$Fe_2O_3\cdot H_2O$）
緑	酸化クローム（Cr_2O_3）
紫	コバルト $\{Co_3(PO_4)_2\}$，紫酸化鉄（Fe_2O_3）
黒	カーボンブラック（C），合成酸化鉄（$Fe_2O_3\cdot FeO$）
白	酸化チタン（TiO_2）

C 超速硬セメント（レギュレーテッドセットセメント）

(1) レギュレーテッドセットセメントは凝結・硬化時間を任意に変えられるセメントという意味で，この名前がつけられている．わが国では超早強性を期待することが多いので超速硬セメントと呼ばれている．表2.18に超速硬セメント試験成績の一例を示す．

(2) 超速硬セメントに注水すると，$C_{11}A_7\cdot CaF_2$は直ちに溶解し，ケイ酸カルシウム相の溶解によって生成した$Ca(OH)_2$およびセメント中の$CaSO_4$と反応してアルミン酸一硫酸カルシウム水和物を生成する．この反応は数分のオーダーである．また，硫酸塩水和物は$Ca(OH)_2$，$CaCO_3$，CaF_2などと一連のC_4AH_n系の連結固溶体をつくる．エーライト，ビーライト，フェライト相

表 2.18 超速硬セメントの試験成績の一例

密度 (g/cm³)	粉末度 (cm²/g)	凝結			曲げ強さ (N/mm²)							圧縮強さ (N/mm²)						
		水量(%)	始発(分)	終結(分)	2時間	3時間	6時間	1日	3日	7日	28日	2時間	3時間	6時間	1日	3日	7日	28日
3.04	5300	28.0	10	15	2.3	2.7	2.9	3.2	3.6	5.6	7.2	8.4	10.8	15.1	20.7	25.4	33.2	41.8

化学成分 (%)											鉱物組成 (%)				
強熱減量	不溶成分	SiO₂	Al₂O₃	Fe₂O₃	CaO	MgO	SO₃	F	Na₂O	K₂O	合計	C₃S	C₂S	C₁₁A₇·CaF₂	C₄AF
0.6	0.1	13.8	11.4	1.5	59.1	0.9	10.2	0.9	0.3	0.5	99.3	50.4	1.7	20.6	4.7

の反応はポルトランドセメントの場合と同じである．

(3) コンクリートの強さ試験結果は他のセメントよりも大きな値を示す[6] (図 2.6)．

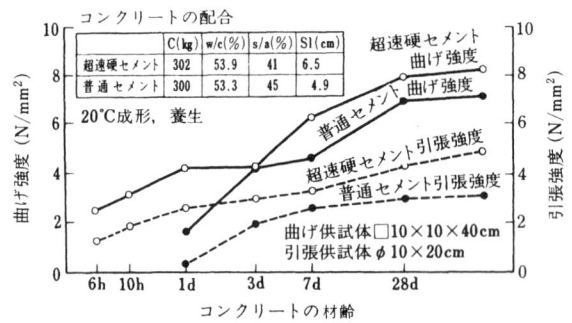

図 2.6 超速硬セメントコンクリートの曲げ引張強度の一例

(4) アルミナセメントにみられるような転移現象はないが，硬化時の発熱が大きいこと，始発後急速に硬化が進行するので表面仕上げの時期に注意すること，塩化カルシウムを用いないこと，ポルトランドセメントとの混用を避けることなどでは同一配慮が要求される．

D 膨張セメント

(1) セメントの収縮性を改善するため，水和時に計画的に膨張させる働きをもつセメントを膨張セメント (expansive cement) という．膨張セメントには，収縮補償用とケミカルプレストレス用とがある[7]．

(2) わが国では，膨張セメントは市販されておらず，膨張材 (5.4 節参照)

を膨張素材としてセメントに混入し,膨張セメントとして用いている.

(3) 理想的な膨張セメントの性状は図2.7に示すようであるが,現状では初期に大きな膨張を生じさせ,乾燥によって収縮が生じたのちの残存膨張が所定の値となるように膨張材の使用量を加減している.

(4) 膨張セメントの水和および性状については5.4節参照.

E　その他のセメント

その他,特殊な用途に用いられるセメントには次のようなものがある.

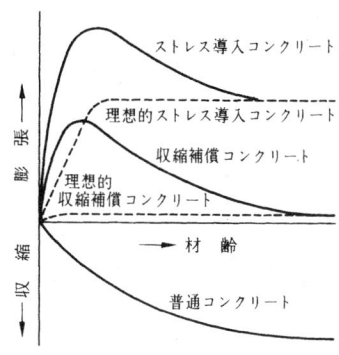

図2.7　膨張セメントコンクリートの膨張特性

(1) 耐酸セメント：耐酸性を目的につくられたセメントでヒューム管や下水溝などに用いられる.

(2) コロイドセメント：各種のグラウト工事に使用するセメントスラリーに用いる超微粉末のセメントをいう. 40μ ふるい残分がほとんど零になるよう微粉砕している.

(3) 油井セメント (oil well cement)：油井の掘削時にケーシングと坑壁との間にグラウトする際の材料として用いられる.一般に高温高圧下で所定時間の作業性が要求され,硬化後は所要の強度と耐硫酸塩性などが要求される.

(4) アルミナセメント：耐火物用に供せられるアルミナセメントはJIS R 2512にその品質が規定されている.アルミナセメントの主要組成はモノカルシウムアルミネート (CA) であり,その他 C_5A_3, C_6A_4FS などが含まれている.

(5) 超低発熱セメント：マスコンクリートの施工において,水和熱に伴う温度応力の低減,温度ひび割れの制御を目的として中庸熱ポルトランドセメントよりも発熱の少ない混合セメントが使用されている.混合材として高炉スラグのみを用いた2成分系,フライアッシュも併用した3成分系がある.

(6) 高ビーライト系セメント：混合材を用いずクリンカーのみで水和熱を下げる目的で,ビーライト (C_2S) 系組成物を増した高ビーライト系セメントも市販されている.この種のセメントは C_3A, C_4AF 含有量を少なくできるの

で，流動性に優れているとされている．なお，高ビーライト系セメントの大部分は低熱セメントの分類に含まれる．

　（7）　セメントに関する国際規格：セメントの試験方法については以前から国際規格（ISO）が制定されており，わが国の試験方法も大部分は整合させる形ですでに改正された．セメント品質規格についても，検討されているところである．

〈演習問題〉

2.1　ポルトランドセメントの主な組成鉱物を4つあげ，それぞれの特性を記せ．
2.2　ポルトランドセメントの粉砕時にせっこうを混入することの目的を述べよ．
2.3　実測したセメントの密度が標準の値よりも小さかったとき，どのような原因を考え，使用前にどのような試験をしてみなければならないか．
2.4　超速硬セメントは，どのような場合に用いると利点が大きいか述べよ．
2.5　セメントの粉末度を示すブレーン値の測定原理を述べよ．
2.6　セメントの試験には標準砂を用いるが，その理由を述べよ．
2.7　混合セメントの種類と特徴を述べよ．
2.8　耐硫酸塩セメントの特徴をあげよ．そしてその特徴に最も近い他のセメントはどれか考えよ．
2.9　普通ポルトランドセメントはセメント量の5%まで，高炉スラグ，フライアッシュなどを混和してよいとなっている．この利点，欠点について論ぜよ．
2.10　エコセメントの特徴を論ぜよ．

[参考文献]

1)　Taylor, H.F.W. : The Chemistry of Cement, pp.20-21, Academic Press（1964）
2)　Czernin, W. : 建設技術者のためのセメントコンクリート化学（徳根吉郎訳），pp.66-67, 技報堂（1966）
3)　渡辺幸三郎：風化したセメントの生かしかた，セメントコンクリート，No.86（1954）
4)　丸安，他：高炉セメントの使用方法に関する研究，土木学会論文集，No.65（1959）
5)　丸安，他：高炉セメントコンクリートの研究，東京大学生産技術研究所報告，

Vol.15, No.4（1966）

6) 松崎, 他：ジェットセメントの性質とその施工例, セメントコンクリートプロダクト（1972-5）

7) 長瀧重義：新しいセメントの使い方とその実例—膨張セメント, セメントコンクリート, No.320（1973）

3 水

3.1 一般

(1) 練混ぜ水はコンクリートのワーカビリティー,凝結硬化,強度発現,体積変化等に悪影響を及ぼしたり,鋼材を腐食させる物質の有害量を含んでいてはならない.一般に,特別なにおい,味,色,濁りなどがなく,飲料に適する水はコンクリート用練混ぜ水として使用できる.

(2) 練混ぜ水として,上水道水,河川水,湖沼水,地下水,工業用水等が用いられる.このうち上水道水はそのまま使用できるが,工場排水や都市下水で汚染された河川水,湖沼水等には,硫酸塩,リン酸塩,ヨウ化物,ホウ酸塩,炭酸塩や鉛,亜鉛,銅,すず,マンガン等の化合物,アルカリ等の無機物ならびに糖類,パルプ廃液,腐食物質等の有機不純物が含まれていることがあり,これらの物質がたとえ微量でも含まれている水を練混ぜ水として使用すると,コンクリートの凝結硬化,強度の発現,体積変化,ワーカビリティー等に悪影響を及ぼすことがある.

また練混ぜ水に塩化物,硝酸塩などが含まれていると鋼材を腐食させる恐れがあり,特にプレストレストコンクリートの場合,PC鋼材は常時高い応力を受け応力腐食を生じやすいので注意が必要である.また迷送電流のあるところでは,電食による鋼材の腐食が促進される.このため示方書(施工編)では上水道水以外の水の場合には,JSCE-B101「コンクリート用練混ぜ水の品質規格」(表3.1)またはJIS A 5308附属書C「レディーミクストコンクリートの練混ぜに用いる水」(表3.5)に適合するものを用いることを標準としている.

第3章 水

表3.1 上水道水以外の水の品質（JSCE-B101）

項　　　　目	品　　　　質
懸 濁 物 質 の 量	2 g/l 以下
溶解性蒸発残留物の量	1 g/l 以下
塩化物イオン（Cl⁻）量	200 ppm 以下
水素イオン濃度（pH）	5.8〜8.6
モルタルの圧縮強度比	材齢1, 7日および28日*で90%以上
空 気 量 の 増 分	±1%

＊材齢91日における圧縮強度比を確認しておくことが望ましい．

3.2 塩類を含む水

塩類の濃度が1000 ppm 以下の場合，塩の種類にかかわらず，コンクリートの凝結，硬化にほとんど影響しない．濃度が10000 ppm 程度になると，一般に影響が現れる．表3.2に種々の塩類（単味）を含む水を用いたモルタルの強度試験結果の例を示す．

表3.2 各種塩類を含む水を用いたモルタルの強度[1]

（塩類濃度 10000 ppm）

塩 の 種 類	フロー	空気量 (%)	圧縮強度（N/mm^2）	
			1 日	28 日
蒸　　留　　水	258	1.00	2.88	38.6
けい沸化ナトリウム	238	1.00	2.84	41.4 (1.07)
塩 化 ナ ト リ ウ ム	245	1.00	6.59	37.0 (0.96)
塩 化 ア ン モ ニ ウ ム	237	1.00	5.59	40.8 (1.06)
炭 酸 ナ ト リ ウ ム	175	2.00	3.49	22.9 (0.59)
硫 酸 マ グ ネ シ ウ ム	223	1.2	4.37	37.6 (0.97)
硝 酸 ナ ト リ ウ ム	255	0.9	2.18	36.1 (0.93)
フミン酸ナトリウム	255	1.2	2.43	34.5 (0.89)

モルタルの配合　セメント：砂＝1：2, 水セメント比65%

3.3 海　　水

（1）海水は鋼材を錆びさせるので鉄筋コンクリートに用いてはならない（用心鉄筋を配置した無筋コンクリートも含む）．海浜付近の井戸水には塩分が含まれている場合が多いから注意を要する．

（2）無筋コンクリートには，海水を用いてもよいが，凝結がいくぶん速くなること，長期材齢における強度増進が真水を用いた場合より小となること

(表3.3)，ナトリウム，カリウムなどのアルカリを含むから，アルカリ骨材反応を助長する恐れがあること，エフロレッセンスを生じやすいことなどに注意を要する．

表3.3 練混ぜ水に海水を用いたコンクリートの強度増進

練混ぜ水	圧縮強度 (N/mm²)					
	3日	7日	28日	3月	6月	1年
淡 水	7.6	14.5	25.0	28.7	31.8	33.3
海 水	15.2	16.0	21.0	23.7	24.2	24.9
	(2.0)	(1.10)	(0.84)	(0.88)	(0.76)	(0.75)

3.4 その他の成分を含む水

砂糖，タンニン，アマニ油などを含む水は，強度発現に著しい影響を与える（表3.4）．

表3.4 練混ぜ水中の不純物がコンクリートの強度に及ぼす影響

練混ぜ水中の不純物	寒天		タンニン		グリセリン		アマニ油	砂糖
含有量 (%)	0.14	1.00	0.14	1.00	0.14	1.00	1.00	1.00
圧縮強度 7日	70	0	51	0	118	18	0	0
比 (%)* 28日	70	0	77	0	130	75	0	0

*清浄な水を用いた場合の圧縮強度を100とした．

3.5 レディーミクストコンクリート工場の回収水

(1) レディーミクストコンクリート工場で，運搬車やプラントのミキサ，ホッパなどに付着したコンクリートを洗浄した排水から骨材を分離して得られた上澄水およびスラッジ水を総称して回収水という．

(2) 上澄水はそのまま練混ぜ水の一部として用いてよいが，スラッジ水を用いる場合は濃度，使用量を確実に管理しなければならない．

(3) 従来，単位セメント量に対するスラッジ固形分の質量比（スラッジ固形分率という）が2～3%以下であれば，コンクリートのワーカビリティー，強度，乾燥収縮などに影響しないことが認められており，JIS A 5308 附属書Cでは「スラッジ水を用いる場合，スラッジ固形分率は3%を超えてはならない」と規定している．したがって，練混ぜ水におけるスラッジ固形分の濃度を1%以下とすれば，一般に安全である．

回収水の品質規格（JIS A 5308）として表3.5の（　）内の規定を除いたもの，すなわち「懸濁物質の量」および「溶解性蒸発残留物の量」の規定を除いたものが定められている．

表3.5　レディーミクストコンクリートの練混ぜ水および回収水の品質
(JIS A 5308 附属書 C)

項　　目	品　　質
懸　濁　物　質　の　量	2 g/l 以下
溶解性蒸発残留物の量	1 g/l 以下
塩化物イオン（Cl⁻）量	200 ppm 以下
セメントの凝結時間の差	始発は30分以内，終結は60分以内
モルタルの圧縮強さの比*	材齢7日および材齢28日で90%以上

*JIS R 5201の強さ試験方法または土木学会規準「モルタルの圧縮強度によるコンクリート用練混ぜ水の試験方法」（$W/C=0.50$，フロー190±5）による．

〈演習問題〉

3.1　鉄筋コンクリートに及ぼす海水の影響について述べよ．
3.2　コンクリートの練混ぜ水としての使用の可否を判断する場合の要点を述べよ．
3.3　レディーミクストコンクリート工場における回収水の上澄水とスラッジ水の使用方法について述べよ．

[参考文献]

1)　仕入，他：コンクリート練混ぜ水の水質の規準化に関する実験的研究，日本建築学会論文報告集，第162号（1969）

4 骨　材

4.1 概　説

　骨材はコンクリートの構成材料の中で，単位体積中の混合割合が最も大きい．このため，骨材の品質は，コンクリート製造時の水分量，フレッシュコンクリートの性質，硬化コンクリートの性質などに大きな影響を及ぼす．骨材をその成因により分類すると，次のようになる．
　天然骨材：川砂，川砂利，海砂，海砂利，山砂，山砂利など．
　人工骨材：砕砂，砕石，スラグ骨材，人工軽量骨材，重量骨材，再生骨材など．
　良質な河川骨材の枯渇とともに骨材資源は多様化し，骨材の粒形，粒度，強度だけでなく，海砂に含まれる塩化物の量や山砂に含まれる粘土鉱物，砕石，砕砂に含まれることがある反応性物質や製造時に副産される微粒分の処理など，いろいろの問題が生じている．

4.2 細粗骨材の区分

　細骨材は5mm網ふるい（ふるい目の開き4.76mm）を通るもの，粗骨材は5mmふるいにとどまるものをいう．しかし，実用上不都合が起こらないよう，細骨材は10mmふるいを全部通り，5mmふるいを質量で85%以上通るもの，粗骨材は5mmふるいに質量で85%以上とどまるものとしている．

4.3 骨材の含水状態

A 一般

骨材からもたらされる水分は，練混ぜ時のコンクリート中の水量に直結するので，骨材の含水状態を把握することは重要である．図4.1は骨材の種々の含水状態を模式的に示したものである．

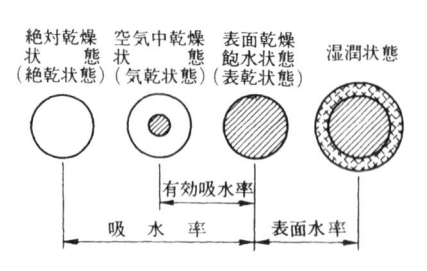

この図において

図4.1 骨材の含水状態の説明

(1) 表面乾燥飽水状態（表乾状態と略記する）を骨材の含水状態の基準とする．これは，コンクリート中で骨材とセメントペーストとの間に水分の授受がないと考えられるからである．

(2) 吸水率は表乾状態の骨材に含まれる水量であって，絶乾状態の骨材の質量百分率で表す．

(3) 表面水率は骨材の表面に付着する水の量で，表乾状態の骨材の質量百分率で表す．

B 吸水率

(1) 吸水率は主として通常の大気圧における毛管作用によって骨材内部に吸引される水量として求められるので，骨材の内部空げきの量を厳密に表すものではないが，実用的な空げき量の目安を与え，骨材の品質の良否をかなりよく表す．

(2) 図4.2は吸水率と安定性試験の不合格率との関係であって，吸水率が3％を超えると半数以上の試料が不合格となっており，吸水率と耐凍害性との間に密接な関係があることを示している．示方書（施工編）では，砂および砂利

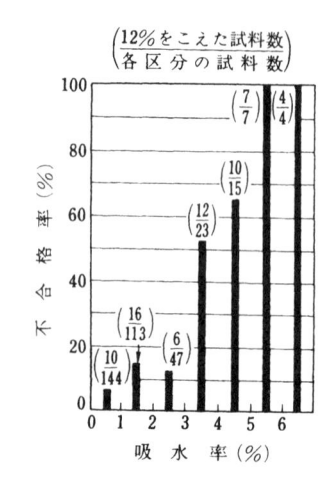

図4.2 砕石の給水率と安定性試験不合格率との関係[1]

の物理的品質として絶乾密度,吸水率および安定性を取り上げ,それぞれ表4.1の値を標準としており,吸水率は原則として砂の場合3.5%以下,砂利の場合3.0%以下としている.

表4.1 砂および砂利の物理的品質の標準値

骨　材	絶乾密度 (kg/l)	吸水率 (%)	安定性損失質量百分率 (%)
砂	2.5 以上	3.5 以下	10 以下
砂　利	2.5 以上	3.0 以下	12 以下

C 表面水率およびその測定法

(1) 使用する骨材が湿潤状態にあると,製造時のコンクリート中の水量は骨材の表面水の量だけ増加する(骨材が乾燥している場合はコンクリート中の水量は有効吸水率に相当する量だけ減少する).骨材の表面水率は常時変動しているのが普通であるから,これを頻繁に測定し,表面水率の変化に応じてコンクリートの練混ぜ水量などを調節することがコンクリートの品質管理上きわめて重要である.細骨材の表面水率の測定は粗骨材に比べて工夫を要するし,表面水率の変動がコンクリートの品質に及ぼす影響は表4.2のようにかなり大きい.

表4.2 細骨材の表面水率の変化がコンクリートのコンシステンシー,強度に及ぼす影響

砂の表面水率の変化	コンクリートのスランプの変化	コンクリートの圧縮強度の変化
±1%	±(3〜4)cm	∓(6〜8)%

(2) 細骨材の表面水率の測定方法には,JIS A 1111「細骨材の表面水率試験方法」,JIS A 1125「骨材の含水率試験方法および含水率に基づく表面水率の試験方法」,JIS A 1802「コンクリート生産工程管理用試験方法(遠心力による細骨材の表面水率試験方法)」,メスシリンダーによる簡易法などがある.メスシリンダーによる簡易法は測定時に,はかりなどの計器を要せず,測定に要する時間も1〜2分で,現場用として簡便である[2].

(3) JIS A 1125の方法は,赤外線ランプ,電気またはガスヒーターを用い,湿砂を乾燥して全含水率を求め,また,表乾状態の砂を乾燥して吸水率を求め,次式を用いて表面水率を算定する.赤外線ランプはその輻射熱により骨材を迅

速に乾燥することができる．

$$表面水率（\%）\quad H = (z - Q) \times \frac{1}{1 + \dfrac{Q}{100}}$$

ここに，z：含水率（骨材の乾燥質量に対する質量百分率）（％），Q：吸水率（％）．

(4) JIS A 1802 の方法は，約 100g の湿砂を遠心加速度 4000G で脱水したときを表乾状態とみなすもので，JIS A 1111，JIS A 1125 による試験値より若干小さい値となる（このため遠心表面水率と呼ぶ）が，簡易で迅速に求められるので，管理試験として有用である．

(5) 粗骨材の表面水率は，表面水を有する粗骨材試料の質量と，表面を乾いた布で拭い去った後の表乾質量との差から求められるが，別に JIS A 1803「コンクリート生産工程管理用試験方法，粗骨材の表面水率試験方法」が規格化されている．この方法は，使用時の含水状態の粗骨材約 3kg を試料とし，その気中質量および見かけの水中質量を測定し，次式から表面水率を計算する．

$$H = \frac{m_1 - m_3}{m_3} \times 100 \quad \left(ただし，m_3 = m_2 \times \frac{D_S}{D_S - 1}\right)$$

ここに，H：表面水率（表面乾燥飽水状態の粗骨材の質量に対する表面水量の百分率）（％），m_1：試料の質量（g），m_2：試料の見かけ水中質量（g），m_3：試料の表面乾燥飽水状態の質量（g），D_S：試料の表乾密度（kg/l）．

4.4 密度および単位容積質量

A 密度

(1) 骨材の密度には次の 3 種がある．このうち，絶乾密度と表乾密度は，

```
                 ┌ 真密度：空げきを含まない石質だけの比重，骨材を微粉砕して求
                 │         められる．
  骨材の密度 ─────┤
                 │              ┌ 絶乾密度：絶乾状態の骨材粒の質量を見かけ容積
                 │              │           （空げきを含む骨材粒の全容積）で割
                 └ 見かけ密度 ──┤           ったもの．
                                │
                                └ 表乾密度：表乾状態の骨材粒の質量を見かけ容積
                                            で割ったもの．
```

自然科学的な材料物性値を表すものではなく，品質管理において有用な見かけの値（見かけ密度）である．

(2) 絶乾密度は主として骨材の品質表示に，表乾密度は骨材の使用上の基準として用いられる．

(3) 絶乾密度または表乾密度が大きいものほど緻密で良質な骨材であるというごく一般的な傾向はあるが，骨材の良否とは，吸水率ほど密接な関係はない．

(4) 示方書（施工編）では，砂および砂利の絶乾密度は原則として 2.5 g/cm³ 以上でなければならないと規定している（表4.1参照）．

(5) 砂および砂利の表乾密度は 2.6 g/cm³ 前後，砕石の表乾密度は 2.6〜2.7 g/cm³ 程度である．

(6) 骨材の密度および吸水率は JIS A 1109「細骨材の密度および吸水率試験方法」および JIS A 1110「粗骨材の密度および吸水率試験方法」によって求める．

B 単位容積質量

空げきを含む骨材の単位かさ容積（$1\,l$ または $1\,m^3$）の質量をいい，JIS A 1104「骨材の単位容積質量および実積率試験方法」によって求める．

単位容積質量から次式を用いて実積率や空げき率が計算される．

$$\text{実積率（\%）}\quad G = \frac{T}{D_D} \times 100 \quad \text{または} \quad G = \frac{T}{D_S} \times (100 + Q)$$

$$\text{空げき率（\%）}\quad v = 100 - G$$

ここに，G：実積率（％），T：単位容積質量（絶乾）（kg/l），D_D：絶乾密度（kg/l），D_S：表乾密度（g/cm³），Q：吸水率（％），v：空げき率（％）．

これらは骨材の粒形判定やコンクリートの配合設計資料として用いられる．

4.5 耐久性（耐凍害性）

(1) その骨材が耐久的なコンクリートをつくるのに適しているかどうかを判断するには，同種の骨材を用いた過去の実例によるのがよいが，これは実際上困難な場合が多い．このため，簡便な手法として JIS A 1122「硫酸ナトリ

ウムによる骨材の安定性試験方法」によって判定するのが一般的である.

(2) 骨材の安定性試験方法は,乾燥した骨材粒を硫酸ナトリウムの飽和溶液に漬けて溶液を十分に滲み込ませたのち,これを乾燥して孔げき内に無水硫酸ナトリウムを蓄積する.骨材粒を再び硫酸ナトリウムの飽和溶液に漬け,孔げき内の無水硫酸ナトリウムを結晶化(分子式)する.この操作を繰り返すことにより,硫酸ナトリウムの結晶が次第に増加し,孔げきの容積を超えれば,結晶圧が発生して骨材が破壊する.この現象は骨材中に水が浸透し,内部で結氷する現象と類似している.

(3) 示方書(施工編)では,耐凍害性が要求されるコンクリートに用いる骨材はJIS A 1122の安定性試験における操作を5回繰り返したときの損失質量百分率が細骨材の場合10%以下のもの,粗骨材の場合12%以下のものを標準としている.

(4) 安定性試験結果が(3)に示す上限を超えた骨材でも満足な耐凍害性を示した実例がある場合,またはコンクリートとしての凍結融解試験が良好な結果を示す場合には使用してよいことは当然である.また,示方書(ダム編)に示されている表4.3は,構造物の環境条件および強度レベルに応じて粗骨材の耐久性を吸水率と安定性損失量の組合せで示したもので,粗骨材の選定の際の有用な目安となる.

表4.3 吸水率と安定性損失量の組合せによる粗骨材の耐久性評価(示方書ダム編)

ダムコンクリートの設計基準強度	吸水率と安定性損失質量の評価基準値
18 N/mm² 未満	吸水率:3% 以下,安定性損失質量:40% 以下 または 吸水率:5% 以下,安定性損失質量:12% 以下
18 N/mm² 以上	吸水率:3% 以下,安定性損失質量:12% 以下

4.6 粒　　度

A　一　般

(1) 粒度の良い骨材(大小粒が適度に混合しているもの)を用いれば,所要のワーカビリティーのコンクリートを得るための単位水量を少なくすることができる.

(2) 粒度は,JIS A 8801「試験用ふるい」に定める網ふるいを用い,JIS A

1102「骨材のふるい分け試験方法」に従って，ふるい分け試験を行い，その結果を粒度曲線，粗粒率などで表す．

B 粒度曲線

(1) 粒度曲線は横軸にふるいの呼び寸法（対数目盛：ふるいの呼び寸法が2倍おきとなっているので等間隔となる），縦軸に各ふるいの試料の通過百分率または残留百分率をとって打点し，それらを結んだものである．粒度曲線を土木学会で定め

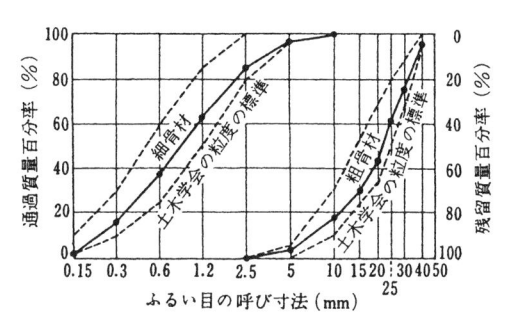

図 4.3 骨材の粒度曲線の一例

表 4.4 細骨材の粒度の標準

ふるいの呼び寸法 (mm)	ふるいを通るものの質量百分率	ふるいの呼び寸法 (mm)	ふるいを通るものの質量百分率
10.0	100	0.6	25〜65
5.0	90〜100	0.3	10〜35
2.5	80〜100	0.15	2〜10[1]
1.2	50〜90		

1) 砕砂あるいはスラグ細骨材を単独に用いる場合には，2〜15%にしてよい．混合使用する場合で，0.15mm通過分の大半が砕砂あるいはスラグ細骨材である場合には15%としてよい．

表 4.5 粗骨材の粒度の標準

粗骨材の大きさ (mm) \ ふるいの呼び寸法 (mm)	60	50	40	30	25	20	15	10	5	2.5
50〜5	100	95〜100	—	—	35〜70	—	10〜30	—	0〜5	—
40〜5	—	100	95〜100	—	—	35〜70	—	10〜30	0〜5	—
30〜5	—	—	100	95〜100	—	40〜75	—	10〜35	0〜10	0〜5
25〜5	—	—	—	100	95〜100	—	30〜70	—	0〜10	0〜5
20〜5	—	—	—	—	100	90〜100	—	20〜55	0〜10	0〜5
15〜5	—	—	—	—	—	100	90〜100	40〜70	0〜15	0〜5
10〜5	—	—	—	—	—	—	100	90〜100	0〜40	0〜10
50〜25[1]	100	90〜100	35〜70	—	0〜15	—	0〜5	—	—	—
40〜20[1]	—	100	90〜100	—	20〜55	0〜15	—	0〜5	—	—
30〜15[1]	—	—	100	90〜100	—	20〜55	0〜15	0〜10	—	—

1) これらの粗骨材は，骨材の分離を防ぐために，粒の大きさ別に分けて計量する場合に用いるものであって，単独に用いるものではない．

ている粒度の標準範囲と比較することによって粒度の良否を判断することができる（図4.3）．表4.4，表4.5に一般の構造物に対し示方書（施工編）に記されている粒度の標準を示す．ダムコンクリートのような貧配合コンクリートには細かめの細骨材が望ましいから，示方書（ダム編）にダムコンクリート用細骨材の標準粒度を別に定めている．

(2) 土木学会の粒度の標準範囲の意味は，使用骨材の粒度がこの範囲を外れれば使用してはならないことを示すのではなく，この範囲に入る粒度の骨材を用いれば一般に所要の品質のコンクリートを経済的につくれることを示すものである．

C 粗粒率

(1) 粗粒率は80，40，20，10，5，2.5，1.2，0.6，0.3および0.15 mmの一組のふるいを用い，各ふるいにとどまる試料の質量百分率（整数）の和を求め，これを100で割った値である．表4.6に示す粗粒率3.01は，この値の算出方法からわかるように，この砂の平均の粒の大きさが下から約3番目のふる

表4.6 粗粒率の計算

ふるいの呼び寸法 (mm)	残留百分率 r (%) 粗骨材	細骨材 (A)	細骨材 (B)	細骨材 (A) を70%と細骨材 (B) を30%を混合した砂の粗粒率	
*50	0				
40	5				
*30	25				
*25	38				
20	57				
*15	70				
10	82	0	0		
5	97	4	0	4×0.7	
2.5	100	15	0	15×0.7	
1.2	100	37	11	37×0.7	11×0.3
0.6	100	62	28	62×0.7	28×0.3
0.3	100	85	65	85×0.7	65×0.3
0.15	100	98	87	98×0.7	87×0.3
粗粒率 $\Sigma r/100$	7.41	3.01	1.91	$\dfrac{(301\times 0.7)+(191\times 0.3)}{100}$ $=(3.01\times 0.7)+(1.91\times 0.3)$ $=2.68$	

注）＊印は粗粒率の計算から除く．

い 0.6 mm であることを意味している.

(2) 粗粒率が同じでも異なる粒度の骨材は無数にある.これは各ふるいにおける残留百分率が変化しても,その総和が一定となる組合せは無数にあるからである.したがって,粗粒率は粒度を完全に表す指数ではない.しかし,粒度の均等性の判断やコンクリートの配合設計などに用いられる.

(3) 粒度が著しく不良な骨材は,2種以上を適当に混合しているのがよい.海砂,山砂を用いる場合,このようなことが起こりやすい.粗粒率 λ_1, λ_2 の2種の砂を混合して,粗粒率の砂をつくる場合,混合比 $m:n$ は次の2式から求められる.

$$\begin{cases} m\lambda_1 + n\lambda_2 = \lambda \\ m + n = 1 \end{cases}$$

D 粒度の影響

(1) 細骨材の粒度が単位セメント量(または単位水量)に及ぼす影響は図4.4に示すように,モルタルにおいて顕著であるが,コンクリートにおいてはその影響が緩和される.しかし表4.7に示すように,粗粒率が著しく過小(または過大)の場

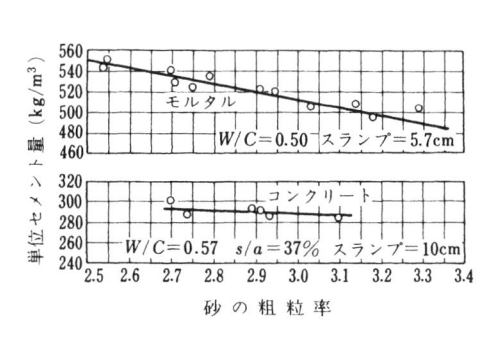

図4.4 砂の粗粒率と単位セメント量との関係(水セメント比,コンシステンシー定)[3]

表4.7 細骨材の粒度がコンクリートのワーカビリティーに及ぼす影響

細骨材		コンクリートの配合			スランプ (cm)	圧縮強度 (28日) (N/mm²)	備 考
記号	粗粒率	W (kg/m³)	W/C	s/a (%)			
A_1	2.76	142 (1.00)		39			最大寸法 = 40 mm (砕石)
B_1	2.22	147 (1.04)	0.42	36	3.0	—	
C_1	1.00	174 (1.23)		30			
A_2	2.96	167 (1.00)		41		35.5 (1.00)	最大寸法 = 25 mm (川砂利)
B_2	2.13	175 (1.05)	0.50	38	6.0	35.4 (1.00)	
C_2	1.58	183 (1.10)		35		33.1 (0.93)	

注) 土木学会の粒度の標準範囲の粗粒率は2.3~3.1である.

合は，細骨材率（s/a）を調整しても，単位水量（または単位セメント量）が10〜20%増加する．

(2) 最大寸法が一定であれば，粗骨材の粒度の影響は非常に少ない．表4.8に示すように，粒度が変化しても細骨材率を適当に調整することによってセメント量を増さずに所要のコンクリートをつくることができる．

表 4.8 粗骨材の粒度と単位セメント量との関係
（W/C，スランプを一定とした場合）[3]

粗骨材の粒度			適当な細骨材率 s/a（%）	単位セメント量（kg/m³）	
5〜10	10〜20	20〜40		適当な s/a の場合	s/a=35% の場合
35	0	65	40	300	320
25	30	45	41	300	345
0	40	60	46	300	390

4.7 粗骨材の最大寸法

(1) 粗骨材の最大寸法は質量で90%以上が通過する最小のふるいの呼び寸法で示す．

(2) 粗骨材の最大寸法が大きいほど，所要のワーカビリティーのコンクリートを得るための単位水量が減少する（図4.5）．したがって一般に粗骨材の最大寸法が大きいほど，所要の強度のコンクリートを得るためのセメント量が減じ，経済的となる（圧縮強度が28 N/mm² 程度以下の場合）．しかし，圧縮

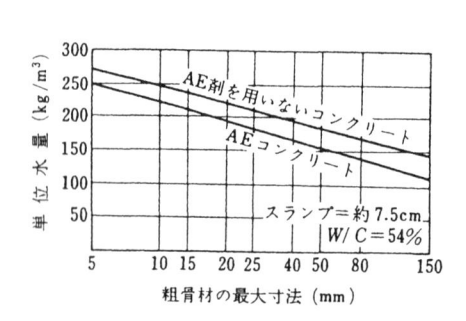

図 4.5 粗骨材の最大寸法と単位水量との関係[3]

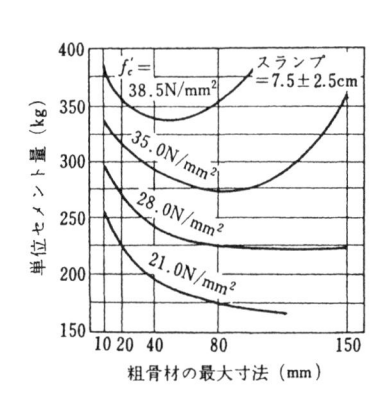

図 4.6 種々の圧縮強度に対する粗骨材の最大寸法と単位セメント量との関係[3]

強度が高くなり，35 N/mm² 程度以上になると，コンクリート中のモルタルの強度と，モルタルと粗骨材界面の付着強度の差が著しくなり，粗骨材の最大寸法を大きくするほど単位セメント量が増加する傾向があることに注意を要する（図 4.6）．

4.8 有 害 物

A 一 般

示方書（施工編）では，骨材に含まれる有害物の種類とその含有量の限度として表 4.9 の値を標準としている．表 4.9 には，それぞれの試験方法も併記してある．

表 4.9 骨材の有害物含有量の限度の標準（質量百分率）

有害物の種類	最大値（%） 細骨材	最大値（%） 粗骨材	試験方法
粘 土 塊	1.0[*1)]	0.25[*1)]	JIS A 1137「骨材中に含まれる粘土塊量の試験方法」
洗い試験で失われるもの			JIS A 1103「骨材の洗い試験方法」
コンクリートの表面がすりへり作用を受ける場合	3.0[*2)]	1.0[*3)]	
その他の場合	5.0[*3)]	1.0[*3)]	
石炭，亜炭などで比重 1.95 の液体に浮くもの			JIS A 5308 附属書「骨材中の比重 1.95 の液体に浮く粒子の試験方法」
コンクリートの外観が重要な場合	0.5[*4)]	0.5[*5)]	
その他の場合	1.0[*5)]	1.0[*5)]	
塩化物（塩化物イオン量）	0.02[*6)]		土木学会基準「海砂の塩化物イオン含有量試験方法（滴定法）」

*1) 試料は JIS A 1103 による骨材の洗い試験を行なった後にふるいに残存したものを用いる．
*2) 砕砂およびスラグの細骨材の場合で，洗い試験で失われるものが石粉であり，粘土，シルトなどを含まないときは，最大値をおのおの 5% および 7% にしてよい．
*3) 砕石の場合で，洗い試験で失われるものが砕石粉であるときは，最大値を 1.5% にしてもよい．また，高炉スラグ粗骨材の場合は，最大を 5.0% としてよい．
*4) スラグ細骨材には適用しない．
*5) スラグ粗骨材には適用しない．
*6) 細骨材の絶乾質量に対する百分率であり，NaCl 換算では 0.03% に相当する．

B 有機不純物

(1) 有機不純物の有害量を含む砂を用いると，モルタルまたはコンクリート

は凝結遅延または硬化不良を起こし（表4.10），脱型の遅れなど，現場作業工程に重大な影響を及ぼす．

表4.10 フミン酸がモルタルの圧縮強度に及ぼす影響[4]

フミン酸	凝結試験			圧縮強度 (N/mm²)			
	W/C	始発	集結	1日	3日	7日	28日
なし	0.25	2-00	3-10	3.8 (1.00)	11.8 (1.00)	22.1 (1.00)	40.7 (1.00)
セメント質量の1%	0.278	凝結せず		0 (0)	4.0 (0.34)	12.3 (0.56)	36.3 (0.89)

備考：圧縮強度試験は旧セメント試験用JISモルタル（セメント：標準砂＝1：2，水セメント比＝65％）を用い4×4×4cm立方形供試体によって行った．

（2）腐食土などに含まれる主な有機不純物はフミン酸と考えられる．フミン酸はセメントの水和によって生じた水酸化カルシウムと結合し，セメント粒子表面にフミン酸石けんを析出し，初期水和を阻害する．しかし，水和の進行に伴いセメント粒子は容積を増すので，粒子表面のフミン酸石けんの間げきが拡大し，水が通りやすくなり，水和が進むに従って長期材齢における強度は一般に回復する（表4.10）．

（3）有機物の含有の有無はJIS A 1105「細骨材の有機不純物試験方法」による．これは所定量の試験砂に水酸化ナトリウムの3％溶液を所定量加え，24時間後に上部液の色合を標準色液と比較し，濃い場合は不合格とする（試験砂の上澄液も標準色液も着色度は経時変化するから，比色は正しく24時間後に行う）．

（4）亜炭のようにセメントの水和に影響しない有機物を含んでいても，著しく着色するから，比色試験に不合格な砂は用いてはならないと断定できるほどの結果を与えない．この試験は不合格な砂の使用の可否はJIS A 1142「有機不純物を含む細骨材のモルタルの圧縮強度による試験方法」によって判定する．

（5）JIS A 1142の方法は，試験砂を用いたモルタルと試験砂を水酸化ナトリウムの3％溶液で洗い，さらに十分に水で洗って用いたモルタルの圧縮強度比を求めるもので，モルタルの配合は水セメント比0.50，フロー値190±5とする．セメントは普通ポルトランドセメントを用い，圧縮強度試験の材齢は7日および28日とする．なお，モルタルのフロー試験とともに空気量試験（質

量方法）も行う．空気量試験値は試験砂が洗剤，油脂，フミン酸等で汚染されているか，どうかを判断する標準となる．示方書（施工編）では，JIS A 1105 の比色試験に不合格な砂でも上記の圧縮強度比が90％以上であればその砂を用いてよいとしている．

4.9 化学的および物理的安定性

A　アルカリ骨材反応性

（1）　骨材の化学的な安定性として，アルカリ骨材反応に対する安定性がある．オパール，微小石英，火山ガラスなどのシリカ鉱物を多く含む安山岩，石英安山岩，流紋岩およびこれらの擬灰岩等のあるものとセメント中のアルカリと反応してアルカリシリカ反応を起こす（7.7節参照）．

（2）　上記の岩石が必ず反応性骨材であるとは限らないので，過去の使用実績から判断するか，JIS A 1145「骨材のアルカリシリカ反応試験方法（化学法）」およびJIS A 1146「骨材のアルカリシリカ反応試験方法」（モルタルバー法）」によって判定する．この試験で「無害でない」と判定された骨材および試験を行っていない骨材を使用する場合には，適切なアルカリ骨材抑制対策（10.4節参照）を講じなければならない．

（3）　アルカリシリカ反応に対して無害でない骨材と無害な骨材を混合使用した場合，モルタルやコンクリートの膨張量が増大することがあるので注意を要する．特に，無害でない骨材と無害な骨材を混合した場合，混合比率に応じてコンクリートの膨張量が変化し，ある混合比率で膨張量が最大となることがあるが，これをペシマム現象という．したがって，骨材を混合使用する場合，「化学法」によって1つでも「無害でない」と判定された場合には実際に使用する比率で混合した骨材を「モルタルバー法」による試験を行わなければならない．

（4）　アルカリ骨材反応にはアルカリシリカ反応のほかにアルカリ炭酸塩反応（疑わしい骨材：ドロマイト系石灰岩など）があるが，わが国でその発生は確認されていない．

B　粘土鉱物の膨潤反応

(1) 骨材の物理的・化学的安定性として，粘土鉱物の膨潤反応，濁沸石の劣化作用，黄鉄鉱の汚染作用等があげられる．

(2) 粘土鉱物の水和膨潤による膨潤力は粘土鉱物の種類，水和速度および交換性イオンの種類によって相異する．

(3) モンモリロナイトは粘土鉱物のなかで最も多量の水分を吸着して，激しく膨潤し，特に有機腐食物質が混入している場合に著しい．またセメントの水和反応に関与し，コンクリートの凝結を速めたり，混和剤を取り込んでその作用を阻害する場合がある．

(4) 濁沸石（ローモンタイト）は乾燥すれば，結晶水を失ってレオンハルダイトとなり，湿潤にすれば再び結晶水をとって濁沸石に戻る．この反応は可逆的で，これに伴い1.5%の大きい体積変化を示すから，骨材の脆弱化やコンクリートの劣化を招く．

4.10　すりへり抵抗性

(1) 舗装やダムの溢流部に用いるコンクリートはすりへり抵抗性の大きいことが重要である．コンクリートのすりへり抵抗性は主として粗骨材のすりへり抵抗性に依存する．

(2) 粗骨材のすりへり抵抗性はJIS A 1121「ロサンゼルス試験機による粗骨材のすりへり試験方法」による．示方書（舗装編）では，舗装コンクリート用粗骨材のすりへり減量を35%以下を標準とし，積雪寒冷地の場合25%以下が望ましいとしている．また示方書（ダム編）では，40%以下を標準としている．

4.11　海砂・山砂

A　海　砂

(1) 海砂の使用に際し問題となる事項は塩化物含有量，弱い貝がらなどの含有量，粒度などである．

(2) コンクリートの強度を著しく損なうような貝がらを含まず，またアルカリ骨材反応を助長する恐れがない限り，海砂を無筋コンクリートに使用する

ことは差し支えない．しかし，鉄筋コンクリート（用心鉄筋を配置した無筋コンクリートも含む）やプレストレストコンクリートに使用すると，鋼材を腐食させる恐れがあるので，塩化物の含有量について検討しなければならない．海砂に含まれる塩分の約90％は塩化ナトリウムであるからアルカリ骨材反応を助長する要因となる．

(3) 海浜砂の塩化物含有量は採取位置，深さなどによって異なるが，0.006～0.02％程度（砂の絶乾質量に対する塩化物イオンCl^-の質量百分率，$NaCl$に換算すると0.01～0.03％）である．しかし，海底から採取した砂の塩化物含有量は付着する海水の量により，0.1～0.2％（$NaCl$換算0.15～0.35％）に達する．

(4) 海砂の塩化物含有量の許容限度は，本来構造物の種類および重要度，環境条件，コンクリートの配合，鉄筋のかぶりなどによって相違するが，示方書（施工編）では，塩化物イオン含有率の許容限度を砂の絶乾質量の0.02％以下と規定している（表4.9）．これは鉄筋コンクリートやプレストレストコンクリート中の鋼材の腐食を避けるためである．示方書（施工編）では，練混ぜ時のコンクリート中の塩化物イオンの総量を原則として$0.30\,kg/m^3$以下と規定しており，この値を満足するための細骨材の塩化物含有量の許容限度を示している．

(5) コンクリート中のCl^-は，セメントのC_3A，C_4AFなどと化合し，固定化される．固定化された塩化物（フリーデル塩，$C_3A \cdot CaCl_2 \cdot 10H_2O$など）は，中性化した部分や硫酸塩の作用を受けるなど特別の場合を除いてイオン化しないので，鉄筋の発錆には寄与しない．固定化される塩化物量はセメント質量の0.45～0.9％（Cl^-）といわれている．コンクリート中で海砂に含まれる塩化物がすべてセメントと反応するとは考えられないが，(4)に示した塩化物量の許容限度は十分安全な値と考えられる．

(6) プレストレストコンクリートの場合には，PC鋼材は常時高い応力を受けているので応力腐食を起こしやすい．したがってプレテンション部材では鋼材の腐食防止について特に留意しなければならない．

(7) 海砂の塩化物含有量の試験は，JSCEC 502「海砂の塩化物イオン含有率試験方法（滴定法）」による．これは指示薬としてフルオレセインナトリウ

ムを用いる方法である．現場管理試験には，JSCE C 503「海砂の塩化物イオン含有率試験方法（簡易測定器法）」を用いてよい．これはイオン電極法，電極電位測定法，モール法または電量滴定法を測定原理とする簡易測定器を用いるものである．国土開発技術センターでは簡易測定器の評価基準を定め，市販の10数種の測定器に技術評価を与えているから，これらの中から選定すればよい．

(8)　海砂に含まれる10mm程度以上の巻貝は空洞部を形成してコンクリート強度を損なうから，海砂は10mm網目のトロンメルを通したものを用いる．

(9)　海砂の粒度が不良の場合は，適宜，混合砂として用いる．

B　山　砂

(1)　山砂には微粉粒が多量に含まれることが多い．細骨材中の微粉分（0.075mm以下の微粉粒）が多くなると，単位水量が増し，コンクリート表面部の硬化不良，ひび割れなどを起こす恐れがあるので注意を要する．

(2)　微粒分の含有量はJIS A 1103「骨材の微粒分量試験方法」（表4.9）によって試験されるが，管理試験としてJIS A 1801「コンクリート生産工程管理試験方法（コンクリート用細骨材の砂当量試験方法）」を用いるのが便利である．この試験の結果は$5\mu m$以下の微粒の含有量との相関が高く，JIS A 1103による微粒分量との相関も認められる[2]．

(3)　モンモリロナイトやローモンタイトなどの粘土鉱物を含むと，これらは乾湿の繰返しにより微粉化した部分が体積膨張を起こし（4.9節B参照），その結果，コンクリートにポップアウト，表面剥離，ひび割れ，強度低下，凍害などをもたらす．

(4)　有機不純物を多く含む場合が多いので注意する．

4.12　砕石・砕砂

A　一　般

(1)　砕石および砕砂が川砂利および川砂と相違する点は粒形と表面組織である．なお，砕石，砕砂は一般に新鮮な岩石から製造されるから，反応性物質をそのまま含んでいる場合があるので注意を要する．

4.12 砕石・砕砂

(2) 示方書施工編では砕石および砕砂は，JIS A 5005「コンクリート用砕石及び砕砂」に適合したものを標準としている．

B 種 類

砕石・砕砂は粒の大きさおよびアルカリシリカ反応性により，次のように区分する．

(1) 粒の大きさによる区分：砕石は，5005，4005，2505，2005，1505，8040，6040，5025，4020，2515，2015 の 11 種類に，砕砂は 5 以下の 1 種類に区分する．

(2) アルカリシリカ反応性による区分：アルカリシリカ反応性試験結果により，表 4.11 に示す A，B の 2 種類に区分する．なお，骨材のアルカリシリカ反応性試験は，JIS A 1145「骨材のアルカリシリカ反応性試験方法（化学法）」または JIS A 1146「骨材のアルカリシリカ反応性試験方法（モルタルバー法）」による．

表 4.11　アルカリシリカ反応性による区分 (JIS A 5005)

アルカリシリカ反応性による区分	摘　要
A	アリカリシリカ反応性試験結果が無害と判定されたもの
B	アルカリシリカ反応性試験結果が無害と判定されないもの，またはこの試験を行っていないもの

C 粒 形

(1) 骨材の形状係数として，細長率 a/c，方形率 a/b，偏平率 ab/c，容積係数 v/abc（ここに a：長径，b：中間径，c：短径，v：体積，図 4.7）など，各種のものがあるが，これらの係数はその骨材を用いたコンクリートのワーカビリティーとの間に関連性がほとんど認められず，実用性が乏しい．これに対し，図 4.8 に示すように，砕石の実績率は所要のワーカビリティーのコンクリートを得るための単位水量と密接な関係があり，試験も簡単であるので，骨材の粒形評価に実用上最も適している．

(2) JIS A 5005 では，粒形判定を実績率によって行うこととし，実績率試験の資料および粒形判定実績率を表 4.12 のように規定している．

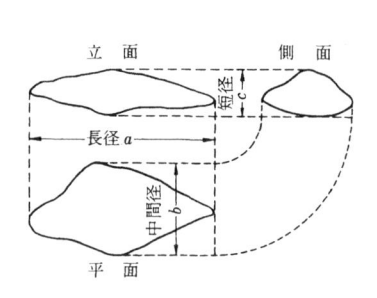

図 4.7 骨材の長径，中間径および短径

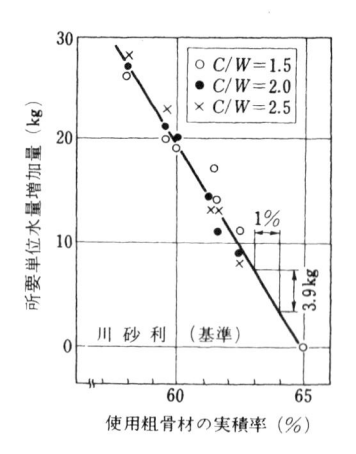

図 4.8 粗骨材の実績率と所要のワーカビリティーを得るための単位水量の増大量との関係[5]

表 4.12 粒形判定実績率

骨　材	砕　石 2005（20～5 mm）	砕　砂
試　料	20～10 mm：60% 10～5 mm：40%	2.5～1.2 mm
粒形判定 実績率	55% 以上	53% 以上

備考　最大寸法 40 mm 前後の砕石の粒形判定実績率は 58% 以上としてよい．（40～30 mm：25%，30～20 mm：25%，20～10 mm：30%，10～5 mm：20%）

D　品質および粒度

(1)　JIS A 5005 に砕石および砕砂の物理的性質を表 4.13 のように，粒度を表 4.14 のように規定している．

表 4.13　物理的性質（JIS A 5005）

試　験　項　目		砕　石	砕　砂
絶　乾　密　度	g/cm³	2.5 以上	2.5 以上
吸　水　率	%	3.0 以下	3.0 以下
安　定　性	%	12 以下	10 以下
すりへり減量	%	40 以下	—
微　量　分　量	%	1.0 以下	7.0 以下

(2)　微量分量の許容限度が，砕砂の場合 7% 以下と比較的大きいのは，石粉などの微粒分のブレーン比表面積は 1500～8000 cm²/g で材料分離の減少に有効であり，また含有量が 3～7% の範囲であれば，一般に細骨材率の修正により所要のワーカビリティーのコンクリートを得るための単位水

4.12 砕石・砕砂

表4.14 粒度 (JIS A 5005)

骨材の粒の大きさによる区分		\multicolumn{15}{c}{ふるいを通るものの質量百分率%}

骨材の粒の大きさによる区分		100	80	60	50	40	25	20	15	10	5	2.5	1.2	0.6	0.3	0.15
砕石	5005	—	—	100	95~100	—	35~70	—	10~30	—	0~5	—	—	—	—	—
	4005	—	—	—	100	95~100	—	35~70	—	10~30	0~5	—	—	—	—	—
	2505	—	—	—	—	100	95~100	—	30~70	—	0~10	0~5	—	—	—	—
	2005	—	—	—	—	—	100	90~100	—	20~55	0~10	0~5	—	—	—	—
	1505	—	—	—	—	—	—	100	90~100	40~70	0~15	0~5	—	—	—	—
	8040	100	90~100	45~70	—	0~15	0~5	—	—	—	—	—	—	—	—	—
	6040	—	100	90~100	35~70	0~15	0~5	—	—	—	—	—	—	—	—	—
	5025	—	—	100	90~100	35~70	0~15	—	0~5	—	—	—	—	—	—	—
	4020	—	—	—	100	90~100	20~55	0~15	—	0~5	—	—	—	—	—	—
	2515	—	—	—	—	100	95~100	—	0~15	0~5	—	—	—	—	—	—
	2015	—	—	—	—	—	100	90~100	—	0~10	0~5	—	—	—	—	—
砕砂		—	—	—	—	—	—	—	—	100	90~100	80~100	50~90	25~65	10~35	2~15

量を増さなくてすむことが確かめられているからである．

(3) 砕砂は隣接するふるいにとどまる量の差が45%以上になってはならない．

(4) 砕砂の粗粒率の許容差は生産者と購入者が協議して定めた粗粒率に対して±0.15以下とする．

E 砕石コンクリートの性質

(1) 砕石の角ばった形状および粗い表面組織のために，砕石コンクリートは同じワーカビリティーの砂利コンクリートより単位水量を9~15 kg/m^3 程度増す必要があり，砕砂も用いた場合には単位水量をさらに6~9 kg/m^3 程度増す必要がある．

(2) 砕石は，セメントペーストとの付着がよいので，表4.15に示すように，単位セメント量およびスランプを一定とした場合，砕石コンクリートの水セメント比が砂利コンクリートより大となっても強度は同等となる．しかし，耐凍害性や水密性は水セメント比に支配されるから強度と同様な傾向は示さず，砕石コンクリートの耐久性，水密性は単位セメント量およびスランプを同じくした砂利コンクリートより低下する．

表4.15 砕石コンクリートの強度[6]

強度比	W/C，スランプ一定			セメント量，スランプ一定		
	圧縮	引張り	曲げ	圧縮	引張り	曲げ
A/B	1.2～1.35	1.05～1.32	1.14～1.25	0.95～1.10	1.03～1.11	1.03～1.09

注) A：砕石コンクリートの強度，B：砂利コンクリートの強度
　　粗骨材の最大寸法＝40 mm および 20 mm
　　スランプ＝0～10 cm，W/C＝0.05～0.69
　　引張：割裂引張り強度

4.13　スラグ骨材

A　一　般

(1)　示方書（施工編）ではスラグ骨材はJIS A 5011「コンクリート用スラグ骨材」に適合したものを標準としている．この規格には高炉スラグ骨材（JIS A 5011-1：細粗骨材）フェロニッケルスラグ骨材（JIS A 5011-2：細骨材の

表4.16 スラグ骨材の種類および記号（JIS A 5011）

種類		記号	摘要
高炉スラグ骨材	高炉スラグ粗骨材	BFG	溶鉱炉で銑鉄と同時に生成する溶融スラグを徐冷し，粒度調整したもの
	高炉スラグ細骨材	BFS	溶鉱炉で銑鉄と同時に生成する溶融スラグを水，空気などによって急冷し，粒度調整したもの
フェロニッケルスラグ骨材	フェロニッケルスラグ細骨材	FNS	炉でフェロニッケルと同時に生成する溶融スラグを徐冷し，または水，空気などによって急冷し，粒度調整したもの
銅スラグ骨材	銅スラグ細骨材	CUS	炉で銅と同時に生成する溶融スラグを水によって急冷し，粒度調整したもの
電気炉酸化スラグ骨材	電気炉酸化スラグ粗骨材	EFG	電気炉で溶鋼と同時に生成する溶融した酸化スラグを徐冷し，鉄分を除去して粒度調整したもの
	電気炉酸化スラグ細骨材	EFS	電気炉で溶鋼と同時に生成する溶融した酸化スラグを徐冷，または水や空気などによって急冷し，鉄分を除去して粒度調整したもの

み）銅スラグ骨材（JIS A 5011-3：細骨材のみ）および電気炉酸化スラグ骨材（JIS A 5011-4）が規定されている．

（2） JIS A 5011では，スラグ骨材の種類および記号を表4.16のように定めている．

B 高炉スラグ骨材

高炉スラグ骨材の区分および呼び方は次のとおりである．

（1） 粒度により，高炉スラグ粗骨材は4005，4020，2505，2005および1505の5種に，高炉スラグ細骨材は5mm以下，2.5mm以下，1.2mm以下および5～0.3mmの4種に区分される．また，高炉スラグ粗骨材は絶乾密度，吸水率および単位容積質量によりL，Nの2種に区分され，その境界値は表4.17の＊印参照．高炉スラグ粗骨材および高炉スラグ細骨材の呼び方はたとえばBFG 405 L，BFG 205 N，BFS 2.5以下N等とする．

表4.17 化学成分および物理・化学的性質（JIS A 5011-1）

項目		高炉スラグ粗骨材		高炉スラグ細骨材	
		L	N		
化学成分	酸化カルシウム（CaOとして）％	45.0以下	45.0以下	45.0以下	附属書1
	全硫黄（Sとして）％	2.0以下	2.0以下	2.0以下	
	三酸化硫黄（SO₃として）％	0.5以下	0.5以下	0.5以下	
	全鉄（FeOとして）％	3.0以下	3.0以下	3.0以下	
絶乾密度	g/cm³	2.0以下	2.4以上*	2.5以上	5.3
吸水率	％	6.0以下	4.0以下*	3.5以下	
単位容積質量	kg/l	1.25以上	1.35以上*	1.45以上	5.4
水中浸せき		き裂，分解，泥状化，粉化などの現象はあってはならない			5.5
紫外線（360.0nm）照射		発光しないか，または一様な紫色に輝いていなければならない			5.6

（2） 高炉スラグ骨材の品質はコンクリートに悪影響を及ぼす物質の有害量を含まず，その化学成分および物理化学的性質は表4.17に適合するものとする．

(3) 高炉スラグ粗骨材の粒度範囲を表4.18に，高炉スラグ細骨材の粒度範囲を表4.19に示す．なお，スラグ細骨材は海砂や山砂の粒度調整用として用いられている場合が多いので，表4.19のように細め砂，粗め砂が規格化されている．粗粒率の許容変化は，購入時の見本品に対し高炉スラグ粗骨材の場合±0.30以下，高炉スラグ細骨材の場合±0.20以下とする．

表4.18 高炉スラグ粗骨材の粒度（JIS A 5011-1）

区分	ふるいの呼び寸法						
	ふるいを通るものの質量百分率　%						
	50	40	25	20	15	10	5
高炉スラグ粗骨材 4005	100	95〜100	—	35〜70	—	10〜30	0〜5
高炉スラグ粗骨材 4020	100	90〜100	20〜55	0〜15	—	0〜5	—
高炉スラグ粗骨材 2505	—	100	95〜100	—	30〜70	—	0〜10
高炉スラグ粗骨材 2005	—	—	100	90〜100	—	20〜55	0〜10
高炉スラグ粗骨材 1505	—	—	—	100	90〜100	40〜70	0〜15

表4.19 高炉スラグ細骨材の粒度（JIS A 5011-1）

区分	ふるいの呼び寸法						
	ふるいを通るものの質量百分率　%						
	10	5	2.5	1.2	0.6	0.3	0.15
5 mm 高炉スラグ細骨材	100	90〜100	80〜100	50〜90	25〜65	10〜35	2〜15
2.5 mm 高炉スラグ細骨材	100	95〜100	85〜100	60〜95	30〜70	10〜45	2〜20
1.2 mm 高炉スラグ細骨材	—	100	95〜100	80〜100	35〜80	15〜50	2〜20
5〜0.3 mm 高炉スラグ細骨材	100	95〜100	65〜100	10〜70	0〜40	0〜15	0〜10

(4) 使用上の留意事項

（ⅰ） 高炉スラグ粗骨材は結晶質の安定なものとし，土木構造物には原則として高炉スラグ粗骨材Nを用いる．高炉スラグ粗骨材Lは低強度（一般に設計基準強度21 N/mm^2 未満）で，耐凍害性を重視しない場合に使用することができる．

（ⅱ） 高炉スラグ細骨材は不安定ガラス質で潜在水硬性を有するから，セメントペーストとの界面の結合を強化し，コンクリートの長期強度を増大する．図4.9は同じ水セメント比およびスランプの高炉スラグ砂コンクリートと川砂コンクリートの材齢10年までの強度増進状況を比較したものである．この図に，水中養生を継続した場合，高度スラグ砂コンクリートの圧縮強度は川砂コンクリートに比べて材齢28日においては約2 N/mm^2 小さいが，材齢1年では

約 8 N/mm², 材齢 10 年では約 16 N/mm² 大となることが示されており, 電子顕微鏡観察により高炉スラグ砂の場合は材齢 10 年において厚さ 3～7 m のリム層 (砂粒の縁辺部の水硬層) が確認されている[7].

その反面, 高気温時に固結しやすいから, 夏季には固結性の少ないもの (JIS A 5011 附属書 2「高炉スラグ細骨材の貯蔵の安定性試験方法」により A と判定されたもの) を用いるか, 購入計画を綿密に立て, 長期間の貯蔵を避けるようにする.

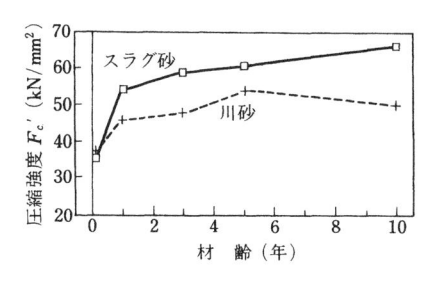

図 4.9 圧縮強度の経時変化

（iii） 高炉スラグ骨材を用いたコンクリートの施工全般については, 土木学会制定「高炉スラグ骨材コンクリート施工指針」を参照するとよい.

C フェロニッケルスラグ骨材および銅スラグ骨材

（1） フェロニッケルスラグ細骨材および銅スラグ細骨材は粒度およびアルカリ骨材反応性によって区分する. 粒度による区分は高炉スラグ細骨材と同様に 5 mm 以下, 2.5 mm 以下, 1.2 mm 以下および 5～0.3 mm の 4 種とする.

（2） アルカリシリカ反応性による区分は表 4.20 による. したがって, これらのスラグ細骨材の呼び方はたとえば, FNS 2.5 以下 B, (フェロニッケルスラグ細骨材), CUS 50.3A, (銅スラグ細骨材) などとする.

（3） フェロニッケルスラグ細骨材および銅スラグ細骨材の品質は, コンクリートに悪影響を及ぼす物質の有害量を含まず, 化学成分および物理化学的性質はそれぞれ表 4.20 および表 4.21 に適合するものとする.

（4） アルカリシリカ反応性については, JIS A 1145「骨材のアルカリシリカ反応性試験方法 (化学法) および JIS A 1146「骨材のアルカリシリカ反応性試験方法 (モルタルバー法)」によって試験を行い, A または B と判定する. B と判定された骨材は JIS A 5308 の附属書 6 (セメントの選定などによるアルカリ骨材反応の抑制対策の方法) などによって (10 章参照) 抑制対策を行う.

（5） フェロニッケルスラグ細骨材および銅スラグ細骨材の粒度範囲を表

表4.20 フェロニッケルスラグ細骨材の化学成分および物理化学的性質（JIS A 5011-2）

項　目			フェロニッケルスラグ細骨材
化学成分	酸化カルシウム（CaOとして）	%	15.0以下
	酸化マグネシウム（MgOとして）	%	40.0以下
	全硫黄（Sとして）	%	0.5以下
	全鉄（FeOとして）	%	13.0以下
	金属鉄（Feとして）	%	1.0以下
絶乾密度		g/cm³	2.7以上
吸水率		%	3.0以下
単位容積質量		kg/l	1.50以上

表4.21 銅スラグ細骨材の化学成分および物理化学的性質（JIS A 5011-3）

項　目			銅スラグ細骨材
化学成分	酸化カルシウム（CaOとして）	%	12.0以下
	全硫黄（Sとして）	%	2.0以下
	三酸化硫黄（SO_3として）	%	0.5以下
	全鉄（FeOとして）	%	70.0以下
塩化物量（NaClとして）		%	0.03以下
絶乾密度		g/cm³	3.2以上
吸水率		%	2.0以下
単位容積質量		kg/l	1.80以上

表4.22 フェロニッケルスラグ細骨材および銅スラグ細骨材の粒度

区　分	ふるいの呼び寸法[1]						
	ふるいを通るものの質量百分率						
	10	5	2.5	1.2	0.6	0.3	0.15
5mm銅スラグ細骨材	100	90～100	80～100	50～90	25～65	10～35	2～15
2.5mm銅スラグ細骨材	100	95～100	65～100	60～95	30～70	10～45	5～20
1.2mm銅スラグ細骨材			100	95～100	80～100	35～80	15～30	10～30
5～0.3mm銅スラグ細骨材	100		95～100	45～100	10～70	0～40	0～15	0～10

注(1) ふるいの呼び寸法は，それぞれJIS Z 8801に規定する網ふるいの呼び寸法9.5 mm，4.75 mm，2.36 mm，1.18 mm，600 μm，300 μmおよび150 μmである．

4.22に示す．粗粒率の許容変化はフェロニッケルスラグ細骨材および銅スラグ細骨材のいずれの場合も購入時の見本品に対し，±0.20以下とする．

（6） 使用上の留意事項

（i） フェロニッケルスラグ細骨材は，アルカリ骨材反応を考慮して，オートクレーブ養生を行うコンクリートには使用しない．

（ii）銅スラグ細骨材は含有鉄分により密度が大きいので（＝3.6～3.7g/cm³）銅スラグ細骨材コンクリートの単位容積質量は，普通骨材コンクリートより250～350kg/m³ 大となり，消波ブロックなどの製造に有効に用いられる．

（iii）図4.10[8)]は低品質細骨材（絶乾密度2.40g/cm³，吸水率7.90％）を銅スラグ細骨材で置換した場合のコンクリートの凍結融解試験結果であって，低品質細骨材を銅スラグ細骨材で置換することはコンクリートの耐凍害性の改善に有効な手段であることを示している．

（iv）フェロニッケルスラグ細骨材および銅スラグ細骨材の使用に当たっては，それぞれ土木学会制定「フェロニッケルスラグ細骨材コンクリート施工指針」および「銅スラグ細骨材コンクリート施工指針」を参考にするとよい．

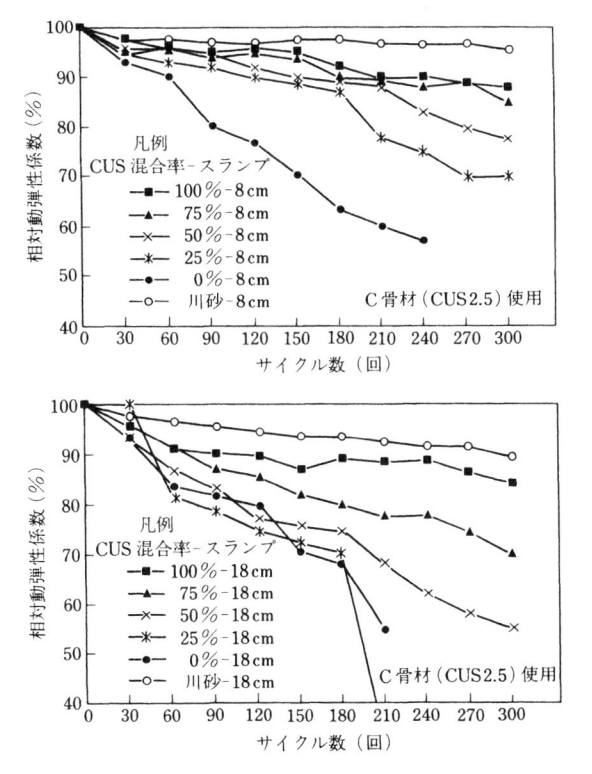

図4.10 低品質細骨材にCUSを混合した場合のコンクリートの耐凍害性の改善
（図中の川砂とは良質な砂を意味し，他は低品質骨材との混合を示す）

D 電気炉酸化スラグ骨材

(1) 粒度により電気炉酸化スラグ粗骨材は，4020，2005，2015，1505 の 4 種に，細骨材は 5 mm 以下，2.5 mm 以下，1.2 mm 以下および 5〜0.3 mm の 4 種に区分される．

(2) 電気炉酸化スラグ骨材は，絶乾密度により N (3.14.0) と H (4.04.5) に，ここに「ρ：絶乾密度 (g/cm^3)」，アルカリシリカ反応性により，A（無害）と B（無害でない，またはアルカリシリカ反応性試験を行っていないもの）に区分される．したがって，電気炉酸化スラグ骨材の呼び方は，EFG 4020 NA，EFS 2.5 HA などとする．

(3) 電気炉酸化スラグ骨材の品質は，コンクリートに悪影響を及ぼす物質の有害量を含まず，その化学成分および物理的性質は表 4.23 に適合するものとする．

表 4.23 化学成分および物理的性質

項　目			電気炉酸化スラグ粗骨材		電気炉酸化スラグ細骨材	
			N	H	N	H
化学成分	酸化カルシウム（CaO として）	%	40.0 以下			
	酸化マグネシウム（MgO）	%	10.0 以下			
	全鉄（FeO として）	%	50.0 以下			
	塩基度（CaO/SiO$_2$ として）		2.0 以下			
絶乾燥度		g/cm^3	3.1 以上 4.0 未満	4.0 以上 4.5 未満	3.1 以上 4.0 未満	4.0 以上 4.5 未満
吸水率		%	2.0 以下			
単位容積質量		kg/l	1.6 以上	2.0 以上	1.8 以上	2.2 以上

(4) 電気炉酸化スラグ粗骨材および細骨材の粒度範囲を，それぞれ表 4.24 および表 4.25 に示す．粗粒率は購入契約時に定められた値に対し，粗骨材の場合 ±0.30 以上，細骨材の場合 ±0.20 以上変化してはならない．

(5) 使用上の留意事項

（i） 従来，電気炉スラグ骨材は一般にコンクリート用骨材としては使用しないとされてきた．しかし，電気炉酸化スラグは，ダイ・カルシウムシリケート相など安定な主要鉱物組成からなり，含有シリカ分は少なく組織の崩壊の恐れのある遊離石灰や遊離マグネシウムなどの化学成分も微量で，これを骨材と

4.13 スラグ骨材

表 4.24 電気炉酸化スラグ粗骨材の粒度

区 分		ふるいの呼び寸法[1]						
		ふるいを通るものの質量百分率　%						
		50	40	25	20	15	10	5
電気炉酸化スラグ粗骨材	4020	100	90～100	20～55	0～15	—	0～5	—
電気炉酸化スラグ粗骨材	2005	—	—	100	90～100	—	20～55	0～10
電気炉酸化スラグ粗骨材	2015	—	—	100	90～100	—	0～10	0～5
電気炉酸化スラグ粗骨材	1505	—	—	—	100	90～100	40～70	0～15

注(1) ふるいの呼び寸法は，それぞれ JIS Z 8801-1 に規定するふるいの公称目開き 53 mm, 37.5 mm, 26.5 mm, 19 mm, 16 mm, 9.5 mm および 4.75 mm である．

表 4.25 電気炉酸化スラグ細骨材の粒度

区 分	ふるいの呼び寸法[1]						
	ふるいを通るものの質量百分率　%						
	10	5	2.5	1.2	0.6	0.3	0.15
5 mm 電気炉酸化スラグ細骨材	100	90～100	80～100	50～90	25～65	10～35	2～15
2.5 mm 電気炉酸化スラグ細骨材	100	95～100	85～100	60～95	30～70	10～45	5～20
1.2 mm 電気炉酸化スラグ細骨材	—	100	95～100	80～100	35～80	15～50	10～30
5～0.3 mm 電気炉酸化スラグ細骨材	100	95～100	45～100	10～70	0～40	0～15	0～10

注(1) ふるいの呼び寸法は，それぞれ JIS Z 8801-1 に規定するふるいの公称目開き 9.5 mm, 4.75 mm, 2.36 mm, 1.18 mm, 600 μm, 300 μm および 150 μm である．

して用いたコンクリートに有害な化学反応やひび割れの発生はなく，コンクリート用骨材として十分に利用できる．ただし，電気炉還元スラグや転炉スラグは石灰分が多く，あるいは不安定鉱物を含むため，自壊しやすいのでコンクリート用骨材として使用してはならない．

（ⅱ）細粗とも電気炉酸化スラグ骨材 H（細骨材は天然砂と混合使用）を用いたコンクリートの単位容積質量は 2600～2800 kg/m^3 となるので，浮力の影響を受ける消波ブロックや，ケーブルアンカーレインジー等に特に有効である．

（ⅲ）電気炉酸化スラグ骨材を使用する場合は，土木学会制定「電気炉酸化スラグ骨材コンクリート設計施工指針（案）」を参照とする．この指針（案）では電気炉還元スラグが混入しない工程と製造管理を行っている工場を JIS マーク表示認定工場とし，認定工場から出荷される電気炉酸化スラグのみがコンクリート用骨材として使用できるとしている．

4.14 軽量骨材

A 一般

(1) 軽量骨材には，人工骨材，天然火山れきなどがあるが，わが国で土木構造物に用いられているものは，膨張けつ岩系および一部にフライアッシュ系の人工軽量骨材に限られている．

(2) 膨張けつ岩系軽量骨材には，非造粒型膨張けつ岩（膨張けつ岩原石を破砕し，焼成したもの）および造粒型膨張けつ岩（微粉砕した膨張けつ岩を造粒したのち，焼成したもの）があり，1000〜1200℃で焼成する際，けつ岩中の気化物質（主として）により内部は多孔質となり，表面は溶けて緻密な殻構造となる．細粗骨材ともこの種の軽量骨材を用いれば，単位質量 $1.5〜1.8 t/m^3$ で圧縮強度 $30〜50 N/mm^2$ の高強度軽量コンクリートをつくることができる．

(3) 軽量骨材については，人工，天然および副産物を含め JIS A 5002「構造用軽量コンクリート骨材」が制定されている．

B 区分および呼び方

(1) JIS A 5002 では，軽量骨材を絶乾密度，実績率，コンクリートとしての圧縮強度および単位容積質量によって区分している（表4.26，表4.27，表

表 4.26 骨材の絶乾密度による区分

種類	絶乾密度	
	細骨材	粗骨材
L	1.3 未満	1.0 未満
M	1.3 以上 1.8 未満	1.0 以上 1.5 未満
H	1.8 以上 2.3 未満	1.5 以上 2.0 未満

表 4.27 骨材の実績率による区分（単位 %）

種類	モルタル中の細骨材の実績率	粗骨材の実績率
A	50.0 以上	60.0 以上
B	45.0 以上 50.0 未満	50.0 以上 60.0 未満

表 4.28 コンクリートとしての圧縮強度による区分 （単位 N/mm^2）

種類	圧縮強度
40	40.0 以上
30	30.0 以上 40.0 未満
20	20.0 以上 30.0 未満
10	10.0 以上 20.0 未満

注）コンクリート： $W/C = 40\%$
　　スランプ = 8 cm

表 4.29 コンクリートの単位容積質量による区分 （単位 kg/l）

種類	単位容積質量
15	1.6 未満
17	1.6 以上 1.8 未満
19	1.8 以上 2.0 未満
21	2.0 以上

注）コンクリート：表 4.24 と同じ

4.28，表 4.29)．実績率による区分は主として粒形評価のためのものである．

(2) 呼び名は，「人工軽量粗骨材」など $\dfrac{M}{(密度)}\ \dfrac{A}{(粒形)}\ \dfrac{4}{(強度)}\ \dfrac{17}{(質量)}$ などとする．示方書（施工編）では，土木構造物に用いる軽量骨材は細粗とも人工軽量骨材 MA 417 または MA 317 としており，国産のけつ岩系人工軽量骨材は，すべて MA 417 に区分される．

C 品質および粒度

(1) 軽量骨材の品質はコンクリートに悪影響を及ぼす物質の有害量を含まず，その化学成分および物理化学的性質は表 4.30 に適合するものとする．

(2) 示方書（施工編）では，表 4.30 に示す項目以外に，人工軽量骨材の浮粒率を 10％以下としている．粗骨材中の浮粒率とは，水に浮く程度の軽い粒の含有率である．浮粒は一般に脆弱であるので，高強度コンクリートに浮粒を含む骨材を用いると強度低下の原因となる．たとえば，圧縮強度約 42 N/mm^2 の高強度軽量コンクリートにおいて，粗骨材に浮粒が 10％および 20％含まれている場合，圧縮強度は約 90％および 81％に低下した実験結果がある．

表 4.30 化学成分および物理化学的性質（JIS A 5002）

項 目			人工軽量骨材	天然軽量骨材 副産軽量骨材
化学成分	強熱減量	％	1 以下	5 以下
	酸化カルシウム（CaO として）[1]	％	—	50 以下
	三酸化硫黄（SO$_3$ として）	％	0.5 以下	0.5 以下
	塩化物（NaCl として）	％	0.01 以下	0.01 以下
有機不純物			試験溶液の色が標準色液より濃い	
安定性（骨材の損失質量百分率）		％	—	20 以下
粘性質量		％	1 以下	2 以下
細骨材の微粒分量		％	10 以下	10 以下

注(1) 膨張スラグおよびその加工品だけに適用する．

(3) 軽量骨材を使用するコンクリートに凍結融解に対する抵抗性が要求される場合，構造物が建設される地域におけるその軽量骨材を用いたコンクリートの実績に基づく十分なデータが得られない場合には，受渡し当事者間の協議によって，その骨材を用いたコンクリートの凍結融解作用に対する抵抗性を試

験によって確認する.

(4) 人工軽量骨材の粒度の規格値を表4.31および表4.32に示す．粒度の許容変化は見本品からの差が粗粒率で粗骨材の場合±0.3以内，細骨材の場合±0.15以内とする．

表4.31 ふるいを通るものの質量百分率（粗骨材）(JIS A 5308)

骨材の寸法 (mm)	ふるいの呼び寸法 (mm)				
	25	20	15	10	5
人工 15～5	100	100	100～95	70～40	10～0

表4.32 ふるいを通るものの質量百分率（細骨材）(JIS A 5002)

	ふるいの呼び寸法 (mm)						
	10	5	2.5	1.2	0.6	0.3	0.15
人工	100	100～90	100～75	90～50	65～25	40～15	20～5

D 物 性

(1) 密度，吸水率および単位容積質量のだいたいの値は表4.33のようである．吸水率は，普通骨材に比べて著しく大きくみえるが，これは絶乾質量に対する百分率で示すことになっているからであって，容積百分率で表せば普通骨材の2倍程度（24時間吸水時）である．

(2) 軽量骨材の密度および吸水率試験方法は JIS A 1134「構造用軽量細骨材の密度および吸水率試験方法」および JIS A 1135「構造用軽量粗骨材の密度および吸水率試験方法」による．また，単位容積質量は JIS A 1104「骨材の単位容積質量及び実績率試験方法」のジッキング法による．

表4.33 軽量骨材の密度，吸水率および単位容積質量

項目 種類 細粗	絶乾密度 (g/cm³)		24時間吸水率(質量百分率)		単位容積質量 (kg/l)	
	細骨材	粗骨材	細骨材	粗骨材	細骨材	粗骨材
膨張けつ岩	1.5～1.8	1.2～1.4	8～12	6～10	0.80～1.20	0.65～0.90

(3) 人工軽量骨材の耐凍害性は，JIS A 1122「硫酸ナトリウムによる骨材の安定性試験方法」によって満足に評価できないので，コンクリートとしての凍結融解試験または過去の使用実績によって評価する必要がある．(C項(3)を参照)

(4) 人工軽量骨材の強さは，川砂利より小さいが，火山れきより大きい（表4.34）．なお，人工軽量骨材の使用に当たっては，土木学会制定「人工軽量骨材コンクリート設計施工マニュアル」を参照するとよい．

表 4.34　BS 法による骨材破砕値[9]

破 砕 値	川 砂 利	人工軽量骨材	火山れき
10% 破砕値 (kN)	200〜350	80〜130	30〜50
392 kN 破砕値 (%)	11〜20	33〜41	—

注）破砕試験は，一定容器に粒度調整した粗骨材を入れ，プランジャーで圧縮する．
　　392 kN 破砕値とは，392 kN 載荷時に 13〜9.5 mm の大きさの粒が破砕されて 2.5 mm 以下の粒となる量の百分率であり，10% 破砕値とは 2.5 mm フルイ通過量が 10% となるときの荷重で表す．

4.15　重量骨材

(1) 重量骨材は主として原子炉などの生体遮蔽用コンクリートに用いられる．

(2) 図 4.11 は遮蔽体の密度と遮蔽性との関係を示したものである．この図において質量吸収係数は放射線の種類によって定まる定数であって，たとえば Co^{60} の γ 線の質量吸収係数は 0.055 cm^2/g である．物質の線吸収係数は放射線に対する遮蔽性を示す係数であって，$\mu = \rho \mu_m$ の関係があり，遮蔽性は物質の密度に比例する（ここに ρ：密度）．したがって，重いコンクリートほど遮蔽性が良好となる．

(3) 重量骨材には，重晶石，褐鉄鉱，磁鉄鉱，リン鉄鉱などがあり，

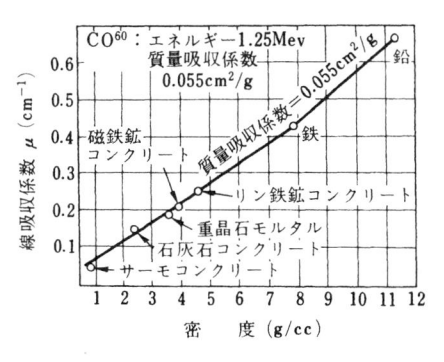

図 4.11　各種物質の密度と $Co^{60} \gamma$ 線の吸収係数[9]

表 4.35　重量骨材および重量コンクリートの密度

骨　材　名	重晶石	褐鉄鉱	磁鉄鉱
骨材の密度 (g/cm^3)	4.2〜4.7	2.8〜3.8	4.5〜5.2
コンクリートの単位容積質量 (t/m^3)	3.3〜3.6	2.6〜2.7	3.5〜3.8

4.16 再生骨材

(1) 再生骨材は，解体されたコンクリート構造物やコンクリート製品を破砕し，鋼材やプラスチックなどの異種材料を除去して，分級，洗浄して製造される骨材である．循環型社会の実現に向けて，再生骨材を使用したコンクリートを推奨する自治体もある．

(2) 再生骨材を用いたコンクリートの品質は，基となるコンクリートや使用された骨材の品質，再生骨材製造時の付着モルタル量などにより異なる．再生骨材に関する規格は3段階に区分され，JIS A 5021（再生骨材 H），JIS A 5022（再生骨材 M を用いたコンクリート）および JIS A 5023（再生骨材 L を用いたコンクリート）に規定されている．

(3) JIS A 5021（再生骨材 H）を用いたコンクリートは，砕石などの骨材を使用した一般的なコンクリートと同等の品質が得られる．JIS A 5022（再生骨材 M を用いたコンクリート）および JIS A 5023（再生骨材 L を用いたコンクリート）は，骨材自体の品質は通常の骨材よりも劣るが，製造されたコンクリートの品質が要求された水準を満足していればよく，したがってこれらのJIS では，骨材の品質規格ではなく，コンクリートの品質規格となっている．

〈演習問題〉

4.1 湿潤状態の砂 710 g を炉乾燥したところ 650 g となった．この砂の吸水率が 2.10% である場合，表面水率を求めよ．

4.2 骨材に含まれる粘土鉱物モンモリロナイトおよびローモンタイトの作用を説明せよ．

4.3 次に示すふるい分け試験の結果から粗粒率を計算し，かつ粗粒率の値の意味を記せ．

粗骨材のふるい分け試験結果

ふるいの呼び寸法 (mm)	60	50	40	30	25	20	15	10	5	2.5
通過百分率 (%)	100	92.3	80.4	65.1	45.0	32.2	20.4	15.5	2.8	0

演習問題

細骨材のふるい分け試験結果

ふるいの呼び寸法 (mm)	10	5	2.5	1.2	0.6	0.3	0.15
通過百分率（％）	100	98.1	87.2	68.8	45.7	16.1	4.2

4.4 海砂の塩化物含有量の限度について説明せよ．

4.5 海砂の使用に当たり，その粗粒率が適当でないので，粒度調整を行うこととした．海砂の粗粒率は1.55，調整に用いる砂の粗粒率は3.01である．混合砂の粗粒率を2.20としたい場合，両者の混合比を求めよ．

4.6 粗骨材の最大寸法がコンクリートのワーカビリティーおよび強度に及ぼす影響について述べよ．

4.7 有機不純物によるセメントの不硬作用を説明せよ．

4.8 砕石および砕砂の粒形の評価法について述べよ．

4.9 次の高炉スラグ粗骨材の物理試験結果から，N，Lの区分を示し，この骨材を土木構造物に用いる場合の注意事項を記せ．

絶乾密度	吸水率（％）	単位容積質量（kg/l）
2.41	5.2	1.33

4.10 人工軽量骨材に関する次の試験結果から，この骨材の呼び方を決めよ．

試 験 結 果

項　　　　目	細骨材	粗骨材
絶 乾 密 度	1.62	1.24
実 績 率 （％）	54.5	65.2
コンクリートとしての圧縮強度（N/mm^2）	42.4	
コンクリートとしての単位質量（kg/m^3）	1688	

[参考文献]

1) 日本コンクリート会議：コンクリート砕石の品質基準作成に関する調査報告 (1968)
2) 村田，岩崎：新土木実験指導書〔コンクリート編〕，技報堂出版
3) 近藤泰夫訳：コンクリートマニアル，国民科学社（オーム社）(1978)
4) 鈴木，他：糖類ならびにその他の有機物がセメントの水和におよぼす影響，セ

メント技術年報（1959）
5) 山本泰彦：コンクリートのワーカビリティおよび強度におよぼす粗骨材粒の特質，コンクリートジャーナル，Vol.7,No.11（1969）
6) 横道，他：砕石コンクリートと砂利コンクリートの比較研究，セメント技術年報Ⅶ（1953）
7) 山下，国府：高炉スラグ細骨材を用いたコンクリートの10年試験結果，セメントコンクリート，No.584（1995.10）
8) 佐伯竜彦：銅スラグ細骨材と低比重細骨材を混合使用したコンクリートの諸特性，土木学会スラグ研究委員会資料（1997.7）
9) 爾見，他：コンクリート用骨材の破砕値とコンクリートの強度，セメントコンクリート，No.235（1966.9）
10) 日本セメント研究所原子炉遮蔽用セメントならびに特殊コンクリートに関する研究，日本セメント研究所要報，138号（1956.3）

5 混和材料

5.1 概　　説

A　一　般

(1) 混和材料とは，セメント，水，骨材以外の材料で，打込みを行う前までに必要に応じてセメントペースト，モルタルまたはコンクリートに加えるものである．混和材料は混和材と混和剤（化学混和剤）に大別される．

(2) 混和材は昔から使用されており，古代ローマ時代のコンクリートに用いられた記録がある．

わが国では，明治時代にセメントの増量材として火山灰，ケイ藻土，ケイ酸白土，石灰，鋼さいや花崗岩風化物の真砂土などが用いられていた．特に，火山灰については，小樽港築港工事に用いられたことで有名である．

(3) 混和剤の使用も紀元前まで遡り，古代ローマ時代には天然ポゾランを結合材として利用し，獣血やその脂，乳などを混和していたといわれている．今日，一般的に使用されている混和剤は，1930年代にアメリカで松脂を主成分とする AE 剤が使用されたことが始まりとされている．

(4) 最近における混和材料の目覚しい進歩により，混和材料によらなければ到底実現しえない優れた性質をコンクリートに付与できるようになったので，混和材料の重要性は著しく高まっている．

(5) 混和材料の効果はセメントや骨材の品質，配合，温度などにより異なるから，現状では使用の都度，試験によってこれを確かめる必要があるが，順次法則性を明らかにし，予知技術を確立することが望まれる．

B　分　類

（1）　混和材と混和剤との分類には，明確な境界値が定まっているわけではなく，使用量がセメント質量の5％程度以上のものに「材」を，1％程度以下のものに「剤」をそれぞれ慣用的に用いている．わが国では，混和材料を便宜上，以下のように混和材と混和剤に大別している．

混和材：ポゾランのように使用量が比較的多くて，それ自体の容積がコンクリートの配合の計算に関係するもの．

混和剤：AE剤のように使用量が比較的少なく，薬品的な使い方をするもの．

（2）　混和材料は，1つの製品で種々の効果をもつものが多いので，これらを明瞭に分類することは難しい．わが国で実用されているものを対象とすれば，次のように分類される．

混和材：ポゾラン（フライアッシュ・シリカヒューム等），その他の鉱物質微粉末（高炉スラグ微粉末・岩石粉末等），膨張材，その他

混和剤：AE剤，減水剤，AE減水剤，高性能減水剤，高性能AE減水剤，促進剤，遅延剤，急結剤，発泡剤，起泡剤，防水剤，防せい剤，水中不分離性混和剤，防凍剤または耐寒用混和剤，着色剤，その他

5.2　ポゾラン

A　一　般

（1）　今日，混和材が一般的にポゾラン（pozzolan）と称されるのは，ローマ時代に凝灰岩系のポッツォラーナ（pozzolana）と呼ばれる材料がコンクリートに混和されていたためである．

（2）　ポゾランは，シリカ質またはシリカおよびアルミナ質の微粉末で，それ自身には水硬性はないが，セメントの水和によって生じた水酸化カルシウムと水の存在のもとで常温で化合し，不溶性の化合物をつくる性質をもつ材料であり，この性質をポゾラン反応性という．

（3）　ポゾランには，天然品と人工品とがある．天然品（火山灰，ケイ酸白土など）は一般に粒子が不整形のため，コンクリートの単位水量を増加させるので混和材として用いられることはほとんどなく，主としてシリカセメントの原料として用いられる．人工品の代表的なものはフライアッシュとシリカ

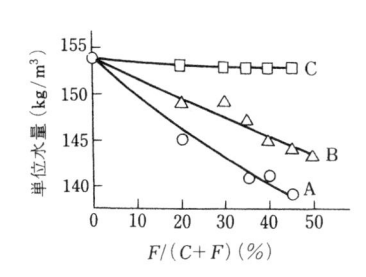

図 5.1 フライアッシュ置換率と単位水量の関係[1]

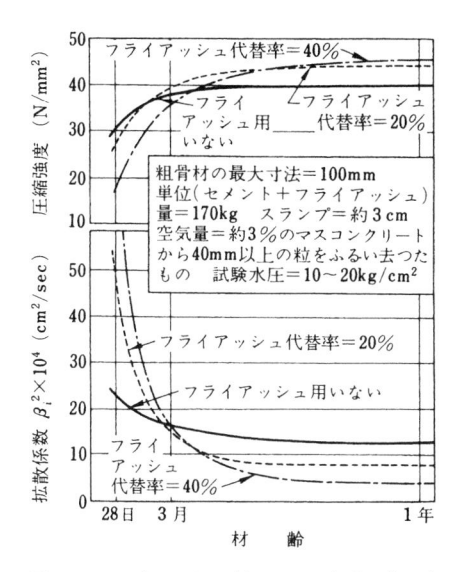

図 5.2 フライアッシュがマスコンクリートの水密性および圧縮強度に及ぼす影響[2]

フュームである．

B　フライアッシュ

(1) フライアッシュとは，火力発電所の微粉炭燃焼ボイラから出る排ガス中に含まれている灰の微粉粒子をコットレル集塵機その他で捕集したもので，良質の製品は比表面積 $3000\,cm^2/g$ 程度以上，密度 $2.0\sim2.4\,g/cm^3$ の微粉末である．

(2) 天然ポゾランに比べてフライアッシュの著しい特徴は，表面がなめらかな球形粒子を多く含むことである．粒子の体積が一定と仮定すれば，球形の粒子は表面積が最小となるから，コンクリートの流動性を改善することができる．（図 5.1）

(3) 示方書（施工編）では，フライアッシュは JIS A 6201「コンクリート用フライアッシュ」に適合したものを標準としている．フライアッシュの品質は，微粉炭の品質，ボイラの構造，運転状況などによって発電所ごとに変動する．JIS A 6201 では，広範囲の品質のフライアッシュが利用できるように 1

表5.1 フライアッシュの品質 (JIS A 6201)

項　　目	種　　類		フライアッシュⅠ種	フライアッシュⅡ種	フライアッシュⅢ種	フライアッシュⅣ種
二酸化けい素		%	45.0 以上			
湿分		%	1.0 以上			
強熱減量[1]		%	3.0 以下	5.0 以下	8.0 以下	5.0 以下
密度		g/cm^3	1.95 以上			
粉末度[2]	45μm ふるい残分 (網ふるい方法)[3]	%	10 以下	40 以下	40 以下	70 以下
	比表面積（ブレーン方法）	cm^2/g	5,000 以上	2,500 以上	2,500 以上	1,500 以上
フロー値比		%	105 以上	95 以上	85 以上	75 以上
活性度指数	材齢28日	%	90 以上	80 以上	80 以上	60 以上
	材齢91日		100 以上	90 以上	90 以上	70 以上

注(1)　強熱減量に代えて，未燃炭素含有率の測定をJIS M 8819またはJIS R 1603に規定する方法で行い，その結果に対し強熱減量の規定値を適用してもよい．
　(2)　粉末度は，網ふるい方法またはブレーン方法による．
　(3)　粉末度を網ふるい方法による場合は，ブレーン方法による比表面積の試験結果を参考値として併記する．

種から4種までが規格化されている．（表5.1）

　(4)　1種および2種に相当するフライアッシュはこれを適切に用いることにより次のような利点がある．

　（ｉ）　単位水量を低減する．図5.1においてフライアッシュAおよびB（2種相当）を用いた場合には置換率の増加に伴い，単位水量は減じ置換率40～50％の場合単位数量を7～10％減ぜられる．ただし低品質フライアッシュ〔図5.1のC（3種相当）〕の場合は，一般に粒子形状，粉末度や未燃炭素分の影響により単位水量の低減を期待することは難しい．

　（ⅱ）　十分な湿潤養生を行えば，ポゾラン反応により，長期材齢における強度，水密性を改善する（図5.2）．コンクリートの断熱温度上昇量も，セメントに対するフライアッシュの置換率の6割～8割の割合で低減する[3]．したがって，フライアッシュは，マスコンクリートや水理構造物に有効に用いられるが，建築物のように乾燥しやすい部材では，ポゾラン反応が期待できないので適さない．

　（ⅲ）　その他，コンクリートの乾燥収縮の低減，化学抵抗性の増大，アルカリ骨材反応の抑制等が期待できる．

(5) 3種および4種のフライアッシュは，これを用いたコンクリートが要求性能を満足する場合には使用することができる．

(6) フライアッシュを用いたコンクリートの施工に当たっては，土木学会制定「フライアッシュを用いたコンクリートの施工指針」を参照するとよい．

C シリカフューム

(1) シリカフュームは，ケイ素合金（シリコン，フェロシリコン，クロムシリコン，シリコンマンガン等）を電気炉で製造する際，排ガス中に浮遊する超微粉末を集塵機で捕集したものである．

(2) シリカフュームの特徴は，直径 0.1～0.5 の非晶質の球形粒子で，比表面積 15～20 m^2/g，（窒素吸着法による）の高シリカ質（90～97%）の超微粉末である．密度は 2.1～2.2 g/cm^3，単位容積質量は 0.07～0.43 kg/l である．

(3) シリカフュームのポゾラン反応速度は比較的早く，反応率は材齢1日で約 13%，材齢3日で約 40%，材齢 28 日で 50～60%，材齢1年で約 80% の測定例がある[4]．

(4) シリカフュームが超微粉であるため，コンクリートに混入した場合，単位水量が増大するので，コンクリートへの使用に際しては高性能 AE 減水剤を併用することを原則とする．このようにすれば，シリカフュームをセメントの 10% 前後使用することにより，そのポゾラン活性とそのマイクロフィラー効果とセメント分散効果（5.3節参照）によって，コンクリートは緻密化され，圧縮強度 100 N/mm^2 程度の高強度コンクリートが容易に得られるとともに，ブリーディングの低減，水密性，気密性，化学抵抗性の増大や塩分の浸透深さの低減等が期待でき，これらは低水セメント比のコンクリートにおいて効果的である[5)6]．

(5) 示方書（施工編）では，シリカフュームは JIS A 6207「コンクリート用シリカフューム」に適合したものを標準としている．この規格では輸送の便やセメントとの混合効率を考慮して，シリカフュームとして，粉体シリカフューム，粒体シリカフューム（輸送および取扱いの便のため，単位容積質量が大となるよう見かけの粒形を大きくしたもの）およびシリカフュームスラリー（上記と同じ目的でシリカフュームを水に懸濁させたもの）3種を規定し

ている．

シリカフュームの品質を表5.2に示す．シリカフュームスラリー中の固体の品質も表5.2に適合しなければならない．また，シリカフュームスラリーの固形分量は製造者の表示の0.96～1.04倍以内とする．

表5.2 シリカフュームの品質 (JIS A 6207)

品 質			規定値
比表面積（BET方法）		m²/g	10以上
活性度指数　　％	材　齢　7日		95以上
	材　齢　28日		105以上
二酸化けい素		％	85以上
酸化マグネシウム		％	5.0以下
三酸化硫黄		％	3.0以下
強熱減量		％	5.0以下
湿　　分		％	3.0以下

5.3　鉱物質微粉末

ポゾラン以外の鉱物質微粉末として，高炉スラグ微粉末および岩石粉末がある．

A　高炉スラグ微粉末

(1)　高炉スラグ微粉末は水砕の乾燥微粉末で，不安定ガラス質であるから潜在水硬性を有する．

(2)　高炉スラグ微粉末をセメントの一部と置換すれば，一般にコンクリートの長期強度の増進，水密性の改善，温度上昇速度の抑制等が期待できる．置換率をセメント質量の40～50％以上とした場合，コンクリートの化学抵抗性の増大，アルカリ骨材反応の抑制に有効である．70％程度以上置換すれば，水和熱によるコンクリートの断熱温度上昇量を低減することができるが，強度発現が著しく遅延する．

(3)　高炉スラグ微粉末を用いたコンクリートは，養生温度および湿潤養生期間の影響を受けやすく，また炭酸化によって劣化しやすいコンクリートになる恐れがあるので施工上注意を要する．

(4)　示方書（施工編）では高炉スラグ微粉末はJIS A 6206「コンクリート用高炉スラグ微粉末」に適合したものを標準としている（表5.3）．この規格では高炉スラグ微粉末を粉末度により高炉スラグ微粉末4000，6000および8000の3種に区分している．

(5)　高炉スラグ微粉末の粉末度が高いほど所要のスランプを得るためのコ

表5.3 高炉スラグ微粉末の品質 (JIS A 6206)

品質	種類		高炉スラグ微粉末 4000	高炉スラグ微粉末 6000	高炉スラグ微粉末 8000
密度			2.80 以上	2.80 以上	2.80 以上
比表面積		cm^2/g	3000 以上 5000 未満	5000 以上 7000 未満	7000 以上 10000 未満
活性度指数	材齢 7日	%	55 以上*	75 以上	95 以上
	材齢 28日		75 以上	95 以上	105 以上
	材齢 91日		95 以上	105 以上	105 以上
フロー値比		%	95 以上	95 以上	90 以上
酸化マグネシウム		%	10.0 以下	10.0 以下	10.0 以下
三酸化硫黄		%	4.0 以下	4.0 以下	4.0 以下
強熱減量		%	3.0 以下	3.0 以下	3.0 以下
塩化物イオン		%	0.02 以下	0.02 以下	0.02 以下

＊この値は，受渡当事者間の協定によって変更できるものとする．

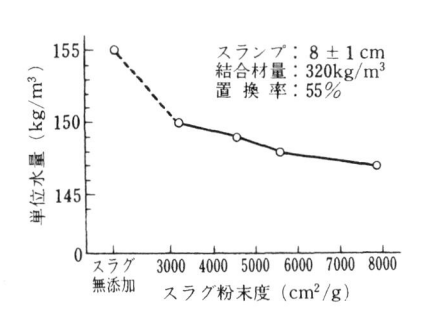

図5.3 スラグの粉末度とコンクリートの単位水量の関係[7]

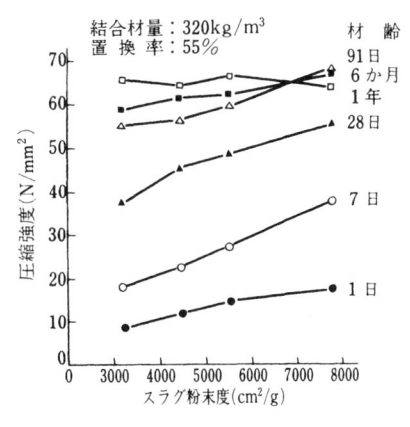

図5.4 スラグの粉末度とコンクリートの圧縮強度との関係[7]

ンクリートの単位水量が減少する傾向がある（図5.3）．これは微粒子ほど表面の平滑度，緻密度が増すためと考えられている．また高粉末度のスラグを用いる場合ほどコンクリートの初期強度が増大する（図5.4）．

（6）高炉スラグ微粉末を用いたコンクリートの施工に当たっては，土木学会「高炉スラグ微粉末を用いたコンクリートの設計施工指針」を参照するとよい．

B 岩石粉末

(1) 一般に，岩石粉末は常温では活性をもたないが，コンクリートの強度を増大させる[8]．これは岩石粉末がセメント粒子の連鎖（フロック）の間に入り込み，セメント粒子を分散させ，水和しやすい状態とするからである．

(2) 石灰石微粉末は，主にセメント原料，コンクリート用骨材などで使用されている石灰石を粉砕して3mm〜20μm程度の粒度とした岩石粉末である．コンクリートに石灰石微粉末を混和すると，フレッシュコンクリートの流動性が改善され，初期材齢時の強度発現も若干増加する傾向を示すが，石灰石微粉末はほぼ不活性であり，その他の混和材のように特徴的な反応生成物を析出することはないとされている．また，石灰石微粉末を使用することにより，コンクリートの材料分離抵抗性の改善効果が得られ，水和発熱量の低減が期待できる．

5.4 膨張材

(1) セメント系の膨張材は，エトリンガイトの生成や石灰の膨張作用により，モルタルまたはコンクリートをその硬化過程で膨張させ，コンクリート部材の乾燥収縮を補償してひび割れの発生を防ぐ目的や，ケミカルプレストレスの導入，橋梁支承用無収縮グラウトなどに用いられる．

(2) カルシウム・サルホ・アルミネート（消石灰とせっこうおよびボーキサイトを調合焼成したもの）は，次式で示される水和反応によりエトリンガイトを生成し，膨張する．

$$3\ CaO \cdot Al_2O_3 \cdot CaSO_4 + 6\ CaO + 8\ CaSO_4 + 96\ H_2O$$
$$= 3\ [3\ CaO \cdot Al_2O_3 \cdot 3\ CaSO_4 \cdot 32\ H_2O]\ （エトリンガイト）$$

(3) 石灰系膨張材の膨張作用は，生石灰の水和による消石灰の生成を利用したもので，反応式は次のとおりである．

$$CaO + H_2O = Ca(OH)_2$$

(4) いずれの膨張作用も膨張材の水和反応に起因するから，満足な膨張作用を発揮させるためには，硬化過程で十分に水分を与えて養生することが大切

である．図 5.5 に膨張材の使用量が同じでも乾湿により膨張量が著しく相違することが示されている．なお，膨張作用は湿潤状態において一般に約 2 週間継続する．

(5) 示方書（施工編）では膨張材は JIS A 6202「コンクリート用膨張材」に適合したものを標準としている．（表 5.4）

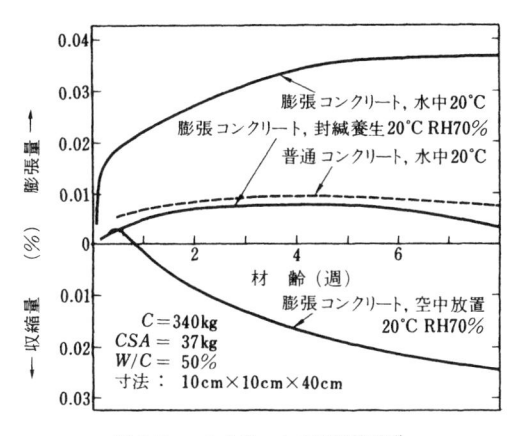

図 5.5 コンクリートの膨張性状[10]

表 5.4 膨張材の品質（JIS A 6202）

項　目				規定値	適用試験項目
化学成分	酸化マグネシウム		%	5.0 以下	6.1
	強熱減量		%	3.0 以下	6.2
	全アルカリ		%	0.75 以下	6.3
	塩化物イオン		%	0.05 以下	6.4
物理的性質	比表面積		cm^2/g	2,000 以上	7.1
	1.2 m ふるい残分[(1)]		%	0.5 以下	7.2
	凝結	始発	%	60 以後	7.3
		終結	h	10 以内	
	膨張性　　　　　% (長さ変化率)	材齢 7 日		0.025 以上	7.4
		材齢 28 日		−0.015 以上	
	圧縮強さ　N/mm^2	材齢 3 日		12.5 以上	7.5
		材齢 7 日		22.5 以上	
		材齢 28 日		42.5 以上	

注(1)　1.2 mm ふるいは，JIS Z 8801 に規定する呼び寸法 1.18 mm の網ふるいである．

(6) 膨張材の使用量は，一般の乾燥収縮および硬化収縮によるひび割れの防止を目的とする場合 20～30 kg/m³，ケミカルプレストレスの導入を目的とする場合 40～60 kg/m³ 程度とする．

(7) 膨張材は多量の遊離した酸化カルシウムを保有するため風化しやすいので，貯蔵期間は防湿袋入りで倉庫内保管 3 ヶ月以内，その他の場合 1 ヶ月以内とする．また，膨張材は 1 バッチ分ずつ計量し，計量誤差は 2% 以内とし，打込み後 5 日間以上湿潤養生を継続すること．その他土木学会制定「膨張コンクリート設計施工指針」を参照するとよい．

(8) 膨張材は，一般のコンクリート構造物の乾燥収縮および硬化収縮によるひび割れの防止のほか，水槽，屋根スラブ，地下室などの防水，道路橋床版（収縮ひび割れの浸透水に起因する耐疲労性低下の防止），継目なしの舗装板，ケミカルプレストレスを導入したヒューム管などに有効に用いられている．

5.5 AE 剤

A 一般

(1) AE 剤は界面活性剤の一種で，コンクリート中に微細な独立気泡（直径 0.025～0.25 mm）を一様に分布させる混和剤である．

(2) 界面活性剤とは，溶液中で気－液，液－液，液－固の界面に吸着し，界面の性質を著しく変えるもので，その界面活性能により，起泡，分散，湿潤，乳化などの性質を付与する．

(3) AE 剤は陰イオンまたは非イオン系界面活性剤であって，起泡作用が卓越するものである．

B 作用と効果

(1) コンクリートのワーカビリティーを改善する（気泡の砂粒周囲におけるボールベアリング効果および気泡による水の上昇の抑制効果による．一般に空気量 1% の増加によりスランプは約 2.5 cm 増加する）．

(2) コンクリートの凍結融解に対する抵抗性を著しく増大する（粗大孔げき中の水の凍結膨張により，微細孔げきへ水分の移動が起こり圧力が発生する．AE コンクリートにおいては空気泡に移動水が流入し，圧力を緩和する）．

5.5 AE 剤

C AE 剤の種類および品質規格

(1) AE 剤にはレジン酸のナトリウム塩, アルキルアリルスルホン酸塩等の多種の製品がある.

(2) 示方書（施工編）では AE 剤は JIS A 6204「コンクリート用化学混和剤」に適合したものを標準としている. この規格における化学混和材の塩化物量による分類および AE 剤の品質規格を表5.5 および表5.6 に示す.

表5.5 化学混和剤の塩化物量（塩素イオン量）による種類 （JIS A 6204）

種 類	塩化物量（塩素イオン量）kg/m^3
I 種	0.02 以下
II 種	0.02 をこえ 0.20 以下
III 種	0.20 をこえ 0.60 以下

表5.6 化学混和剤の性能 （JIS A 6204）

項　　目		AE 剤	減水剤			AE 減水剤			高性能 AE 減水剤	
			標準形	遅延形	促進形	標準形	遅延形	促進形	標準形	遅延形
減　水　率　%		6以上	4以上	4以上	4以上	10以上	10以上	8以上	18以上	18以上
ブリーディング量の比 %		75以下	100以下	100以下	100以下	70以下	70以下	70以下	60以下	70以下
凝結時間の差 min	始 発	−60〜+60	−60〜+90	+60〜+210	+30 以下	−60〜+90	+60〜+210	+30 以下	−30〜+120	+90〜+240
	終 結	−60〜+60	−60〜+90	+210 以下	0以下	−60〜+90	+210 以下	0以下	−30〜+120	+240 以下
圧縮強度比 %	材齢3日	95以上	115以上	105以上	125以上	115以上	105以上	125以上	135以上	135以上
	材齢7日	95以上	110以上	105以上	115以上	110以上	110以上	115以上	125以上	125以上
	材齢28日	90以上	110以上	110以上	110以上	110以上	110以上	110以上	115以上	115以上
長　さ　変　化　比　%		120以下	120以下	120以下	120以下	120以下	120以下	120以下	110以下	110以下
凍結融解に対する抵抗性（相対動弾性係数%）		80以上	—	—	—	80以上	80以上	80以上	80以上	80以上
経時変化量	スランプ cm	—	—	—	—	—	—	—	6.0以下	6.0以下
	空気量%	—	—	—	—	—	—	—	±1.5 以内	±1.5 以内

[スランプ 8 cm および 18 cm のいずれのコンクリートについても規格に適合しなければならない. ただし, 凍結融解に対する抵抗性の規格値は, スランプ 8 cm のコンクリートについてだけ適合する.]

基準コンクリートの配合　　単位セメント量：スランプ 8 cm の場合, 280 kg/m^3, スランプ 18 cm の場合, 300 kg/m^3　　単位水量：練り上がり時のスランプが 8±1 cm または, 18±1 cm となるような量　　空気量：2.0 以下　　細骨材率：40〜50%
試験コンクリートの配合　　単位セメント量：基準コンクリートと同様　　単位水量：基準コンクリートと同様　　空気量：基準コンクリートの空気量に 3.0% を加えたものに対し, 0.5% 以上の差があってはならない.　　細骨材率：基準コンクリートの細骨材率から 1〜3% を減じた値とする.

5.6 減水剤および AE 減水剤

A 一般

（1） 減水剤は，界面活性剤のうち分散作用または湿潤作用が卓越するもので，セメント粒子の分散その他によりコンクリートの単位水量を減少させる混和剤である．わが国では，AE剤を添加し，AE減水剤として市販されているものが多い．

（2） 減水剤は陰イオン系のものと非イオン系のものとに大別され，次のように区分される．

陰イオン系：リグニンスルホン酸塩，オキシカルボン酸塩
非イオン系：アルキルアリルエーテルまたはエステル

B 減水剤の作用

（1） ペースト中のセメント粒子は凝集力により，その10〜30％はフロックを形成している．

（2） リグニンスルホン酸塩系減水剤の作用はセメントペースト中でリグニンスルホン陰イオンとカルシウム陽イオンに電離し，強い陰イオン活性を呈する．そしてフロック状のセメント粒子表面に吸着し，セメント粒子は静電気的に負に帯電し，相互に反発し個々に分散する（図5.6）．セメント粒子が分散すれば，粒子間に水が浸透し，セメントペーストの軟度を増す．また，セメ

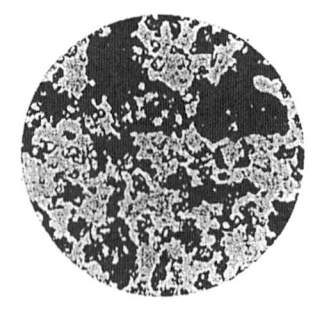

凝集したセメント粒子
（減水剤用いない）

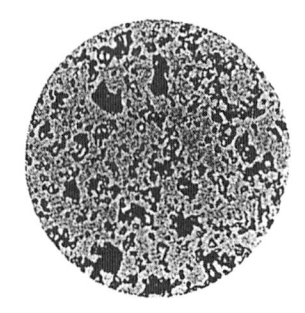

減水剤（ポゾリス）の使用
によるセメント粒子の分散

図5.6 セメント粒子の分散状態の顕微鏡写真

ント粒子が水と接触しやすい状態となるので水和を促進し，強度発現をよくする．

（3） オキシカルボン酸塩系減水剤の作用はセメント粒子表面に吸着し，溶媒和層を形成し，初期水和を抑制するとともに，障壁となって，セメント粒子の凝集を妨げ，セメントペーストの軟度を増す．

（4） アルキルアリルエーテル系減水剤の作用はセメント粒子表面に吸着し，セメントと水との付着力を水の凝集力より大とし，セメント粒子をよく濡らし，セメントペーストの軟度を増す．湿潤剤ともいう．

C 減水剤の効果

（1） 減水効果は，減水剤の種類，セメントおよび骨材の性質，コンクリートの配合などによって異なるが，AE減水剤を用いる場合は，あるワーカビリティーのコンクリートを得るために必要な単位水量を12%程度減らせる．その結果，同じワーカビリティー，強度のコンクリートを得るために必要な単位セメント量を約10%減少することができる．

（2） AE剤を伴うからコンクリートの耐凍害性を改善する．

D 減水剤の種類および品質規格

（1） 示方書（施工編）では，減水剤およびAE減水剤はJIS A 6204「コンクリート用化学混和剤」に適合したものを標準としている（表5.6）．塩化物量による種類および品質規格を表5.5に示した．

（2） 減水剤およびAE減水剤には，標準形，遅延形および促進形がある．

5.7 高性能減水剤および高性能AE減水剤

A 一般

（1） 高性能減水剤は分散作用は卓越するが，起泡作用はほとんどない界面活性剤である．起泡作用がないので多量に使用することができ，したがって15〜20%の大幅な減水効果が期待できる．

（2） 高性能減水剤は高強度用混和剤および流動化剤として有効に用いられる．しかし，高性能減水剤を多量使用すると，練混ぜ後の経過時間に伴うスランプの低下（スランプロス）が著しく，これが最大の欠点とされている．高性

能AE減水剤は実用上スランプロスがほとんどない流動化剤として考案されたものである．

B 高性能減水剤

(1) 高性能減水剤には，ナフタリンスルホン酸縮合物，メラミンスルホン酸縮合物，オキシカルボン酸塩等がある．前二者の作用はいずれも5.6節に述べたリグニンスルホン酸塩系減水剤等と同様に，セメント粒子の負の帯電による静電気的な分散作用である．

(2) 図5.7に高性能減水剤の使用量に伴うセメント粒子への吸着量およびセメント粒子表面に形成される帯電層の電位（ゼータ電位）の増加，これに起因するセメントペーストの粘度低下（流動性の増加）を示す．

(3) 高性能減水剤の多量使用による著しい減水効果により，所要のワーカビリティーを保ちながら水セメント比を大幅に低減し，水セメント比30％ないしそれ以下とすることができる．その結果，スランプ8cm程度以上で圧縮強度80～150 N/mm^{2}が得られ，主として高強度PC杭などの工場製品の製造に用いられている．

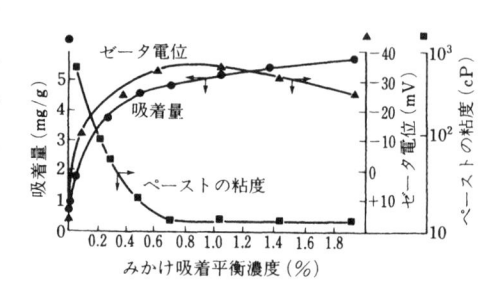

図 5.7 高性能減水剤のみかけ吸着平衡濃度と吸着量，ゼータ電位，ペーストの粘度の関係[11]

C 流動化剤

(1) 比較的硬練りのベースコンクリートに高性能減水剤を添加し，コンクリートの品質を損なうことなく，流動性のみを増大し，施工性を改善するものである．ただし，過度に使用して分離を起こさないよう，示方書（施工編）では流動化後のコンクリートのスランプを原則として18cm以下と規定し，ベースコンクリートからのスランプ増大量を10cm以下とし，5～8cmを標準としている．

(2) 示方書（施工編）では流動化剤はJSCE D 101「コンクリート用流動化剤規格」に適合したものを標準としている（表5.7）．

5.7 高性能減水剤および高性能 AE 減水剤

表 5.7 コンクリート用流動化剤の品質（JSCE-D 101）

項目		流動化剤の形	標準形	遅延形
試験条件	スランプ (cm)	ベースコンクリート	8 ± 1	
		流動化コンクリート	18 ± 1	
	空気量 (%)	ベースコンクリート	4.5 ± 0.5	
		流動化コンクリート	4.5 ± 0.5	
ブリーディング量の差 (cm^3/cm^2)			0.1 以下	0.2 以下
凝結時間の差 (min)		始発	$-30 \sim +90$	$-60 \sim +210$
		終結	$-30 \sim +90$	$+210$ 以下
スランプの経時 (15 分間)		低下量 (cm)	4.0 以下	4.0 以下
空気量の経時 (15 分間)		低下量 (%)	1.0 以下	1.0 以下
圧縮強度比[1] (%)		材齢 3 日	90 以上	90 以上
		材齢 7 日	90 以上	90 以上
		材齢 28 日	90 以上	90 以上
長さ変化比[1] (%)			120 以下	120 以下
凍結融解に対する抵抗性[1] (相対動弾性係数比%)			90 以上	90 以上

1) この値は，通常の試験誤差を考慮して定めたものであって，流動化コンクリートがベースコンクリートと同等の品質を有すべきことを意味する．

(3) 流動化コンクリートのスランプロスの一例を図 5.8（破線）に示す．スランプロスの原因は主として高性能減水剤がなどのセメント水和物に取り込まれ，分散作用に寄与する量が次第に減少するためといわれている．このためレディーミクストコンクリートを流動化コンクリートとする場合，運搬車が打込み現場に到着後，荷卸し直前に流動化剤を添加する方式（現場添加方式）が行われている．

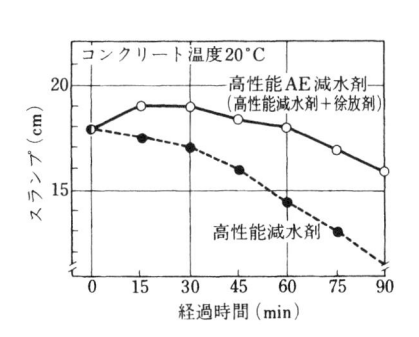

図 5.8 スランプロス低減に及ぼす徐放剤の効果

表 5.7 における遅延形は暑中コンクリートまたは運搬時間が長い場合に用いる．その他，流動化コンクリートの施工に当たっては，土木学会制定「流動化コンクリート施工指針」を参照するとよい．

D　高性能 AE 減水剤

(1)　高性能 AE 減水剤として，高性能減水剤に徐放剤を添加したものと立体障壁作用をもつ水溶性高分子の2種がある．

(2)　前者は，ナフタリンスルホン酸縮合物などの高性能減水剤に徐放剤を添加したものである．

徐放剤は顆粒状の分散剤であって，水には溶けないがアルカリ溶液に徐々に溶け，次第に分散効果を増進し，スランプロスを補償する．

(3)　後者はポリカルボン酸塩系やアミノカルボン酸塩系の水溶性高分子である．これらはセメント粒子表面に吸着し，粒子のまわりに立体的な吸着層を形成し，静電気的にセメント粒子を分散してペーストの流動性を増す．そして立体吸着層において，セメント粒子表面からやや離れた位置に分布する高分子はセメントの水和の進行に伴う水和物による粒子表面の被覆作用から守られるので，電荷の低下が緩和され，その結果分散性は長時間保持される．

(4)　図 5.8（破線）は（高性能減水剤＋徐放剤）を用いたコンクリートのスランプの経時変化であって，高性能 AE 減水剤を用いることによってスランプロスがほとんどない流動コンクリートをつくり得ることを示している．したがってこの種の混和剤を利用すれば，レディーミクストコンクリートプラントで流動化剤を添加する方式（プラント添加方式）の流動コンクリートが可能となる．その結果，水セメント比の著しく小さい高強度コンクリートや高流動コンクリートが実用化されている．

(5)　示方書（施工編）では高性能 AE 減水剤は JIS A 6204「コンクリート用化学混和剤」に適合したものを標準としている（表 5.6）．また，この種の混和剤を用いたコンクリートの施工については，土木学会制定「高性能 AE 減水剤を用いたコンクリートの施工指針」を参照するとよい．

5.8　促 進 剤

A　一 般

促進剤はセメントの水和反応を促進し，コンクリートの初期強度を高める混和剤で，寒中工事，緊急工事，工場製品などに用いられる．

B 促進剤の作用と効果

(1) 促進剤として一般に，アミノ化合物などを添加した促進形減水剤（JIS A 6204 適合品，表5.6参照）が用いられている．これは硬化促進性と減水性の相乗作用により，コンクリートに早期強度を与えるものである．表5.8は促進形減水剤の効果を示したもので，1日強度 $10\,\mathrm{N/mm^2}$ が得られる（普通セメント使用，単位セメント量 $300\,\mathrm{kg/m^3}$）ことを示している．

(2) 減水剤は一般に遅延性を示すが，高性能減水剤のうちメラミンスルホン酸縮合物は，初期強度の増進に有効に働くものであるから，促進剤としても利用される．

表5.8 促進形減水剤を用いたコンクリートの強度増進
（普通ポルトランドセメント $C = 300\,\mathrm{kg/m^3}$，
骨材最大寸法 $= 25\,\mathrm{mm}$，スランプ $= 7.5\,\mathrm{cm}$）

混和剤		空気量 (%)	単位水量 (kg/m³)	水セメント比 (%)	圧縮強度 (N/mm²)			
					1日	3日	7日	28日
用いない		1.4	152 (1.00)	50.8	—	15.5 (1.00)	26.0 (1.00)	38.7 (1.00)
促進形減水剤	A	4.5	131 (0.86)	43.7	10.0	26.2 (1.69)	34.6 (1.37)	44.6 (1.17)
	B	4.6	133 (0.88)	44.3	8.7	21.8 (1.42)	31.5 (1.25)	38.9 (1.02)

5.9 遅延剤

A 一般

遅延剤はセメントの凝結を遅らせる目的で用いる混和剤で，遅延形減水剤（JIS A 6204 適合品，表5.6参照）および無機質のケイ沸化物などがある．前2者は減水剤でもあるので，その使用量によりコンクリートのワーカビリティーが変化するが，後者は使用量によってコンクリートの他の性質にほとんど影響しないので便利である．

B 遅延剤の作用と効果

(1) 有機質の遅延剤は，分子が著しく大きく，これがセメント粒子表面に吸着し，セメントと水の接触を一時的に遮断し，初期水和反応を遅らせる．

(2) ケイ沸化物の主な作用はセメントと反応してフッ化カルシウムの皮膜を形成し，セメント粒子を被覆して水との接触を遮断する．

(3) いずれの場合も，その後徐々に水和が進むに従いセメント粒子が体積を増し，吸着した遅延剤分子またはフッ化カルシウムの皮膜の間げきが広がったり，破れたりしてセメント粒子と水が接触し，正常な水和作用が行われる．したがって，遅延剤によって凝結遅延は起こるが，その後の強度発現に悪影響はない．

(4) 遅延作用を試験するのに一般にプロクター貫入抵抗試験が用いられている．図5.9はケイフッ化物を用いたコンクリートの貫入抵抗試験結果であって，遅延剤の標準使用量の混入により，30℃のコンクリートの凝結過程を20℃の場合とほぼ等しくし得ることが示されている．

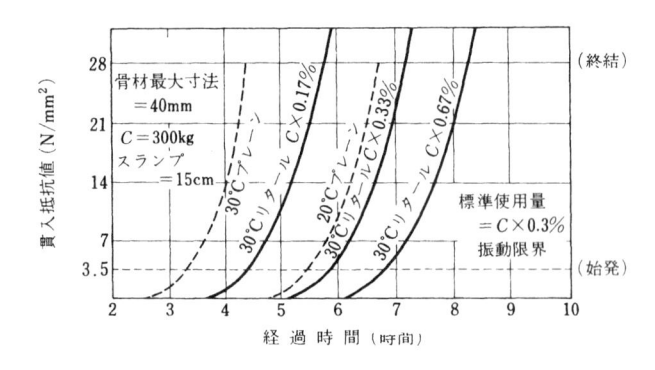

図5.9 コンクリートの凝結試験結果

(5) 遅延剤の使用により，暑中コンクリートの施工や，レディーミクストコンクリートの長時間運搬が容易となり，また，コールドジョイントを防ぐことができる．

(6) 超遅延剤は，オキシカルボン酸塩系遅延剤の多量使用によって，コンクリートの凝結時間を24時間以上に遅延させることができる．これにより，連続打設によらずに打継目部のない一体的なコンクリート構造体をつくることができ，夜間作業が避けられる．また，レディーミクストコンクリートにおけるトラックアジテーターのドラム内に付着したモルタルの再利用を可能にしている．（10.5節 D 参照）

5.10　その他の混和材料

A　急結剤

(1)　急結剤はセメントの凝結を著しく早める混和剤〔プロクター貫入抵抗試験における始発時間（貫入抵抗値 $3.5\,\text{N/mm}^2$）は5分以内となる〕で，炭酸ソーダ（Na_2CO_3），アルミン酸ソーダ（$NaAlO_2$），ケイ酸ソーダ（Na_2SiO_3，水ガラス），などを主成分とするものである．

(2)　急結剤は，乾式吹付け工法におけるリバウンドの低減や止水工法などに有効に用いられる．ただし，使用するセメントが風化している場合，表面水の多い骨材を用いたために，セメント粒子が部分的に水和しているような場合には急結作用がかなり低下することがあるので注意を要する．

(3)　示方書（施工編）では急結剤は JSCE D 102「吹付けコンクリート用急結剤品質規格」に適合したものを標準としている．

B　発泡剤

(1)　うろこ状のアルミニウム粉末が用いられる（針状，球状のものは発泡作用がほとんどない）．うろこ状のアルミニウム粉末は，セメントの水和によって生じた水酸化カルシウムと反応し，水素ガスを発生してモルタルまたはコンクリート中に微細気泡を発生させる．

$$2\,Al + 3\,Ca(OH)_2 + 6\,H_2O = 3\,CaO \cdot Al_2O_3 + 6\,H_2O + 3\,H_2 \uparrow$$

このように発泡作用は，セメントの凝結過程における化学反応であって，AE剤の起泡作用とはまったく異なる．

(2)　発泡剤はプレパックドコンクリート用グラウト，PC用グラウトなどに用い，充てんしたグラウトを発泡によって，膨張させ，骨材やPC鋼材の間げきに十分にゆきわたらせる．

(3)　アルミニウム粉末の発泡作用は，アルミニウム粉末の品質，セメントの品質，グラウドの配合，温度などによって微妙に変化するから，その使用量は試験によって定める．だいたいの使用量はセメントまたは結合材（セメント＋フライアッシュなど）の質量の0.005～0.02％であって，低温度ほど多く使

用する．

(4)　発泡作用は20℃では練混ぜ後1.5～4時間ぐらい続く．高温度の場合は非常に短く，30℃以上では30～40分以内に終わる．

C　防せい剤

(1)　鉄筋コンクリートやプレストレストコンクリート中の鋼材の防せいを目的とする混和剤である．海砂を用いる場合，塩分を含む水や土に接しているため塩化物イオンが硬化コンクリート中を拡散する恐れのある場合に用いられ，ひび割れが軽微な場合には有効である．

(2)　防せい剤として一般に亜硝酸ソーダを主成分とするものが使用されている．アルカリ性雰囲気（コンクリート中のpH12～13）では，鉄筋表面に不導体皮膜が形成されるが，塩化物イオンが存在するとコロイド化して小孔が生じ，鉄イオンが流出して腐食が進行する．亜硝酸ソーダは水酸イオンOH^-を流出し，（水酸化第一鉄）をつくり小孔を補修する．

(3)　示方書（施工編）では防せい剤は，JIS A 6205「鉄筋コンクリート用防せい剤」に適合したものを標準としている．

D　防水剤

(1)　防水剤はモルタル，コンクリートの吸水性または透水性を減ずる目的で用いるもので，ケイ酸ソーダ系のもの，ポゾラン系のもの，脂肪酸石けん，合成樹脂またはアスファルトのエマルジョン，減水剤，AE剤系のものなど多種類のものが市販されている．

(2)　防水剤の中には，防湿効果はあるが，水圧を伴う水の防水効果はまったくないもの，防水効果はあってもコンクリートの他の性質に悪影響を及ぼすもの，など種々のものがあるから，使用目的に適した試験方法によってその防水効果を確かめること，コンクリートの水密性以外の諸性質に及ぼす影響を十分検討することが必要である．

(3)　コンクリート構造物からの漏水の原因は，ほとんどすべて打込み，締固めなどの施工の不完全にある．AE剤またはAE減水剤，高性能AE減水剤などを用いればコンクリートのワーカビリティーが著しく改善され，部分的な欠点の少ない均等質なコンクリートが得られやすいから，これらの混和剤を用

いることは，構造物のコンクリートの水密性を増すための有力な手段である．なお，耐久性，耐水性強化剤として，グリコールエーテル系誘導体とアミノアルコールエーテル系誘導体を主成分とするものが有効とされている[12]．また，乾燥収縮によるひび割れを防ぐことが重要であり，この観点から膨張材の使用が有効である．

E　水中不分離性混和剤および分離防止剤

(1)　水中不分離性混和剤はコンクリートに高い粘稠性を与えて水の洗い作用に対する抵抗性を増大し，海洋汚染防止やコンクリート打込み時に水中落下をも可能にするものである．セルロース・エステル類を主成分とするものと，アクリル・アミドを主成分とするものがある．

(2)　示方書（施工編）では水中不分離性混和剤はJSCE D 104「コンクリート用水中不分離性混和剤品質規格」に適合したものを標準としている．その性能規定を表5.9に示す．

表5.9　水中不分離性混和剤の性能（JSCE-D 104）

品質項目	種類		標準形	遅延形
ブリーディング率（％）			0.01 以下[1]	0.01 以下[1]
空気量（％）			4.5 以下	4.5 以下
スランプフローの経時低下量（cm）	30分後		3.0 以下	—
	2時間後		—	3.0 以下
水中分離度	懸濁物質量（mg/l）		50 以下	50 以下
	pH		12.0 以下	12.0 以下
凝結時間（時間）	始発		5 以上	18 以上
	終結		24 以内	48 以内
水中作製供試体の圧縮強度（N/mm²）	材齢7日		15 以上	15 以上
	材齢28日		25 以上	25 以上
水中気中強度比[2]（％）	材齢7日		80 以上	80 以上
	材齢28日		80 以上	80 以上

1) この値は，ブリーディング試験結果の表示の最小値であって，実質的にはブリーディングが認められないことを意味する．
2) 気中作製供試体の圧縮強度に対する水中作製供試体の圧縮強度の比率．

(3)　水中コンクリートは，締固めを行なわないので，水中不分離性混和剤は高性能AE減水剤や流動化剤を併用する．この場合，併用剤によっては水中

不分離性混和剤の性能が著しく劣化する場合があるので注意を要する．なお，水中不分離性混和剤の使用に当たっては，土木学会制定「水中不分離性コンクリート設計施工指針」を参照するとよい．

（4） 分離防止剤はヒドロキシンプロピルセルロース，メチルセルローズなどの化学合成糊剤で，主としてグラウトの分離防止に用いられている．

F　起泡剤

（1） モルタルまたはコンクリートの増量あるいは軽量化を目的に多量の空気泡を混入するための混和剤で，トンネルの裏込めやのり面防護用（空気量10～60％）などに用いられている．

（2） 起泡剤は起泡力および気泡安定性の卓越するもので，蛋白質の誘導体，脂肪酸石けん，合成表面活性剤（アルキルアリルスルホン酸塩）などがあり，一般に気泡安定剤（メチルセルロース）が添加されている．

G　乾燥収縮低減剤

乾燥収縮低減剤は低級アルコールのアルキレンオキシドを主成分とするものなど数種のものが市販されているが，その作用はいずれも同様であって，水の表面張力を減じ，乾燥時にキャピラリーによる孔隙水の滲出を低減する．

H　防凍剤または耐寒用混和剤

無機窒素化合物を主成分とするもので，フレッシュコンクリートの凍結温度を低下させて初期凍害を防ぐ混和剤である．凍結温度の低下は練混ぜ水における防凍剤の濃度に比例するから，ワーカビリティーを保持するため流動化剤が組み合わされている．標準使用量でコンクリートの凍結温度は－4～－5℃となる．

I　その他

着色剤（無機質染料），ケイ酸質微粉末（オートクレーブ養生によりコンクリートに高強度を付与するもの），接着用混和剤（天然ゴム，合成ゴム，ポリ塩化ビニールなど，打継目用），水和熱低減剤（グリコースの高分子），ブロック用混和剤（特殊粘稠剤，超硬練りコンクリート製品の即時脱型直後の変形防止用），粉じん防止剤（水溶性高分子，吹付けコンクリート用），殺菌・殺虫剤

(ポリハロゲン化フェノール,主として白蟻駆除用)などがある.

J 鋼繊維

(1) 示方書(施工編)では鋼繊維はJSCE E 101「コンクリート用鋼繊維品質規格」に適合したものを標準としている.

(2) 鋼繊維には,カットワイヤー(引抜き鋼線を切断したもの),せん断ファイバー(冷延鋼板をせん断したもの)などがある.形状はアスペクト比(=繊維の長さ繊維の直径(または換算径),換算径は断面を等面積の円と仮定した場合の直径)で表され,市販品は直径(または換算径)0.2~0.6 mm,長さ30~50 mm,アスペクト比40~60である.

(3) 鋼繊維を混入すれば,付着によりコンクリートのじん性および引張強度が著しく増大する.混入率2%(容積比)で引張強度は1.3~1.8倍となる.この増加割合はプレーンコンクリートの引張強度が小さいほど大きい.圧縮強度に対する補強効果は少なく,混入率3%で約1.3倍である.

〈演習問題〉

5.1 混和材料をその効果によって分類し,分類表をつくれ.
5.2 フライアッシュは建築物など比較的乾燥しやすい部材に使用しても,効果がうすい理由を記せ.
5.3 各種膨張材の膨張反応機構を説明せよ.
5.4 減水剤を分類し,それぞれの作用原理を記せ.
5.5 流動化コンクリートのスランプロスにつき簡単に説明し,スランプロスを低減する流動化剤について記せ.
5.6 遅延剤の凝結遅延作用を説明せよ.
5.7 AE剤の発泡作用と発泡剤(アルミニウム粉末)の発泡作用を比較して論ぜよ.
5.8 急結剤の用途を記せ.
5.9 塩化物に対する防せい剤の防せい作用を説明せよ.
5.10 混和材料(土木関係)に関する日本工業規格(JIS)および土木学会規準を列挙せよ.

[参考文献]

1) 安田，鳥羽瀬：フライアッシュ系高流動コンクリート（FFC）の配合設計の開発，フライアッシュコンクリートシンポジュウム論文報告集（1997）
2) 村田二郎：コンクリートの水密性の研究，土木学会論文集，77号（1961）
3) ACI Committee 207 : Effect of Restraint, Volume Change and Reinforcement on Cracking of Massive Concrete
4) 小菅，坂井，大門，浅賀：シリカフュームのポゾラン反応と反応率測定方法，土木学会シリカフュームを用いたコンクリートに関するシンポジウム講演論文報告集（1993）
5) 長瀧重義：シリカフュームのコンクリートへの利用，コンクリート工学，Vol.29, No.4（1991）
6) 長瀧，大即，久田，水野：シリカフュームの品質とその評価に関する研究，土木学会論文集，No.128, No.520（1995）
7) 大塩，曽根，松井：各種微粉末混和剤がコンクリートの諸性質に及ぼす影響，セメント技術年報，41（1987）
8) 今井，大橋，斉藤：高炉スラグ微粉末を混和したコンクリートの諸性質，土木学会高炉スラグ微粉末のコンクリートへの応用に関するシンポジウム論文集（1987）
9) 山崎寛司：鉱物質微粉末がコンクリートの強度におよぼす効果に関する基礎研究，土木学会論文集，85号（1962）
10) 村田，他：土木学会膨張性セメント混和材を用いたコンクリートに関するシンポジウム論文集（1974）
11) 服部健一：特殊減水剤の物性と高強度発現機構，コンクリート工学，Vol.14, No.3（1976）
12) 田麦典房：コンクリート用耐久性向上混和剤，新都市開発（1992.7）

6 フレッシュコンクリートの性質

6.1 概説

　フレッシュコンクリートに要求される性質は，流動性が大きく，施工が容易であって，しかも材料分離（segregation）が起こらないことである．このようなコンクリートは練混ぜ，運搬が比較的容易であって，型枠のすみずみや鉄筋のまわりに十分行きわたるように打ち込み，適切な締固めや仕上げを行うことによって均一なコンクリートが得られる．

　フレッシュコンクリートの性質を表すのに，一般に次の用語が用いられている．

　(1)　ワーカビリティー（workability）

　材料分離を生じることなく，運搬，打込み，締固め，仕上げなどの作業が容易にできる程度を表すフレッシュコンクリートの性質．

　(2)　コンシステンシー（consistency）

　フレッシュコンクリート，フレッシュモルタルおよびフレッシュペーストの変形または流動に対する抵抗性．

　(3)　フィニッシャビリティー（finishability）

　コンクリートの打ち上がり面を要求された平滑さに仕上げようとする場合，その作業性の難易を示すフレッシュコンクリートの性質．

　(4)　プラスティシティー（plasticity）

　容易に型枠に詰めることができ，型枠を取り去るとゆっくり形を変えるが，くずれたり，材料が分離することのないような，フレッシュコンクリートの性

質.

(5) ポンプ圧送性 (pumpability)

コンクリートポンプによって，フレッシュコンクリートまたはフレッシュモルタルを圧送するときの圧送の難易性.

6.2 ワーカビリティー

A ワーカビリティーに影響を及ぼす諸要因
a セメント

(1) 単位セメント量が多いほどワーカブルであり，逆に少ないとコンクリートはプラスティックでなくなり，ブリーディングも増加する．このため構造物の種類により強度や耐久性を考慮して単位セメント量の最小値が定められている．

(2) セメントの種類，粉末度，粒形は，ワーカビリティーに影響する．一般に早強ポルトランドセメントなど粉末度の高いセメントもワーカビリティーを改善する．また，粉末度が高いとブリーディングを抑制する効果もあり，施工しやすいコンクリートとすることができる．

フライアッシュセメントなど粒形の良い混和材料を用いた混合セメントは，普通ポルトランドセメントに比べてワーカビリティーを改善できる．

b 単位水量

単位水量を多くするとコンシステンシーが低下し，作業性が向上する部分もあるが，材料分離抵抗性は低下しワーカビリティーに悪影響を及ぼす．また，単位水量が増加すると水密性は低下し，中性化の促進や乾燥収縮率が増大する恐れがあることなどからRC示方書（施工編：2007年度版）でも単位水量は粗骨材の最大寸法が20～25 mmの場合 175 kg/m^3 以下を，粗骨材の最大寸法が40 mmの合は 165 kg/m^3 以下とすることを標準としている．

なお，単位水量に及ぼす影響要因は図6.1[1)]に示すようであって，これらの要因を適切に選定することにより，施工性に富んだワーカブルなコンクリートを得ることができる．

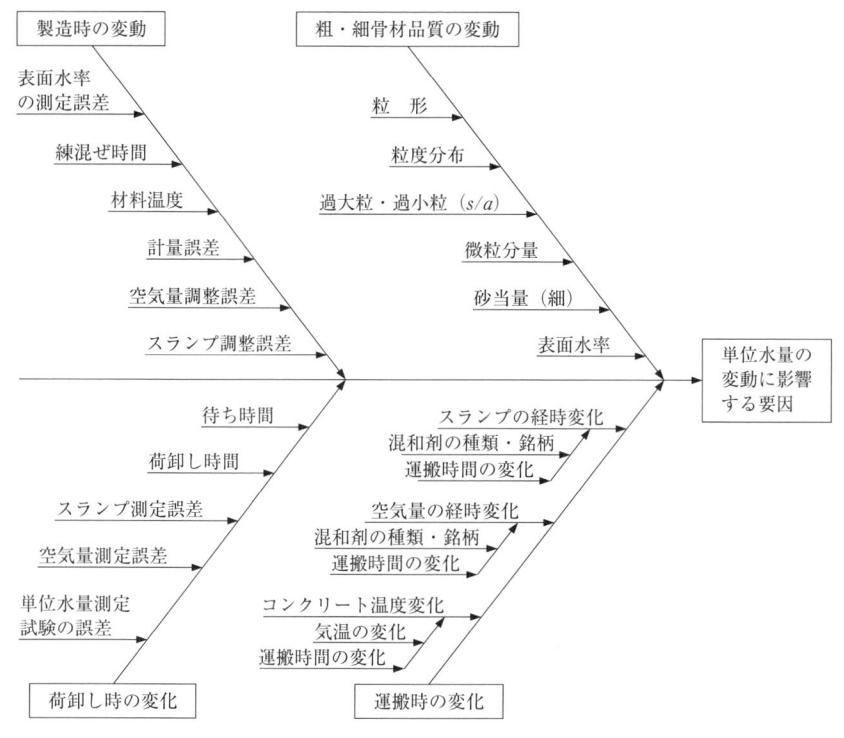

図 6.1 単位水量に影響を与える要因

c 骨材の粒度，粒形

（1） 細骨材の粒度は，ワーカビリティーに大きく影響する．0.15～0.3 mm の粒の多少により，特に影響される．したがって，これらの粒径をもつ細骨材の混入量が不足するとプラスチックでない粗々しいコンクリートとなり，ワーカビリティーを低下させる．

（2） 細骨材の最適混入割合（最適細骨材率）によって，最適なワーカビリティーを得ることができる．図 6.2 は，細骨材率の設定値に対して±2%，および±4%に細骨材率を変化させて練り混ぜたコンクリートのスランプの試験結果を示したもので[2]，スランプが最大となる細骨材率が，単位水量を最小にする細骨材率（s/a）でその値が最適細骨材率である．

（3） 粗骨材の粒度（grading）もワーカビリティーに影響する．一般には連

続粒度が良いといわれている．一部の研究では，粗骨材と細骨材とを併せて粒度分布を考えた場合には5～2.5 mmの存在はワーカビリティーや単位水量の削減に好ましくないことや材料分離への懸念を指摘する実務的な研究成果もあるので，骨材の粒度管理には十分の配慮が必要である[3]．

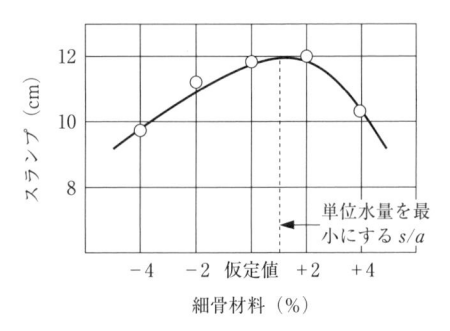

図6.2 単位水量を最小にする細骨材率（最適細骨材率）

(4) 粗骨材の粒形は丸みをもったものが良好なワーカビリティーを示す．川砂利や海砂利のように粒形のよい天然骨材は近年減少し，平成21年度時点で砕石の使用率は74%に達している．

砕石の粒形の良否の判定は粒形判定実績率によって行い，砕石では56%以上とすることがJIS A 5005（コンクリート用採石及び砕砂）に規定され，これを用いれば一般にコンクリートのワーカビリティーは確保される．

d 混和材料

AE剤は25～250 μm[4] 程度の空気泡をコンクリート中に分散させることでコンクリートの単位水量の低減とワーカビリティーの改善に有効であり，すべてのレディーミクストコンクリートJIS認証品に使用されている．また，フライアッシュや高炉スラグ微粉末の使用は，ワーカビリティーの改善に有効である．

e 温度

ワーカビリティーは温度に敏感である．温度が高くなるとワーカビリティーが悪くなる．図6.3[5]はコンクリートの練上がり温度がコンシステンシーに及ぼす影響である．

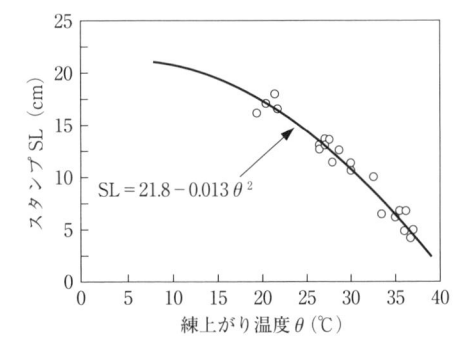

$SL = 21.8 - 0.013\theta^2$

図6.3 温度とスランプとの関係

B ワーカビリティー測定法

現在ワーカビリティーを判定する

適切な試験方法は開発されていないが，ワーカビリティーと密接な関係のあるコンシステンシーを測定して，その結果に基づいて判断している．

現在までに開発された主な試験方法は，種々の力，たとえば質量，自由落下，衝撃などの作用下におけるコンクリートの流動性，すべり傾斜角，貫入体の摩擦，粘性などを測定するものである．これらの測定値は，ワーカビリティーそのものを表すものではないにしても，ある程度まではワーカビリティーとの関連性を表していると考えてよい．これらに対する具体的な試験方法については12章で述べる．

6.3 コンシステンシー

(1) 構造物の種類にもよるが，一般にコンシステンシーの小さい（流動性が高い）コンクリートは作業が容易である．しかし同時に材料分離の傾向も大きくなる．

(2) コンシステンシーを定量的に表す方法として，現在広く用いられている試験方法にスランプ試験（slump test）がある．この試験方法はコンシステンシーの他に，ある程度プラスチシティーも判断できるし，試験方法がきわめて簡単であるので，普通コンクリートの試験方法として世界中で用いられている．

コンクリート工事には，通常レディーミクストコンクリートが用いられる．JIS A 5308（レディーミクストコンクリート）では，荷卸し地点のスランプを一定の許容範囲内で保証するように規定されている．

スランプは，図6.4[6]および図6.5[7]に示すように，練上がり直後から時間の経過とともに低下する．

このため，レディーミクストコンクリート工場から荷卸し地点まで，および荷卸し地点からコンクリートポンプなどによる工事現場内の運搬などによるスランプの低

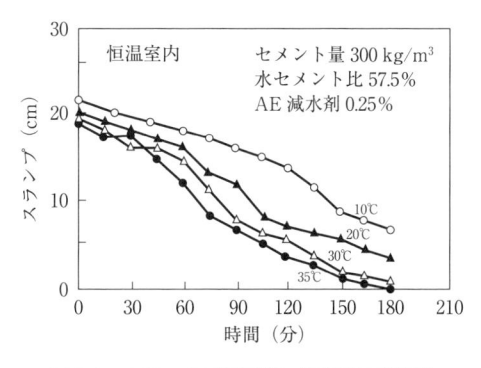

図6.4 スランプの経時変化（恒温室内実験）[6]

第6章　フレッシュコンクリートの性質

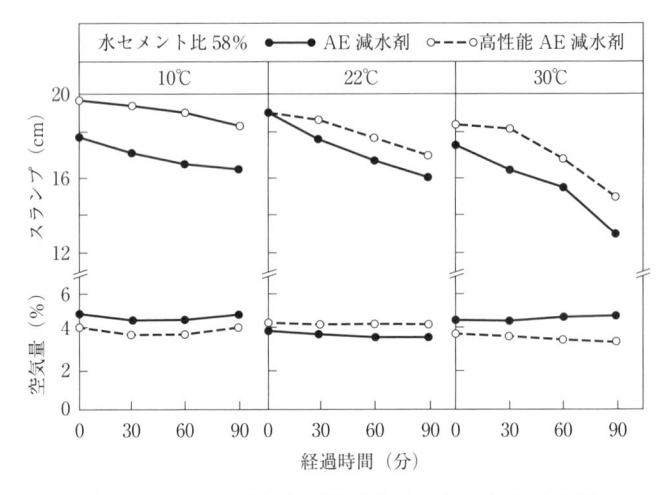

図6.5　スランプ，空気量の経時変化（アジテータ車による）[7]

下（スランプロスという）を適切に見積り，打込み時点でのスランプを確保するため，レディーミクストコンクリートの荷卸し地点におけるスランプを指定することが必要である．コンクリートのスランプロスを考慮した各施工段階の設定スランプの概念は図6.6[8] に示すようである．

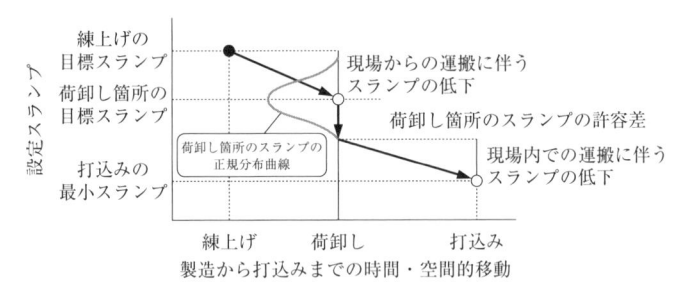

図6.6　各施工段階の設定スランプとスランプの経時変化の関係[8]

(3)　高流動コンクリートのコンシステンシーの測定には，スランプフロー試験によってコンクリートの広がりが停止した直後の直径によって評価する．

(4)　硬練りコンクリートのコンシステンシーの測定には，振動台式コンシステンシーメーターを用いるのが適当である．その他の試験方法については12章参照．

6.4 フィニッシャビリティー

(1) コンクリートの仕上げ性の良否は，舗装コンクリートや床版に打設するコンクリートにとっては特に重要な性質である．

(2) フィニッシャー (finisher) やスリップオンペーバ (slipform paver) による舗装コンクリートの仕上げは，コンクリートが硬練りになるほど難しくなるが，これはコンクリート表面のモルタルおよび水量の多少と関係がある．硬練りコンクリートでも，材料分離によって，水やモルタルが表面に浮いてくれば仕上げは容易となる．したがって，仕上げやすいことと，材料分離とは相反する性質をもっており，これをうまく利用することが必要である．このためにはコンクリートに適当な軟らかさと，粘性とをもたせればよい．

(3) フィニッシャビリティーを表す尺度として，一定面積当たりの舗装コンクリートを仕上げるのに必要なフィニッシャーの振動数 (cpm) を採用する方法[9] や，レオロジー定数を用いて判定する方法[10] がある．

6.5 プラスティシティー

(1) 適当な粘性をもつコンクリートは，プラスティシティーに富み，したがって材料分離も起こりにくい．

(2) コンクリートがプラスティシティーに富むものであれば，同時にコンクリートのチクソトロピー (thixotropy)[*1] を利用して，振動機などを用いて，容易に型に詰めることができる．

(3) プラスティシティーを定量的に判定できる試験方法は現在のところ開発されていないが，スランプ試験における，スランプしたコンクリートの形状や，スランプ測定直後に突き棒で平板上に突棒を落下させて，衝撃によるコンクリートの変形状態を観察することによりある程度プラスティシティーの適性が判断できる．

[*1] チクソトロピーとは，せん断応力の増加によって時間とともに粘性が可逆的に減少する現象をいう．

6.6 レオロジー

A 一般

フレッシュコンクリートの性質は，それに使用する各材料の量や品質などの配合要素が変われば大きく変動し，その変動の原因を適確に把握することはきわめて難しい．したがって，現在においても，フレッシュコンクリートの性質は，コンシステンシー，ワーカビリティーなどのように定性的な語葉で表される場合が多い．また，スランプ試験，フロー試験，VB試験などから得られる測定量は，フレッシュコンクリートの流動性，変形能などの相対的な尺度を得るのに便利であるが，その測定量によって物理的な性質を把握することはできない．このため，コンクリートの施工の理論的で合理的な設計ができず，多くは経験則によっている．

コンシステンシーおよびワーカビリティーなどの複雑な性質をより明確に把握するためには，コンクリートのレオロジー(rheology)的性質に着目し，これを活用することが最も有力な手段と考えられる．

B コンシステンシー曲線

(1) 物質に外力を加えると，変形または流動を起こす．水のように粘性の小さい液体の場合は外力を加えると直ちに流動を開始する．これを粘性流体と呼んでいる．粘性流体のうち外力（せん断応力）とせん断ひずみ速度との関係が線形となるものをニュートン流体（Newton fluid）という．加える外力の大きさがある程度大きくならなければ流動を開始しないような性質を塑性流動と呼び，流動を開始するせん断応力を降伏値（yield value；τ_f）という．塑性流動を示すもののうち，線形となるものをビンガム流体（Bingham fluid）という．これらのレオロジー方程式は次のようになる[11]．

$$\text{ニュートン流体} \quad \tau = \eta \dot{\gamma} \quad (6.1)$$

$$\text{ビンガム流体} \quad \tau = \eta_{pl} \dot{\gamma} + \tau_f \quad (6.2)$$

ここに，τ：せん断応力，$\dot{\gamma}$：ひずみ速度，η：粘性係数，η_{pl}：塑性粘度，τ_f：降伏応力．

(2) 回転粘度計によるフレッシュコンクリートの流動曲線（コンシステン

シー曲線）は図6.7のようになり，せん断応力がある値（τ_s）以内であれば線形となる．したがってビンガム流体と見なすことができるので，レオロジー的にその性質が解析できる[12]．塑性粘度（η_{pl}）は，この線形部の逆勾配として求められる．図6.8[13]に回転粘度計法によって測定したコンシステンシー曲線の一例を示す．

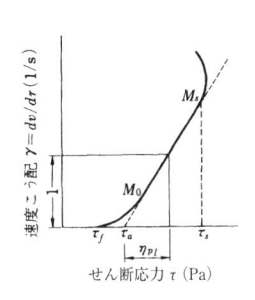

図 6.7 回転粘度計によるコンクリートのコンシステンシー曲線

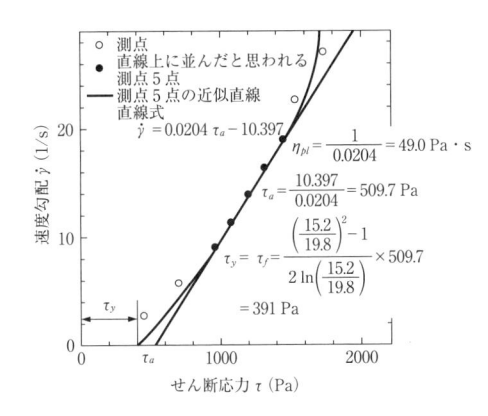

図 6.8 コンクリートにおけるコンシステンシー曲線の一例

$$\eta_{pl} = \frac{1}{0.0204} = 49.0 \text{ Pa·s}$$

$$\tau_a = \frac{10.397}{0.0204} = 509.7 \text{ Pa}$$

$$\tau_y = \tau_f = \frac{\left(\frac{15.2}{19.8}\right)^2 - 1}{2\ln\left(\frac{15.2}{19.8}\right)} \times 509.7 = 391 \text{ Pa}$$

直線式 $\dot{\gamma} = 0.0204\,\tau_a - 10.397$

（3）コンシステンシーの異なるフレッシュコンクリートのコンシステンシー曲線を描くと，図6.9のようになる．この図に示されるように，比較的軟練りのコンクリートのコンシステンシー曲線の勾配は大きく，コンクリートが硬練りになるほど勾配が緩やかになる．したがって，この曲線の傾きによってある程度ワーカビリティーを判断できる．

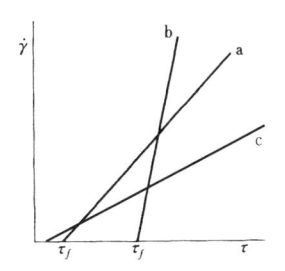

図 6.9 コンシステンシー曲線によるフィニッシャビリティーの判定（文献12）を基に作成）

(4) 高流動コンクリートのコンシステンシー曲線は図6.9[13] c線に示すように一直線の傾きが緩く粘性が大きくなり，降伏応力は小さくなる．

C フレッシュコンクリートの変形と流動

(1) コンクリートの施工性は種々の外力条件によるフレッシュコンクリートの変形と流動との組合せと考えることができる．したがって，コンクリートの施工の合理化を図るためには，フレッシュコンクリートの変形と流動をレオロジーを活用して，理論的，実験的に解析することがきわめて重要である[11]．

(2) スランプ12 cm程度以上の軟練コンクリートは外力によるコンクリートの流動が塑性粘度と降伏応力に関係し，変形は降伏応力に関係する．たとえば，スランプは自重による変形であって，ある断面から上方の自重によるせん断応力が降伏応力に等しくなったときに変形は停止する．このことからスランプをレオロジー定数を用いて計算することができる[15]．

(3) 降伏応力の求め方は種々の方法が提案されているが，回転粘度計による場合には，コンシステンシー曲線から求める方法[16]とローターの回転開始トルクから求める方法[12]が提案されている．なお，斜面試験（slope test）も回転粘度による試験結果と同様な試験結果が得られている[17]．

D レオロジー定数に影響する諸因子

a 骨材の粒形および粒度

レオロジー量に骨材の粒形および粒度はどのように影響するかは，まだ未知の部分が多い．モルタルの場合，全般的に単一粒径の細骨材を用いる場合よりも連続粒度の方が粘性係数は大きくなる[18]．

b 温度

レオロジー量は温度の影響を受ける．モルタルによる実験結果によれば，富配合の場合，温度が高くなれば塑性粘度は増加する．降伏値については，逆に貧配合の場合，温度が高くなるとその値は増加する[19]．

c 経時変化

コンクリートを練混ぜた後の経過時間と流動特性との関係をコンシステンシー曲線で描いてみると，セメントの水和が活発に行われていない間は，その曲線の傾きは一定である．一方，経過時間が長くなると降伏値はスランプの低

下とともに徐々に大きくなる．したがって，降伏値はスランプと同様にコンクリートの軟らかさを表す物理量といえる[20]．

E レオロジー量の活用
a 最適細骨材率
軟練りコンクリートの最適細骨材率を定める場合には，VB 試験器では試験時間が短すぎるので判定できない．塑性粘度（η_{pl}）を用いれば，図 6.10 に示すように最適細骨材率を定めることができる[21),22)]．

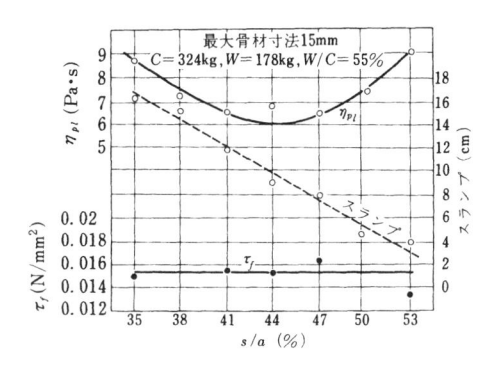

b フィニッシャビリティー
コンクリートの仕上げ性の良否

図 6.10 s/a と塑性粘度（η_{pl}），降伏値（τ_f）およびスランプの関係

は，舗装コンクリートをはじめ，その他でも重要な性質である．しかし，従来これを数量的に測定した例はきわめて少ない．τ_f はロータ壁面に接するコンクリートの流動開始応力と考えられるので，τ_f の小さいコンクリートはコテなどによる仕上げが容易なものと考えてよい．2種のコンクリート試料を試験して，図 6.9 のような結果が得られた場合，a線のように τ_f が小さく，かつ η_{pl} が大きいものは仕上げが容易で，かつ材料分離が起こりにくい，すなわちフィニッシャビリティーの良好なコンクリートといえる．したがって，フィニッシャビリティーは，τ_f と η_{pl} によってある程度表すことができる．

c ポンパビリティー
普通コンクリートのポンパビリティーは主として塑性粘度に関連し，この塑性粘度はコンクリートの配合に支配される．コンクリートの配合として，所要の強度を得るために水セメント比を一定として単位水量を大きくすれば，単位セメント量も増大し，セメントペースト量が多くなり，サスペンジョン（suspension）の原則からサスペンションの濃度が増加し，粘性が大きくなる．また，モルタル量が多いほどすなわち細骨材率（s/a）が大きいほどポンパビリティーは良好となる．しかしこのような傾向は，一般にコンクリートの材料分

離を著しくする.したがって分離をある程度の限界内に収め,その範囲内で水量,セメントペースト量などの多いコンクリートをつくるのがよい.

ポンプ圧送性の数量化については,土木学会のポンプ指針の付録に示されているように,5B管(管の内半径6.25 cm)で圧送負荷を0.2 Pa/mとした場合の流量によって評価する方法が提案されている[23].

普通コンクリートでスランプが12 cm程度以上の場合には,ビンガム体に近似した挙動を示す.ビンガム体の管内を流れる場合の流量は次のようになる.

$$Q_B = \pi R^4 \Delta P \{1 - 4(2L\tau_f/R\Delta p)/3 + (2L\tau_f/R\Delta p)^4/3\}/8L\eta_{pl} \quad (6.3)$$

ここに,Q_B:流量,ΔP:圧力損失,L:管の長さ,R:管の半径.

式(6.4)は,Bukingham-Reiner式である.この式中 $(2L\tau_f/R\Delta p)$ は1より小さいので,$(2L\tau_f/R\Delta p)^4$ の項は,実用上無視しても差し支えない.ビンガム体の流量 Q_B と配管の単位長さあたりに圧力損失 $(\Delta p/L)$ は直線的な関係に近似できる.

$$Q_B = (\pi R^4/8\eta_{pl}) \cdot (\Delta p/L) - (L\tau_f/R\Delta p) \cdot (\tau_f/\eta_{pl})/3 \quad (6.4)$$

コンクリートの圧送実験を行ってみると,実際の流量 Q に対して式(6.3)あるいは式(6.4)による計算流量 Q_B は2〜4%にすぎない[24].

Q と Q_B との差は管壁でコンクリートがすべりを起こしていると考えると,流量は

$$Q = Q_B + Q_S = Q_B + \pi R^2 V_R \quad (6.5)$$

ここに,Q_S:すべりによる流量,V_R:管壁における滑り速度.

管壁における滑る試料が受ける抵抗力 f_R は,力のつり合いから

$$f_R = \tau_R = R/2 \cdot \Delta p/L \quad (6.6)$$

抵抗力 f_R と滑り速度 V_R とに関する実験結果は図6.11に示すようで,両者に直線関係が認められるので

$$f_R = aV_R + A \quad (6.7)$$

ここに,a:比例係数(図6.11における直線の傾き;粘性摩擦係数),A:付着力(図6.11における直線と縦軸との切片).

実験によれば[24],a の値は 4.31〜6.68 Pa·s/cm(平均5.52 Pa·s/cm),A の値は100〜400 Paの範囲である.

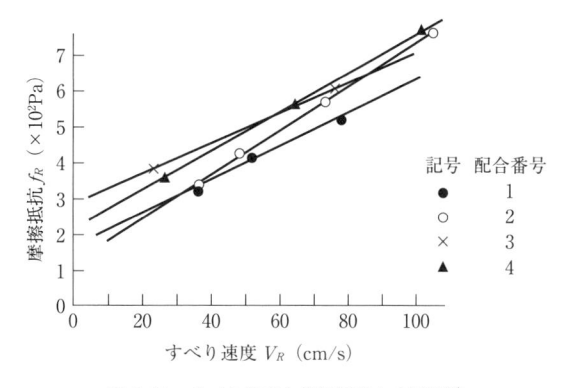

図6.11 すべり速度と摩擦抵抗との関係[20)]

式 (6.5) において Q_B が実質的に無視できると考え，$i=\Delta p/L$ として式 (6.5) を整理すれば，単位圧力損失に対応する流量が計算でき，この値が大きいほどポンプ圧送性（ポンパビリティー）が優れたコンクリートであることが評価できる．

$$Q = Q_S/i = \pi R^2((R/2) - A/i))/a = k_p \tag{6.8}$$

ここに，k_p；ポンパビリティー係数．

注) $a=5.5\,\mathrm{Pa \cdot s/cm}$ 一定とし，$i=\Delta p/L=2\,\mathrm{Pa/cm}$ としてスランプの測定値を式 (6.9) に代入して降伏値を求め，さらに式 (6.10) より付着力を推定すれば，式 (6.8) を用いて普通コンクリートのポンパビリティー係数 (k_p) を求めることができる．

$$\tau_f = 3 \times 10^{-0.3} \mathrm{SL}^{2/3} \quad (\mathrm{SL：スランプ値\,cm}) \tag{6.9}$$

$$A = 1.1\tau_f + 0.35 \tag{6.10}$$

また，12章で述べるように，ポンプ圧送性の可否については，土木学会規準（JSCE-F502；加圧ブリージング試験方法）が規定され，簡易な試験方法として活用されている．

d　材料分離の検討

コンクリートの材料分離を数量的に表すことはきわめて困難であるが，図 6.7 に示すように，コンシステンシー曲線は，せん断応力がある値 τ_f に達すると直線部から分岐する．この分岐点のせん断力 τ_s（図 6.7 にはトルク M_s とし

て表示）は分離限界応力と見なすことができる．

6.7 材 料 分 離

A 取扱いによる材料分離

(1) 密実性の良いコンクリートをつくるためには，材料の分離 (segregation) をできるだけ避けなければならない．コンクリートは，密度や大きさの異なるいろいろな粒子と水とが練り混ぜられたものであるから，その取扱いを誤ると材料分離を起こす．

(2) 一般に富配合のコンクリート，およびスランプが5～10 cm程度のコンクリートは，材料分離が少なくなる傾向がある．

これよりコンクリートが軟練りになると，練混ぜ水の余剰分が分離上昇する傾向が現れ，逆に硬練りになると，単位水量の減少に伴って，主として粗骨材が分離する傾向が顕在化する．

(3) コンクリートの混合材料のうちでは，粗骨材とモルタルおよび水の分離が大きく，軟練りコンクリートでは浮き水となって分離する．

(4) ミキサで練り混ぜるコンクリートは，練混ぜ時間が不足すると均一なコンクリートができないし，このことは材料分離以前の問題として注意しなければない．ミキサの練混ぜ時間はJIS A 1119によって試験を行い，コンクリート中のモルタルの単位容積質量の差（0.8%以内）よりコンクリート中の単位粗骨材量の差（5%以内）を満足する条件として定めればよい．

(5) ミキサから排出されたあとの，コンクリートの運搬方法が適切でなければ材料分離を起こす．（振動などにとって粗骨材は運搬容器内で沈降する等が起こるので，スランプが8 cm程度以上のコンクリートはトラックアジテータを用いている．）

B ブリーディングおよびレイタンス

(1) コンクリートを打設したあと，水が分離上昇してコンクリートの上面に浮いてくる現象をブリーディング (bleeding) という．

(2) ブリーディングに伴って，コンクリート表面に浮かび出て沈殿した微細な物質をレイタンス (laitance) という．

(3) ブリーディングおよびレイタンスは，いずれもコンクリートにとっては有害であり，なるべくこれを少なくするように努めなければならない．

(4) ブリーディングが多いとコンクリート上面は多孔質となり，また鉄筋の下部あるいは粗骨材の下面に空隙ができ弱点となり，コンクリートの耐久性を低下させる要因となる．一方，レイタンスも構造物の弱点となる．たとえば，コンクリートの打継ぎ等に際して，これを取り除かないで打ち継ぐと，打継目の強度が著しく低下することや漏水などの原因となる．

(5) ブリーディングをなるべく少なくするためには，骨材の粒度が適当であること，特に0.15〜0.3 mm 程度の細粒部分の存在の影響が大きい．また，減水剤，AE剤，ポゾランなどの使用は保水効果があり，いずれもブリーディングを少なくする（図6.12参照）．もちろん単位水量を少なくすることは原則である．近年，良質な天然の細骨材の入手が困難となり，砕砂の使用量が増加（全国の生コン工場では約70%が砕砂を使用）している．一般に砕砂を砕石とともに使用することで，単位水量は約12%増加する．このため，ブリーディング抑制を目的にさらに減水率の高いAE減水剤を使用するなどの対策が必要となっている．

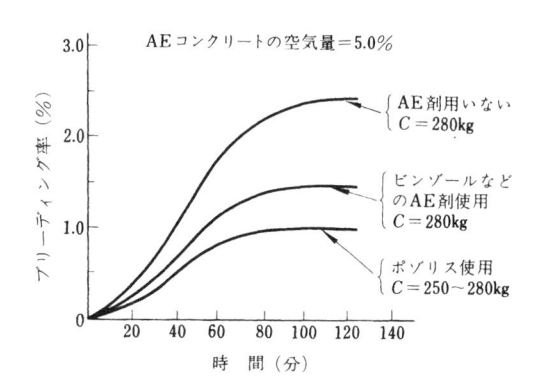

図6.12 AE剤，減水剤の使用がコンクリートのブリーディングに及ぼす影響[25]

(6) ブリーディングは2〜4時間で終了するが，これは打ち込まれるコンクリートの深さ，および温度などに影響される．打設されたコンクリートに再振動を与えると，ブリーディングは飛躍的に増加する[25]．

C 沈下および初期収縮

コンクリートの沈下量は打設されたコンクリートの深さ，打込み程度，締固めの程度，温度およびコンシステンシーによって異なる．コンクリートの打込み深さが 30～100 cm のとき普通のコンシステンシーをもつコンクリートの場合約 0.6～1.0％，比較的軟練りの場合約 2％である[26]．図 6.13 にフレッシュコンクリートの初期収縮を示す．

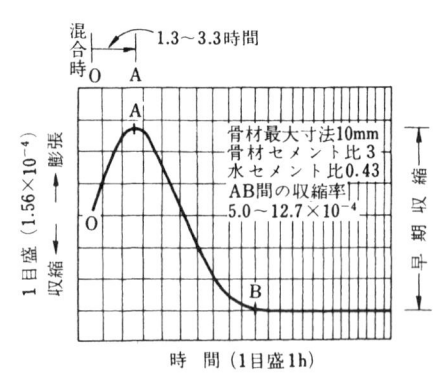

図 6.13 初期容積変化の状況[27]

D 材料分離の測定法

(1) コンクリートが材料分離を起こしているかどうかを判定するには，通常 JIS A 1112（フレッシュコンクリートの洗い分析試験方法）によって分析しているよい．

(2) ブリーディング試験は JIS A 1123（コンクリートのブリーディング試験方法）による．

6.8 空 気 量

(1) AE 剤によって適量の空気泡をコンクリート中に含ませるとワーカビリティーが改善され，また耐久性（durability）が増大する．図 6.14 は空気量と耐久性指数との関係を示したもので，空気量の増加に伴って耐久性指数が著しく増大することがわかる．

また，材料分離を少なくし，ブリーディングを押さえることによって水密性（water tightness）の向上にも貢献する．

(2) 欠点としては，富配合の場合には強度低下をきたし，コンクリートの質量減少，鉄筋との付着強度（bond strength）が低下する．

したがって，これらの長所，短所をよく考えて常に適量の空気量を混入するようにしなければならない．

6.8 空気量

図6.14 コンクリートの配（調）合と耐凍害性の関係[28]

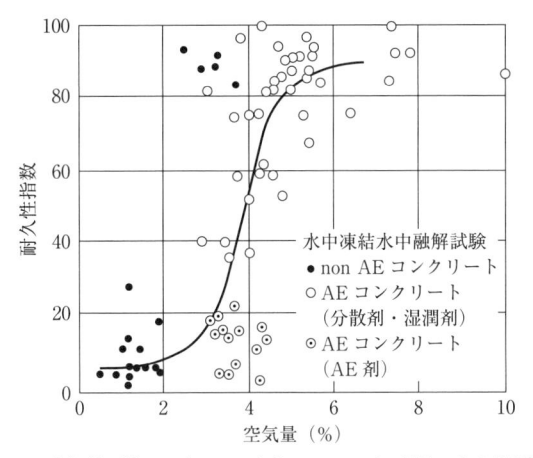

（縦軸：耐久性指数、横軸：空気量（％））
水中凍結水中融解試験
- non AE コンクリート
- AE コンクリート（分散剤・湿潤剤）
- AE コンクリート（AE剤）

空気量（種々の水セメント比・スランプ・骨材による結果）

(3) 空気量は AE 剤の量，骨材の粒度，粒径，セメント，ポゾランの粉末度などによって影響される．

a セメントおよびポゾラン

セメントおよびポゾランの粉末度が高いほどまた使用量が多いほど空気量は減少する．

b 骨材の影響

細骨材の量が多いほど空気量は増大する．また細骨材の粒度も影響し，0.15～0.6 mm の粒が多いほど空気連行能力が増加する．

c 練混ぜ時間の影響

練混ぜ時間が短いと空気泡は十分に連行されない．レディーミクストコンクリート工場では JIS A 1119 に従って練混ぜ性能試験を行う．通常の AE コンクリートに対しては，二軸ミキサの場合には 30～60 秒程度で十分エントラップドエアを発生させている．また，リグニンスルホンサンを主成分とする高性能 AE 減水剤の場合には，レディーミクストコンクリートの製造や運搬プロセスを考慮して，運搬による空気量の減少への対応が可能なように除放効果を有する剤も開発されている．

d 温度の影響

コンクリートの温度が低いほど,セメントペーストの水和による液層部分の粘度の増大が少なく,また,空気泡表面における AE 剤の吸着濃度が大きいため,配合条件が同一ならば,コンクリートにおける空気連行能力は温度が低い方が大きい[29].図 6.15 はこのことを端的に表している.

e コンクリートの取扱いによる影響

ミキサで練り混ぜてしばらく放置した場合には,空気量は次第に減少していく.また,コンクリートの運搬,打込み,締固め中にも減少する.

バイブレータによる適度の締固めでは,エントレインドエア(entrained air)はほとんど減少せず,大部分エントラップドエア(entrapped air)が減少する.したがって全体の空気量は相当に減少する.

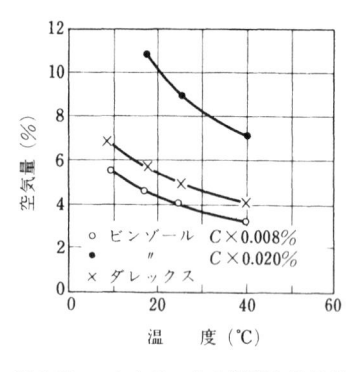

図 6.15 コンクリートの温度と空気量との関係

6.9 塩 化 物

(1) 塩化物はコンクリート自体の性質や品質に影響を及ぼさないが,鉄筋コンクリートでは鉄筋の発錆を助長し,耐久性に影響する.

(2) 塩化物が存在するとアルカリ性であっても発生する.これは,塩素イオン(Cl^-)によって,鉄筋表面に生成している $Fe(OH)_2$ の被膜が破壊され,孔食[*1]を生じるからであるといわれている[30].

(3) JIS A 5308(レディーミクストコンクリート)には,塩化物の限度を次のように規定している.すなわち「コンクリートに含まれる塩化物量は,塩素イオンとして $0.3\,kg/m^3$ 以下でなければならない.ただし,購入者の承認を受けた場合には,$0.60\,kg/m^3$ 以下とすることができる.」

[*1] 孔食(pitting corrosin)とは,金属内外部に生じた局部的な腐食がピット状に進行した現象をいう.

6.10　初期ひび割れ

初期ひび割れには，コンクリートの不等沈下によって生じる沈下収縮ひび割れと，表面の急速な乾燥によって生じるプラスチックひび割れがある．

A　沈下収縮ひび割れ

鉄筋や大きな骨材があると，他の位置のコンクリートよりも沈下量が少ない．このほか型枠の移動や，セメントの異常凝結などの原因によって，打込み後1～2時間でコンクリート表面に深さ5cm以内のひび割れが発生することがある．この対策としてはひびわれが発生したら表面を再仕上げをすればよい．

B　プラスチック収縮ひび割れ

コンクリート表面の水の蒸発速度がブリーディング速度より速いと，その仕上げ面に細かく浅いひび割れを生じることがある．これを防ぐには仕上げを過度に行わないこと，および水分の蒸発を防ぐこと，コンクリート表面に急激な温度変化を与えないことである．

6.11　コンクリートの側圧

コンクリートの側圧は，配合，締固め方法，打込み速度，打込み高さ，打込み時の温度，混和剤，部材の断面寸法および構造などによって影響を受ける．

A　側圧分布

(1)　型枠に作用するコンクリートの側圧は図6.16に示すように，コンクリートの打込み高さによって増加するが，ある高さ以上になると減少する．この減少傾向になる直前の最大圧力の生じる打込み高さを有効ヘッドという．

(2)　側圧分布は一般に図6.17のように仮定する．

(3)　有効ヘッドは次式から求められる．

$$h_0 = P_{max}/\gamma \tag{6.11}$$

ここに，h_0：有効ヘッド（m），P_{max}：最大側圧（N/mm²），γ：コンクリートの単位質量（t/m³）．

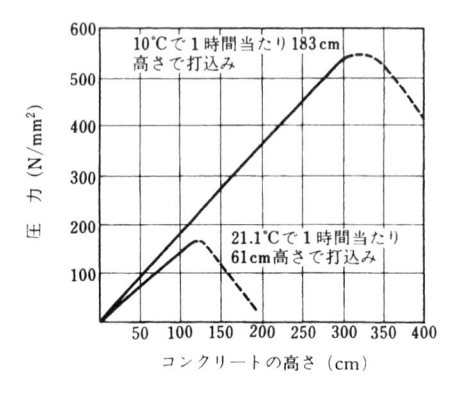

図 6.16 コンクリートの打込み高さと型枠への圧力との関係[31]

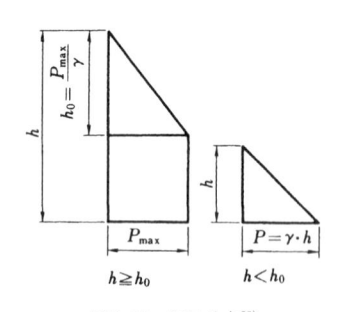

図 6.17 側圧分布[32]

B 振動効果

(1) コンクリートに振動を与えるとコンクリートは流動し始める．これは，制止状態においてはコンクリート中の固体粒子が互いに接触して安定していたものが，振動を受けたときは粒子が別々の運動をして接触が離れ，せん断応力に対して抵抗が失われるからである．これをコンクリートの液状化と呼ぶ[33]．

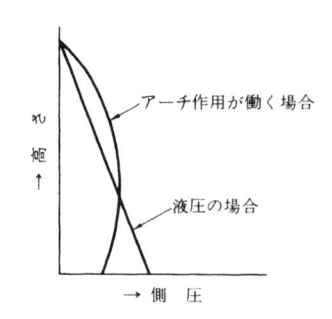

図 6.18 アーチ作用が働く場合の側圧[34]

(2) 高流動コンクリートは，無振動でも液状化しているので，一般のコンクリートは側圧分布が異なる．

(3) 一般に狭い型枠にコンクリートを充填すると型枠の変形に伴って粗骨材粒子間の架構によりアーチを形成する（図 6.18 参照）．しかし，コンクリートに振動を与えた場合には，液状化によってこのアーチ作用は消滅する．

(4) コンクリートを液状化させるための振動能力については表 6.1 に示すような実験効果が認められる．

(5) 棒形振動機の挿入間隔は振動効果が重複する範囲で定める．

C コンクリートの側圧の算定

(1) 土木学会示方書では，コンクリートの打上がり速度とコンクリートの

表 6.1 振動の影響範囲 (半径 cm)[35]

分類	棒径 (mm)	振動数 (rpm)	振幅 (mm)	普通コンクリート スランプ (cm)			軽量コンクリート スランプ (cm)		
				15	10	5	15	10	5
小形	38	8000	2〜3	15	12	10	20	15	10
大形	60	8000	1.8〜2	25	20	17	30	25	20
	60	12000	0.2〜1.5	50	35	22	60	60	40

打込み温度 T を主要因として次の式を提案している.

（ⅰ） 柱の場合

$$p = \frac{W_c}{3}\left(1 + \frac{100R}{T+20}\right) \leq 150 \tag{6.12}$$

（ⅱ） 壁の場合で $R \geq 2\,\mathrm{m/h}$ のとき

$$p = \frac{W_c}{3}\left(1 + \frac{150+30R}{T+20}\right) \leq 100 \tag{6.13}$$

（ⅲ） 壁の場合で $R < 2\,m/h$ のときには，柱と同一の計算式を用いて計算してもよい．

ここに，p：側圧（kN/m^2），W_c：コンクリートの単位容積質量に重力加速度を乗じた単位重量（kN/m^2），R：打上がり速度（m/h），T：型枠内のコンクリートの温度（℃）．

(2) これらの式は普通ポルトランドセメントと普通骨材を使用し，スランプ 10 cm 以下のコンクリートに内部振動機を用いて打ち込む場合の側圧の目安を求める実用的な計算式として古くから用いられてきたものである．

注） コンクリートの単位容積質量が 2400 kg/m^3 の場合には，W_c は 23.5（kN/m^2）となる．

〈演習問題〉

6.1 フレッシュコンクリートの性質を表す用語を列挙し，簡単に説明せよ．
6.2 コンシステンシーの測定方法について記せ．
6.3 最適細骨材率とワーカビリティーとの関連性を作図によって説明せよ

6.4 ワーカビリティーに影響を及ぼす要因を列挙せよ.
6.5 フレッシュコンシステンシーの性状をレオロジー的に説明せよ.
6.6 フレッシュコンクリートの流動と変形とを定義せよ
6.7 フレッシュコンクリートをレオロジー的に取り扱う場合のレオロジー量の活用について説明せよ.
6.8 フレッシュコンクリートの材料分離を防ぐ方法を述べよ.
6.9 ブリージング,レイタンス,およびコールドジョイントについて説明せよ.
6.10 ブリージングを少なくする方法について説明せよ.
6.11 AEコンクリートの空気量に影響する因子を列挙し,その影響を簡単に記せ.
6.12 塩化物がコンクリートに及ぼす影響について述べよ.
6.13 フレッシュコンクリートの初期ひび割れの原因と対策について述べよ.
6.14 次の条件下で擁壁にコンクリートを打設する場合の側圧分布を求めよ.
　　考えている点より上のフレッシュコンクリートの高さ2m
　　打上がり速度1.5 m/hr
　　コンクリートの温度20℃
　　コンクリートの単位質量 $2.4 \, t/m^3$

[参考文献]

1) 全国生コンクリート工業組合連合会:生コン工場品質管理ガイドブック第5次改訂版,全国生コンクリート工業組合連合会,平成20年,p.154
2) 東日本高速道路㈱:コンクリート施工管理要領,平成21年7月,p.156
3) 吉兼他:骨材の粒度分離がコンクリートの配合に及ぼす影響と分離防止について,pp.63-72
4) コンクリート工学協会:コンクリート技術の要点,p.57,2010年9月
5) 日本建築学会:暑中コンクリートの施工指針(案)・同解説,p.32,1992年6月
6) 服部健一:スランプロスのメカニズムおよびその対策,材料,Vol. 29, No. 318 (1990)
7) 米地馨ほか:スランプロスの少ない高性能AE減水剤を用いたコンクリートの性状,セメント技術年報,p.36, 307
8) 土木学会:コンクリート標準示方書[施工編:施工標準],2007年,p.80
9) Kokubu. M, Tsukayama, R : Pro. 2nd, Japan Congress on Testing Materials Non-Metallic Materials, March (1959)

参考文献

10) 村田二郎：コンクリートのレオロジー的性質の活用と問題点，第27回土木学会年次学術講演会概要，第5部，pp.73-76（1972）
11) Powers. T.C：The properities of fresh concrete, Wiley（1968）
12) 村田二郎：まだ固まらないコンクリートのレオロジーの研究，コンクリートジャーナル，Vol. 10, No. 12, pp.1-10（1972）
13) 村田，下山，岡本，神山，国府，越川，鈴木：コンクリート施工設計学序説，p.234（2004）
14) 村田二郎；まだ固まらないコンクリートのレオロジーに関する基礎研究，コンクリート工学，Vol. 15, No. 1, pp.25-34（1977）
15) 村田，下山；静的荷重によるフレッシュコンクリートの変形，セメント技術年報，XXX（1976）
16) 村田，菊川：まだ固まらないコンクリートのレオロジー係数測定法に関する一提案，土木学会論文報告集，第284号（1979）
17) 村田二郎：まだ固まらないコンクリートのレオロジーに関する基礎的研究，コンクリート工学，Vol. 15, No. 1（1977）
18) 西林，基山，阪田：フレッシュモルタルのレオロジー的性質に関する研究，第27回土木学会年次学術講演会第5部，pp.77-80（1972）
19) 菊川孝治：フレッシュコンクリートのレオロジーに関する基礎的研究，第27回土木学会年次学術講演会概要集第5部，pp.5-8（1972）
20) 村田二郎：まだ固まらないコンクリートのレオロジーの研究，コンクリートジャーナル，Vol. 10, No. 12, pp.1-10（1972）
21) 村田，菊川，小林：回転粘度計によるコンクリートのワーカビリチーに対する1考察，セメント技術年報XXV，pp.213-215（1971）
22) Murata, J. Kikukawa, H：Studies on Rheological Analysis of Fresh Concrete, RILEM Seminar, Leeds in England, March（1973）
23) 土木学会：コンクリートのポンプ施工指針（平成12年版），p.179
24) 鈴木一雄：管壁で滑りを伴うコンクリートの管内流動，第29回土木学会年次学術講演会，p.40-41，昭和63年，10月
25) 國府正胤：各種AE剤の使用方法にかかわる研究，土木学会論文集23号，pp.1-19（1960）
26) Klieger, P.：Effect of Atmospheric Conditions During the Bleeding period and Time of Finishing on the Scale Resistance of Concrete, Jounal. ACI., Vol. 27, No.

3, pp.309-326, Nov. (1955)
27) Sacklock, B. W : The early Shrinkage Characteristics of hard-place concrete, Mag. of Conrete Reseach, Vol. 10, No. 28, pp.3-12, March, 1958
28) 鎌田英雄：材料の凍結抵抗性，日本建築学会編　建築設計試料集1（環境），丸善，p.186（1978）
29) 村田，國府，辻：コンクリート工学（Ⅰ）施工，p.99，彰国社（1993）
30) 河野，田沢，門司；新しいコンクリート工学，p.208，朝倉書店（1987）
31) United States Department of The Interior Bureau of Reclamation ; Concrete Manual, 7th Edition, p.296, A Water Resources Technical Publication
32) 村田，岩崎：コンシステンシー施工法，p.273，山海堂（1978）
33) 岩崎訓明：コンクリートの特性，p.32，共立出版（1975）
34) 日本コンクリート工学協会編：コンクリート技術の要点'78, p. 129（1978）
35) 大島，毛見他：高強度コンクリートの振動公開に関する実験的研究，日本建築学会学術講演会講演集（1963.10）

7 硬化コンクリートの性質

7.1 単位容積質量

(1) コンクリートの単位容積質量は，主として使用する骨材の種類によって変化するが，そのほか粗骨材の最大寸法・コンクリートの配合・乾湿の程度などによっても異なる．

(2) 表7.1は各種のコンクリートの気乾時の単位容積質量を示したものであるが，軽いものでは$0.5\,\mathrm{t/m^3}$（木材に相当），重いものでは$5\,\mathrm{t/m^3}$（鉄の単位容積質量は$7.9\,\mathrm{t/m^3}$）にも達する．

表7.1 各種コンクリートの単位容積質量[1]

コンクリートの種類	骨材の種類		単位容積質量 ($\mathrm{t/m^3}$)
	細骨材	粗骨材	
重量コンクリート	重晶石	重晶石	3.40～3.62
	赤鉄鉱	赤鉄鉱	3.03～3.86
	磁鉄鉱	磁鉄鉱	3.40～4.04
	磁鉄鉱	鉄片	3.80～5.12
普通コンクリート	(川砂/破砂)	(川砂利/破石)	2.30～2.55
軽量コンクリート	川砂	(人工軽量骨材/天然軽量骨材)	1.60～2.00
	天然軽量骨材	天然軽量骨材	0.90～1.60
	人工軽量骨材	人工軽量骨材	1.40～1.70
気泡コンクリート			0.55～1.00

(3) 表7.1に示すように，通常，単位容積質量が2.0 t/m³以下のコンクリートを軽量コンクリート，2.3～2.5 t/m³のコンクリートを普通コンクリート，それより重いものを重量コンクリートと呼んでいる．

(4) コンクリートの単位容積質量は，力学的特性や熱的特性などと密接な関係がある．図7.1[2]は，単位容積質量と圧縮強度との関係を示したものであるが，概して単位容積質量の小さいコンクリートの方が強度範囲が低くなる．しかし人工軽量骨材（artificial lightweight aggregate）を用いたコンクリートは，軽量でありながら普通コンクリートと同等の強度特性を示す．

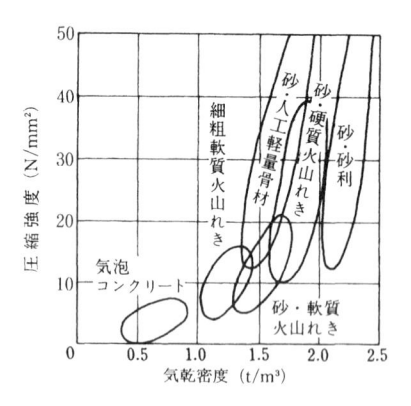

図7.1 各種骨材コンクリートの気乾比重と圧縮強度の関係

7.2 圧縮強度

A 概説

(1) コンクリートの強度としては，圧縮，引張り，曲げ，せん断，付着などの強度が対象とされるが，単に強度といえば圧縮強度（compressive strength）を指す．

(2) これは圧縮強度が他の強度に比べて著しく大きく，鉄筋コンクリート部材の設計でも圧縮強度が活用されることが多いからであり，また圧縮強度から他の強度の概略値やコンクリートの品質も推定できるからである．

(3) コンクリートの強度は，一般に標準養生（温度20℃の水中で養生）を行った材齢28日における圧縮強度を基準とする．コンクリートの圧縮強度は材齢に伴って増加するものであるが，一般の構造物では標準養生をした供試体の材齢28日の圧縮強度以上にその強度が増大するような養生を期待できないからである．ただしダムコンクリートは長期間の湿潤養生が可能であるので，材齢91日の強度を基準としている．

(4) コンクリートの強度に影響を及ぼす主な要因は次のようである．

7.2 圧縮強度

材料の品質：セメント，骨材，水，混和材料など．
配　合：水セメント比（または，セメント水比），空気量など．
施工方法：練混ぜ，打込み，締固め，養生など．
試験方法：材齢，供試体の形状・寸法，載荷方法など．

B　材料の品質と圧縮強度

a　セメントの強度

(1)　コンクリートの強度はセメントの強度と密接な関係を有し，JIS R 5201 によるセメントの圧縮強度 k とコンクリートの圧縮強度 f'_c の間に次の関係があるとされている．

$$f'_c = k(AX - B) \tag{7.1}$$

ここに，X：セメント水比，A, B：定数．

(2)　土木学会ではモルタル強度からコンクリート強度を推定することを認めていない．

b　骨材の性質

(1)　骨材自身の強度はセメントペーストの強度より大きいのが普通であるから，一般に骨材強度の変化はコンクリート強度にほとんど影響しない．しかし，天然軽量骨材など弱い石片が多量に含まれる場合にはコンクリートの強度は低下する．人工軽量骨材はそれ自身の強度は天然軽量骨材と大差ないが，コンクリートにした場合の強度は川砂利，川砂を使用した場合とほぼ同等である（図 7.2）．

(2)　コンクリートの強度が高強度になるほど骨材の影響が顕著になる．図 7.2 にも人工軽量骨材の場合の傾向が示されているが，コンクリート強度が 80～100 N/mm^2 の場合には普通骨材でも，その影響が現れる．

(3)　骨材表面が粗であるほど骨材とセメントペーストとの付着が良いので，一般に砕石を用いたコンクリートの強度は川砂利を用いた場合より大きくなる．

(4)　水セメント比が一定であっても，粗骨材の最大寸法が大きくなるとコンクリートの強度は小さくなる[4]．この傾向は富配合であるほど著しい（図 7.3）．

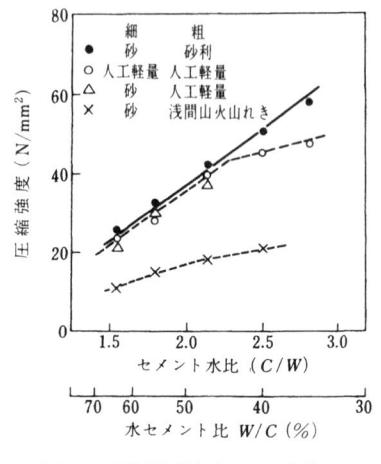

図 7.2　圧縮強度と水セメント比の関係[3]

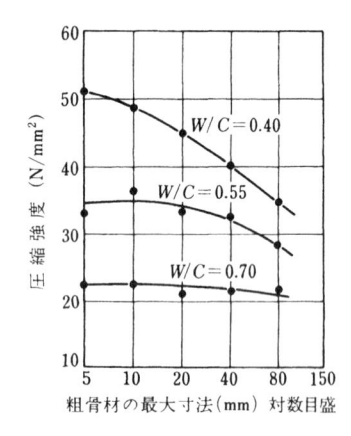

図 7.3　粗骨材の最大寸法と圧縮強度との関係

C　配合と圧縮強度

a　強度理論

1932年 I. Lyse によって提案されたセメント水比説[5]は，セメント水比 C/W とコンクリート強度との間に次式の直線関係が成り立つとした．

$$f'_c = k(AX + B) \tag{7.2}$$

ここに，k：使用セメントの強度，X：セメント水比，AおよびBは実験定数．

土木学会では，コンクリートの配合決定などに用いる強度推定式として次式を推奨している．

$$f'_c = AX + B \tag{7.3}$$

b　空気量の影響

水セメント比が一定のコンクリートにおいて，空気量が1%増すと圧縮強度は4～6%減少する（図7.4）．しかしAEコンクリートにすれば所要のワーカビリティーを得るための単位水量が少なくなるので，単位セメント量およびスランプを一定にした場合には，AE剤を用いないコンクリートとほぼ同等になる（図7.5）．

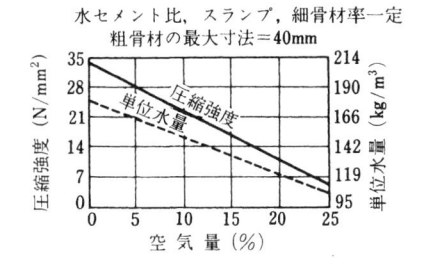

図7.4 空気量と圧縮強度，単位水量との関係
（コンクリートマニュアル）

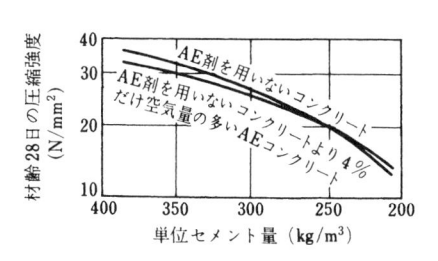

図7.5 単位セメント量およびスランプを同一にしたAEコンクリートの強度

D　施工方法と強度

a　練混ぜ方法と強度

(1) 練混ぜ時間が長いほど，セメントと水との接触がよくなるから，一般に強度は増大する．この傾向は貧配合のもの，硬練りのものほど効果的である[6]（図7.6）．

(2) 十分な練混ぜを行うのに必要な時間は，ミキサの型式・容量によっても異なるので試験によって定める．

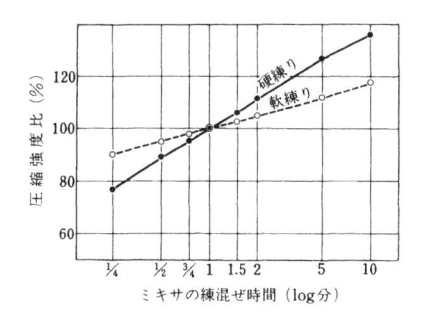

図7.6 練混ぜ時間と圧縮強度の関係．練混ぜ時間を1分のときの圧縮強度を100％とした．粗骨材の最大寸法は32mm．

b　締固め

硬練りコンクリートの場合，振動締固めを行えば，コンクリート中の気泡が少なくなり，緻密になって強度が増大する．軟練りコンクリートの場合には振動締固めによって余剰水が押し出されてやはり強度が増大する．しかし軟練りの場合にあまり振動をかけすぎると材料分離の傾向が著しくなり，強度は低下する．

c　養生

(1) 湿潤養生を継続すれば，コンクリートの圧縮強度は材齢とともに増加する．しかしながらコンクリートを乾燥すれば，セメントの水和反応は停止し，材齢に伴う強度増進は見られない（図7.7）．

(2) 湿潤養生した供試体を乾燥すると一時的に強度が増大し，その後材齢に伴って減少する傾向がある（図7.7）．この乾燥による強度低下は，乾燥によってコンクリートに細微ひび割れが生じることによるものである．

(3) 養生温度が強度に及ぼす影響の程度は，セメントの品質，配合などに

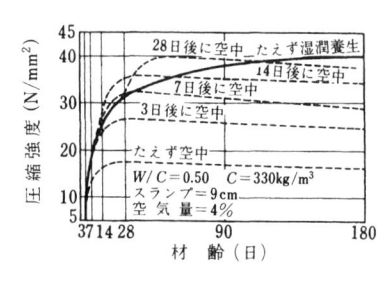

図 7.7 湿潤養生後，乾燥したコンクリートの圧縮強度[7]

よって異なるが，一般には養生温度が4～40℃の範囲においては高温であるほど材齢28日までの強度が大きくなる（図7.8）．

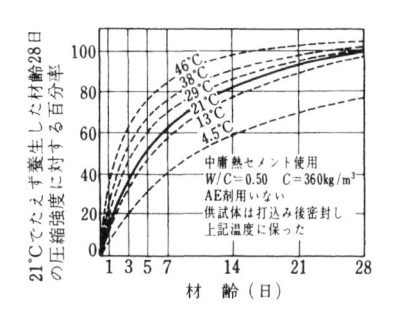

図 7.8 養生温度と圧縮強度との関係[7]

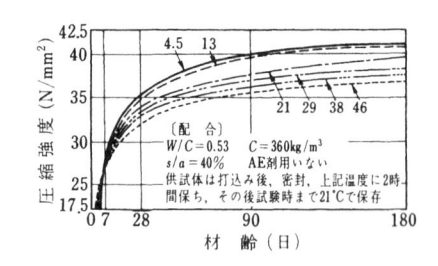

図 7.9 初期温度がコンクリートの圧縮強度に及ぼす影響[7]

(4) しかし長期強度は一般に低温の方が大きくなる．図7.9は打込み温度および材齢初期の2時間のみ温度を変化させ，以後21℃の水中で養生した場合の強度を示したものであるが，初期の温度が低いほど，高強度が得られている．この理由としては，低温で硬化する場合には，水和物は適度の大きさをもち，毛細管空げきは溶出イオンおよび外部からの水分子の拡散が容易であるように分布しているため，水和の進行が容易に継続することによると考えられている．

(5) 適当な初期養生を行ったコンクリートが水和を停止するのは-10℃であると仮定し，-10℃を0℃とする温度系に移した温度時間積算値Mを用いて強度を推定する方法もある（図7.10）．Mは成熟度[9]といい，$\Sigma a_t(t+10)$℃日で表す．ただしa_tは各養生温度tに保つ時間を示す．

(6) フレッシュコンクリートは一般に-3℃で凍結する．凍結すれば，水和反応は進行しないので凝結硬化が起こらないのみならず，硬化の初期に凍結すると，コンクリートは異常に膨張し，内部に多くのひび割れを生じるので，その後適当な温度で養生しても標準養生したコンクリートの50%程度の強度しか得られない（図7.11）．

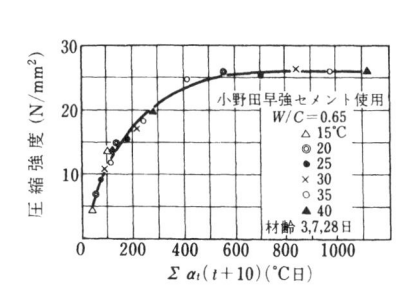

図7.10 圧縮強度と成熟度との関係[8]

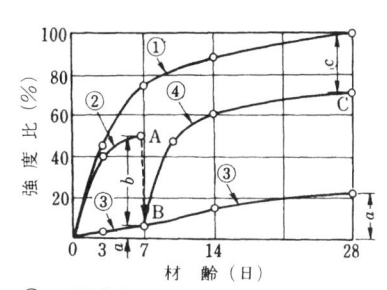

図7.11 凍結コンクリートの強度

① 20℃養生
② 打込み直後から-8℃に保って凍結させる
③ 打込み直後から-8℃に保って凍結させ，各材齢の試験前20℃で溶かす
④ 材齢7日まで-8℃に保ち，以後20℃養生

(7) ある程度硬化したのちに凍結した場合には，強度発現が遅れるだけであって，その後十分に養生すれば強度は回復する．圧縮強度が3.5～5.0N/mm^2に達していれば1～3回の凍結によっては損傷を受けないが，水で飽和されるような厳しい条件の場合には15N/mm^2の強度が必要であるともいわれている．

(8) 高温養生した場合には，初期強度は著しく大きくなるが，長期材齢における強度増進が少ない（図7.12）．蒸気養生における最適温度は55～75℃であり，85℃以上の温度は有害とされている．また打込み後直ちに高温に保つより常温で適当な時間養生して（前養生という）から高温に保つの

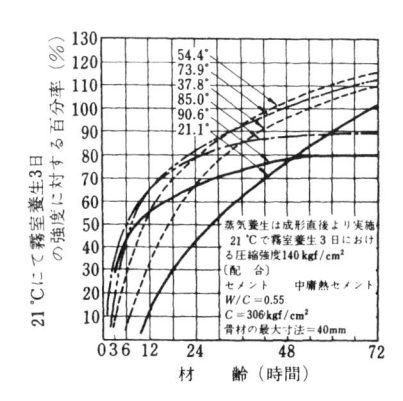

図7.12 90℃以下の温度で蒸気養生した場合の初期材齢のコンクリート圧縮強度[9]

が効果的である．

(9) 高温高圧養生については11章プレキャストコンクリートの11.2節C参照のこと．

E 試験方法と圧縮強度の関係
12章コンクリート試験法の12.3節B参照．

7.3 圧縮強度以外の強度

A 引張強度

(1) コンクリートの引張強度（tensile strength）は，圧縮強度のおよそ1/10～1/13であって，この割合はコンクリートの圧縮強度が大きくなるほど小さい（図7.13）．

(2) 引張強度はJIS A 1113「コンクリートの引張強度試験方法」（図12.9参照）によって行う．この方法は円柱供試体を横にして上下から加圧するもので，コンクリート供試体を弾性円板と仮定すれば，図7.14のAB面には一様な引張応力が生じ，CD面にはこれより大きな圧縮応力が生じる．しかしコンクリートの引張強度は圧縮強度よりはるかに小さいので，AB面で引張破壊する．引張強度は$f_t = 2P/\pi dl$から求めることができる．

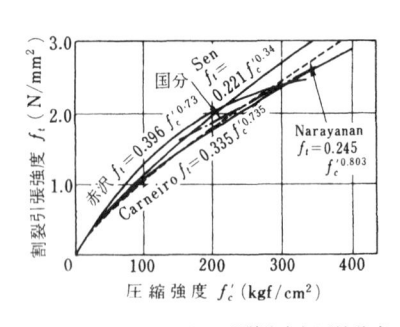

図7.13 コンクリートの引張強度と圧縮強度

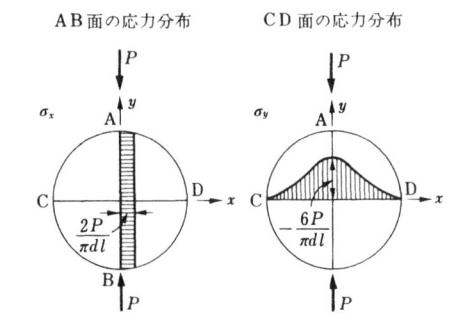

図7.14 弾性円板の応力分布

(3) 引張強度の試験法には純引張りによって行う方法もあるが，治具や加力方法を工夫しないと正確な値が得られない．純引張りで求めた引張強度と円柱供試体の割裂によって求めた引張強度はほとんど一致することが確かめられ

7.3 圧縮強度以外の強度

ている[10].

(4) 引張強度も供試体寸法，養生方法，材齢などの影響を受ける．なお乾燥の影響は軽量骨材を用いた場合，特に顕著である．

(5) 設計時の引張強度は次式から求めてよいとしている．

$$f_{tk} = 0.23 f'^{2/3}_{ck} \tag{7.4}$$

ただし f_{tk} は引張強度の特性値，f'_{ck} は圧縮強度の特性値である．

B 曲げ強度

(1) JIS A 1106「コンクリートの曲げ強度試験方法」(図12.8参照) によって得られる曲げ強度 (flexural strength) は，圧縮強度のおよそ 1/5～1/7 である．この値はコンクリート供試体を弾性はりと仮定して，次式により求めた曲げ引張強度である．

$$f_b = \frac{M}{Z} \tag{7.5}$$

ここに，M：破壊時の最大曲げモーメント，Z：はりの断面係数．

(2) f_b は引張強度の 1.6～2.0 倍である．しかし，これは曲げ試験の場合，破壊荷重付近ではりの引張縁が大きい塑性変形を生じ，断面の応力分布が直線性を失うからであって，本質的に曲げ引張強度が純引張強度より大きいわけではない．

(3) 曲げ強度も圧縮強度と同様，供試体の寸法，載荷方法の相違によって試験値が異なる．

(4) コンクリートは表面が乾燥すると曲げ強度は一般に小さくなるが，完全に乾燥すると，収縮ひび割れが生じていない限り，水で飽和しているときよりも強くなる．

C せん断強度

(1) 一般に単純せん断は，図 7.15 に示すように円筒供試体にねじりを与えたり板状供試体に特殊な載荷をすれば求めることができる．しかしコンクリートの場合には，引張強度がきわめて小さいの

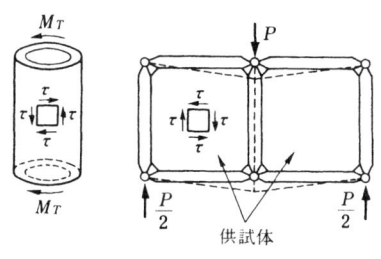

図7.15 単純せん断試験

で，せん断応力によって破壊するのではなく，せん断応力と45°の角をなす主引張応力，すなわち斜め引張応力によって引張破壊するので，この方法によって単純せん断強度を求めることができない．

(2) コンクリートが押抜きせん断のような荷重を受けるときのせん断強度（直接せん断強度という）は図7.16に示す方法によって求めることができる．図7.16の (a) および (b) のような方法を一面せん断試験，(c) および (d) のような方法を二面せん断試験という．しかしながらこれらの方法で求めたせん断強度は，曲げや斜め圧縮の影響が入るので真のせん断強度とはいえない．直接せん断強度は圧縮強度の1/6～1/4，引張強度の約2.5倍といわれているが，次の式のようにコンクリートの圧縮強度に関係づけたものもある（図7.17）．

$$\frac{\tau_s}{f'_c} = 0.252 - 0.00246 f'_c \tag{7.6}$$

ただし，τ_s は直接せん断強度を表す．

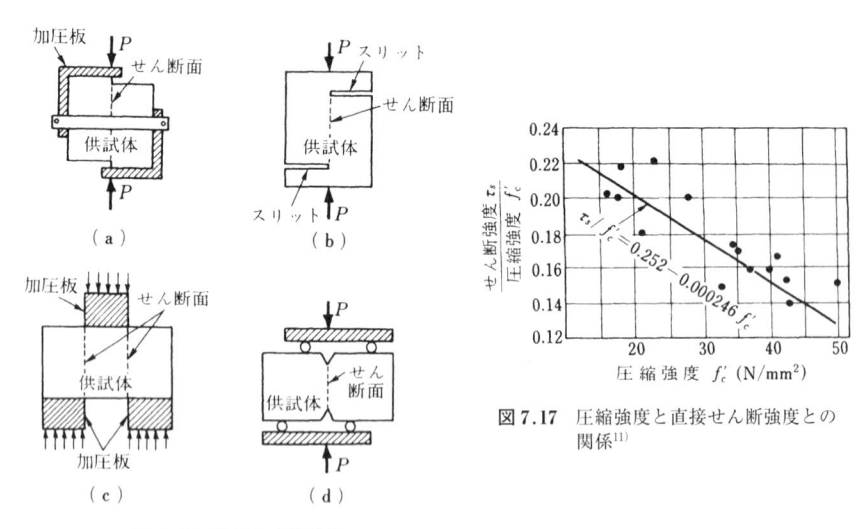

図7.16 直接せん断試験

図7.17 圧縮強度と直接せん断強度との関係[11]

D 支圧強度

(1) 支圧強度は図7.18に示すように供試体表面に軸対称局部荷重を加えて

最大荷重 P を求め，これを局部載荷面積（支圧曲線）A_a で割って求めた値 ($f'_a = P/A_a$) をいう．

(2) 支圧強度は，橋脚の支承部やプレストレストコンクリートの緊張材定着部など，部材面の一部に圧縮力が作用する場合に問題となる．

(3) 支圧強度は圧縮強度に比例するとともにコンクリート面の全面積（支承面積）A と A_a との比によっても影響され，支圧強度の一般式は次のようである[12]．

$$f'_a = \alpha f'_c \sqrt[n]{\frac{A}{A_a}} \tag{7.7}$$

ただし，α および n は実験定数．

(4) A/A_a が 20 以上，すなわち局部荷重の集中度がきわめて高い場合には，式 (7.7) は適用されず，f'_a/f'_c は A/A_a に関係なくほぼ一定値 5.0 となる（図 7.19）．これは A/A_a が小さい範囲では局部荷重載荷点近傍に生じる割裂応力によるコンクリートの縦割れで破壊するが，A が大きいと載荷点直下のコンクリートの圧壊によって破壊するからである．

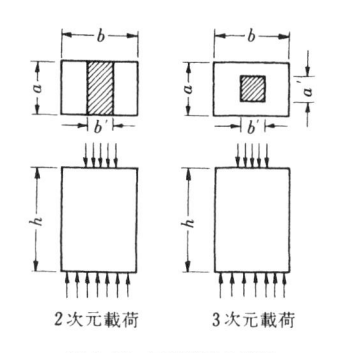

図7.18 局部載荷の種類

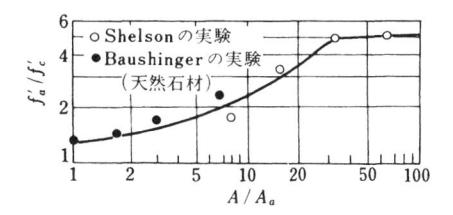

図7.19 支圧強度と支圧面積との関係[13]

(5) 設計では支圧強度は次式で求めてよいとしている．

$$f'_{ak} = \eta \cdot f'_{ck} \tag{7.8}$$

ただし $\eta = \sqrt{A/A_a} \leq 2$.

E 付着強度

a 鉄筋との付着強度

(1) 鉄筋とコンクリートの付着力を構成する要因は，(ⅰ) 鉄筋とセメントペーストとの純付着力，(ⅱ) 鉄筋とコンクリート間の側圧力に基づく摩擦力，(ⅲ) 鉄筋表面の凹凸による機械的抵抗力である．このうち機械的抵抗力が最も大きく，次に摩擦力で，純付着力は小さい．1：3モルタルと鉄片との付着面に直角方向の純付着力は 0.5～0.7 N/mm² 程度にすぎない．

(2) 付着強度 (bond strength) は，コンクリートの強度および乾湿の状態，鉄筋の径および表面状態，鉄筋の位置および方向などによって変化する．

(3) 付着強度試験方法には，引抜き，押抜き，両引き，はり試験などがあるが (図7.20)，このうち引抜き試験が最も広く用いられている (図12.11 参照)．この方法ではコンクリートの大部分に圧縮応力，鉄筋に引張応力が生じ，実際の部材における応力状態と異なるが，試験が簡単であり，コンクリートの品質や鉄筋の表面状態の付着強度に及ぼす影響を顕著に表すので，鉄筋の付着性能の評価には有効な試験方法であり，標準試験方法に採用している国が多い．

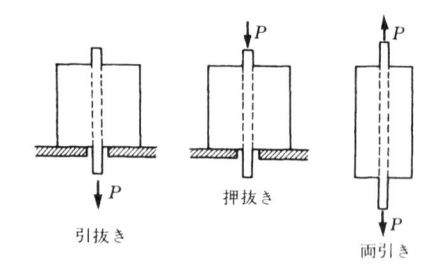

図7.20 付着試験方法

(4) 両引き試験は，鉄筋およびコンクリートのいずれにも引張応力が働き，図7.21に示すように付着応力 τ_0 の分布は，はりの引張鉄筋の分布に似ているので，引張部における鉄筋の付着性状を試験する方法としては引抜き試験法より優れている[14]．さらに両引き試験の場合，試験体の長さを大きくするとある長さ以上の試験体には横断方向にひび割れが入る．ひび割れの入らない最大の長さを最大ひび割れ間隔と考えることができる．

(5) 水平鉄筋の付着強度は鉛直鉄筋の 1/2～1/4 程度である．また水平鉄筋の下側にあるコンクリートの厚さが大きいほど付着強度が低下する．これはブリージングによって鉄筋の下面に水膜や空げきができ，これが付着強度を低下させるからである．

7.3 圧縮強度以外の強度

図7.21 付着応力度の分布性状

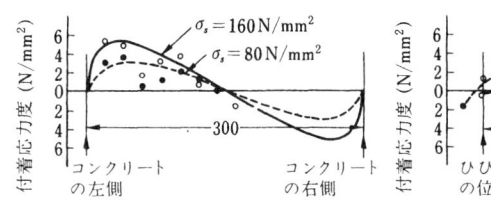

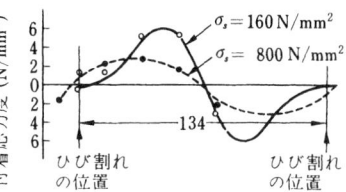

両引き試験における付着応力の分布の一例
（ϕ 19mm, f'_{14} = 33N/mm^2）

はりのひび割れ間の鉄筋における付着応力の分布の一例（ϕ = 19mm, f'_{14} = 32N/mm^2）

半割りにした異形鉄筋の一半に溝を切り，鉄筋断面重心位置にひずみ計をはりつけた後，両半面を接着した鉄筋を用いて試験した．

(6) 付着強度は鉄筋の表面の粗滑状態によっても異なる．表7.2はその一例を示したものであるが，はげ落ちるようなさび片または浮きさびは有害であるが，多少のさびは無害のみならず，むしろ付着を向上させることが示されている．

表7.2 鉄筋の表面の状態と付着強度

鉄筋（径25mm）の表面の状況	付着強度 (N/mm^2)
みがいた場合	1.02
圧延のままの場合	2.22
同上にセメントペーストを塗布した場合	2.46
さびた場合	3.21
同上にセメントペーストを塗布した場合	3.27

(7) 設計では付着強度は次式で求めてよいとしている．

$$f_{bok} = 0.28 f'^{2/3}_{ck} \tag{7.9}$$

ただし$f_{bok} \leq 4.2$ N/mm^2 で JIS G 3112 の規定を満足する異形鉄筋の場合，普通丸鋼の場合は上式の40%とする．

b 新旧コンクリートの付着強度

(1) 新旧コンクリートの付着強度の性状は表7.3に示すようであって，粗雑な打継ぎをすれば打継ぎのないものの50%程度の強度しか得られないが，入念に施工すれば100%に近い値が得られる[15]．

(2) 一般に鉛直部の打継強度は水平打継部の強度より低い．

(3) 最近は樹脂系の接着剤を塗布してから打ち継ぐ方法が多用されているが，この場合には打継部の新旧コンクリートの付着強度は打継部のないコンクリートとほぼ同程度の値が得られる．

表7.3 水平および鉛直打継目の強度

水平打継目		鉛直打継目	
打継方法	強度比	打継方法	強度比
旧コンクリート打継面のレイタンスを取り除かずに打ち継いだ場合	約 45%	旧コンクリートの打継面へそのまま打ち継いだ場合	約 57%
打継面を約1mm削って打ち継いだ場合	約 77%	打継面へコンクリート中のモルタルを塗り付けて打ち継いだ場合	約 72%
打継面を約1mm削り，セメントペーストを塗って打ち継いだ場合	約 93%	打継面へセメントペーストを塗って打ち継いだ場合	約 77%
打継面を約1mm削り，モルタルを塗って打ち継いだ場合	約 96%	打継面を1mm削り，セメントペーストを塗って打ち継いだ場合	約 83%
打継面を約1mm削り，セメントペーストを塗って打ち継ぎ，約3時間後に振動を与えて締め固めた場合	約 100%	打継面へセメントペーストを塗って打ち継ぎ，約3時間後に振動を与えて，再び締め固めた場合	約 98%

F 疲労強度

(1) コンクリートも他の材料と同様に繰返し荷重を加えたり，または一定の荷重を持続して加えておくと，疲労のために静的破壊荷重よりも小さい荷重で破壊する．前者を繰返し疲労破壊といい，後者をクリープ破壊という．

(2) 疲労による破壊強度は，主として作用する応力の上限値と下限値の範囲と繰返し回数によって変化する．通常無限回の繰返しに耐えることのできる応力の最大限を耐久限度または疲労限度といい，また所定の繰返し回数に耐えうる応力の限度を疲労強度といい，繰返し回数とともに示される．コンクリートでは，繰り返し回数1000万回の範囲内では疲労限度が確認されていない．

(3) 疲労試験結果の一例を図7.22に示すが，コンクリートの疲労強度としては，一般に200万回疲労強度が用いられるが，これは静的破壊強度の55～65%である．なお付着強度の疲労強度はもう少し低く40%程度である．

(4) 水中における疲労強度は気中の疲労強度の65～70%程度とされている．

(5) 疲労により強度が低下する原因のうち，主なものは微細ひび割れの発生である．すなわち微細ひび割れはコンクリートの応力が$0.5f'_0$程度のとき

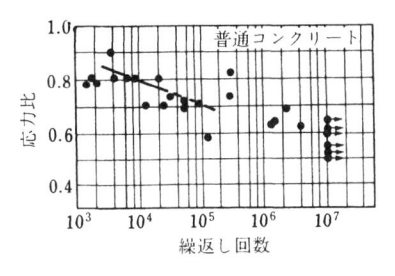

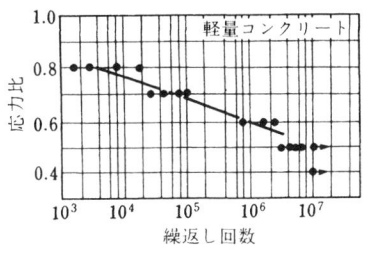

供試体はφ7.5×15cm円柱形で，上限応力度は静圧強度の40～90%

図7.22 コンクリートのS-N曲線[16]

に生成し始め，繰返し載荷により発達してついに破壊に至ると考えられている．

(6) クリープ破壊の試験結果の一例を図7.23に示す．このクリープ破壊の原因も微細ひび割れの発達によるものと考えられている．クリープ限度はコンクリートの静的強度の70～90%とされている．微細ひび割れについては7.4節C参照．

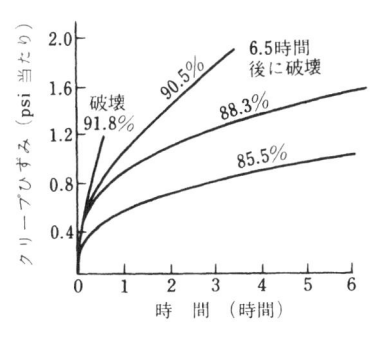

図7.23 高応力下でのクリープ

7.4 コンクリートの弾塑性的性質

A 応力-ひずみ曲線

(1) コンクリートは完全な弾性体ではないから，応力とひずみの関係は曲線となり，小さい荷重に対しても残留ひずみ（γ）が残る（図7.24）．全ひずみ（δ）から残留ひずみを差し引いたものを弾性ひずみ（ε）という．普通コンクリートにおける残留ひずみの全ひずみに対する割合は低応力の場合ほど小さく，破壊強度の50%程度の応力でおよそ10%程度である．

(2) 応力-ひずみ曲線の曲率の増加は，荷重によりコンクリートの内部に発生する微細ひび割れの影響が大きいといわれている（図7.25）．

(3) コンクリート標準示方書（設計編2007年制定）では，曲げモーメントおよび曲げモーメントと軸方向力を受ける部材の断面破壊の終局限界状態に対

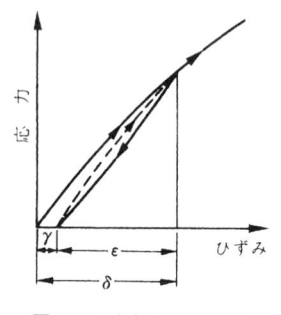

図7.24 応力-ひずみ曲線

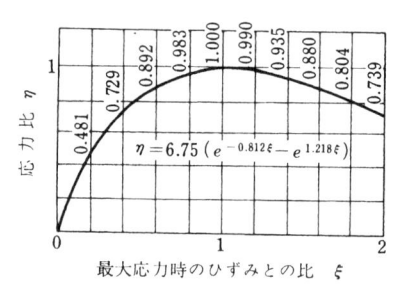

図7.25 大きいひずみの範囲まで考慮した曲線

$\eta = 6.75(e^{-0.812\xi} - e^{-1.218\xi})$

する検討において図7.26に示すモデル化された応力-ひずみ曲線を用いることにしている (f'_{cd} は設計強度).

B 弾性係数
a ヤング係数

(1) 静的載荷によって求めた応力-ひずみ曲線から計算する弾性係数をヤング係数といい，初期弾性係数

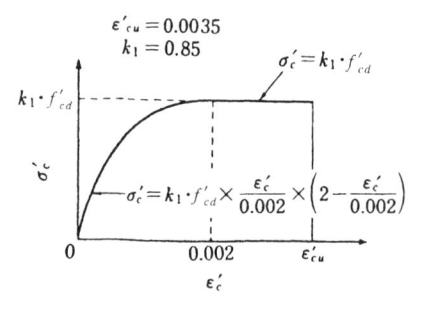

図7.26 コンクリートのモデル化された応力-ひずみ曲線

$\varepsilon'_{cu} = 0.0035$
$k_1 = 0.85$
$\sigma'_c = k_1 \cdot f'_{cd}$
$\sigma'_c = k_1 \cdot f'_{cd} \times \dfrac{\varepsilon'_c}{0.002} \times \left(2 - \dfrac{\varepsilon'_c}{0.002}\right)$

($\tan \alpha_0$)，接線弾性係数 ($\tan \alpha_T$) および割線弾性係数 ($\tan \alpha_A$) がある (図7.27). 鉄筋コンクリート部材の設計では応力と全ひずみとの比を必要とするから，弾性係数として通常割線弾性係数を用いている．これを求めるときの応力度は破壊強度の1/3～1/4とする．これはコンクリートの使用時の応力度が破壊強度の1/3～1/4になることと対応する．

(2) 弾性係数は，一般にコンクリートの圧縮強度および密度が大きいほど大きい (図7.28).

(3) コンクリート標準示方書 (設計編) では，限界状態設計法による場合のコンクリートのヤング係数として表7.4に示す値を提示している．

(4) 引張応力に対するヤング係数は，圧縮応力に対するものよりいくぶん小さいが，簡単のため両者等しいとするのが普通である．

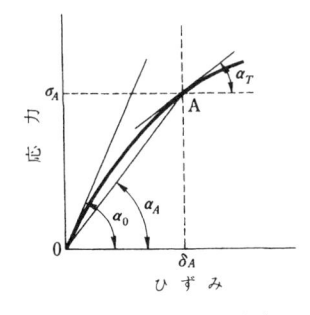

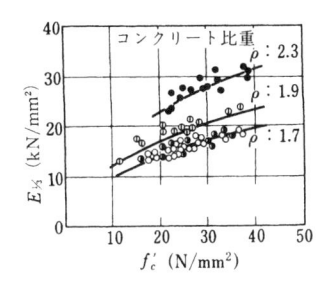

図7.27 ヤング係数の定義　　図7.28 割線弾性係数と圧縮強度との関係

表7.4 コンクリートのヤング係数 (kN/mm^2)

骨材の種類	設計基準強度 (N/mm^2)	18	24	30	40	50	60	70	80
普通骨材		22	25	28	31	33	35	37	38
骨材の全部を軽量骨材とした場合		13	15	16	19	—	—	—	—

b　ポアソン比

(1) コンクリート供試体に単純圧縮力，あるいは単純引張力を加えたときの，供試体の軸方向のひずみ度 ε_l と，軸と直角方向のひずみ度 ε_t との比の絶対値 $m=|\varepsilon_l/\varepsilon_t|$ をポアソン数といい，ポアソン数の逆数 $\eta=1/m=|\varepsilon_t/\varepsilon_l|$ をポアソン比という．

(2) ポアソン比は材料・配合によってあまり変化しないが，応力度によって変化する．使用時応力度付近で1/5〜1/7，破壊応力度付近で1/2.5〜1/4程度である．軽量コンクリートのポアソン比は，普通コンクリートと等しいか，若干大きいようである．設計では弾性範囲内のポアソン比は，0.2としてよいとしている．

c　動弾性係数

(1) フックの法則に従う材料からなる棒の縦共振振動数とヤング係数との間には

$$2fl=\sqrt{\frac{E_d}{\rho_0}} \tag{7.10}$$

ここに，f：共振振動数（Hz），l：棒の長さ（cm），E_d：ヤング係数（dyne/cm^2），ρ_0：棒の密度（g/cm^3）．
なる関係が，また材料中を波長の短いパルスが伝わるときの，伝達速度とヤング係数との間には

$$E_d = \frac{\rho \cdot V^2 \cdot (1+\mu)(1-2\mu)}{1-\mu} \tag{7.11}$$

ここに，V：波動伝達速度（cm/sec），μ：ポアソン比．
なる関係があるので，材料の縦共振振動数や超音波のような波長の短いパルスの伝達速度を求めれば E_d を算出できる．このようにして求めた E_d を動ヤング係数あるいは動弾性係数という．

（2） コンクリートの動弾性係数の測定は JIS A 1127「共振振動によるコンクリートの動弾性係数，動せん断弾性係数および動ポアソン比試験方法」によって求める．

（3） 動弾性係数はごく小さい応力（0.1～0.2 N）における弾性係数であるから，初期弾性係数に近い値となる．

（4） 図 7.29 は，各種骨材のコンクリートについて測定した動弾性係数と圧縮強度の関係を示したものである．

（5） 動弾性係数は，凍結融解作用などによるコンクリートの劣化の程度を示す良い尺度となる．

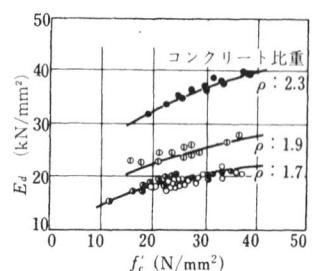

図 7.29 動弾性係数と圧縮強度の関係

C 微細ひび割れ

（1） 荷重を受ける前のコンクリートであっても，沈下，ペーストの水和，乾燥，炭酸化などに起因する収縮により，コンクリート内部に顕微鏡的な微細なひび割れが発生している．この微細ひび割れ（micro-crack）は，応力-ひずみ曲線，疲労強度，クリープ限界などの性質に密接に関係する．

（2） 微細ひび割れは，（ⅰ）骨材とモルタルとの境界面に生じているひび割れ（付着ひび割れ），（ⅱ）モルタル部分に生じているひび割れ（モルタルひび割れ），（ⅲ）骨材を通過しているひび割れ，に分類されるが，主なものは付着

ひび割れとモルタルひび割れである[17]（図7.30）.

(3) 付着ひび割れは，付着強度の小さい大粒の骨材周囲に発生し，荷重に伴うひずみの増加に従ってその長さ，幅および数を増す．圧縮強度の30～50%以下の応力では付着ひび割れの増加は無視できるが，これ以上では急増する．

(4) モルタルひび割れは，応力が圧縮強度の70～90%程度に達したのちに急激に発達し，微細ひび割れから連続ひび割れに発展してコンクリートを破壊させる．

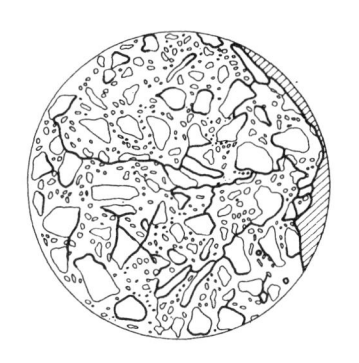

図7.30 コンクリート薄片を40倍の立体顕微鏡で観察して作図した図（ひずみ0.3%）
太線はひび割れ，細線は骨材の外形を示す．ハッチをした場所は薄片の端部の欠け落ちた部分．

D クリープ
a クリープ
(1) コンクリートに一定荷重を持続載荷すると，ひずみは材齢とともに増加する．この時間に伴って増加するひずみをクリープ（creep）という（図7.31）.

(2) クリープの発生機構は，連続載荷によるゲル水の緩慢な圧出が主因で，これにペーストの粘性流動，微細空げきの閉塞，結晶内のすべり，微細ひび割れの発生などの影響が累加されるものと考えられている[18].

b クリープに影響する主な要因
(1) クリープに影響する主な要因は，（ⅰ）セメントの性質，（ⅱ）骨材の鉱物的性質および粒度，（ⅲ）配合，特に水セメント比と骨材量，（ⅳ）載荷時の材齢，（ⅴ）載荷期間中の温度・湿度，（ⅵ）載荷応力の大きさと荷重の種類，（ⅶ）供試体の大きさ，などである．

(2) 載荷時の材齢の若いほど，載荷材齢が長いほどクリープは大きい．クリープの増加割合は載荷期間に伴って漸次減少し，一般に持続期間3ヶ月で50%，1年でほぼ100%が終了する．

(3) 一般にクリープは外部湿度が高いほど小さく，高温ほど大きい[19]（図

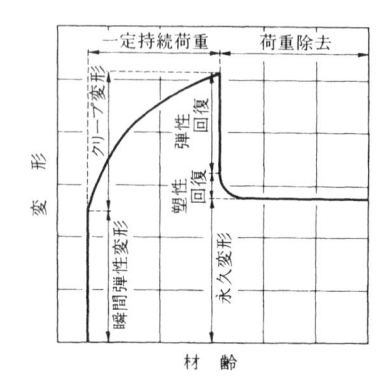

図7.31 コンクリートのクリープ特性

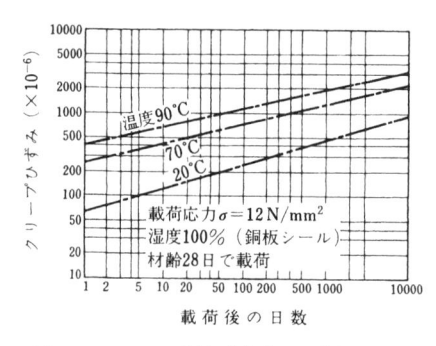

図7.32 クリープ量と載荷後の日数との関係

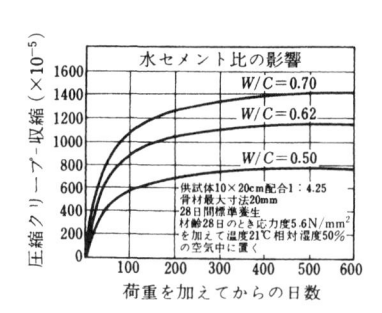

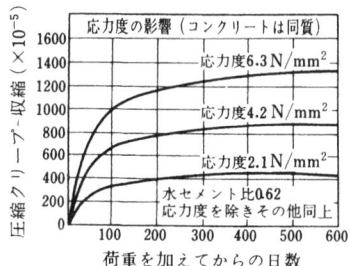

図7.33 クリープに対する水セメント比,応力度の影響

7.32).

(4) 載荷応力の大きさおよび水セメント比の影響は,図7.33に示すようである.

c　クリープに関する法則

(1) 持続応力がコンクリートの強度の1/3程度以下の場合,クリープひずみは応力に比例し,圧縮に対しても引張りに対しても比例定数は等しい(Davis Granvilleの法則).

(2) 同一コンクリートでは,単位応力に対するコンクリートひずみの進行は一定である(Whitneyの法則).これは図7.34において,曲線ABおよびCDがそれぞれ材齢t_1およびt_2で持続載荷を加えた場合のクリープひずみの進行を示したものとすると,曲線CDは曲線ABを下方に平行移動したものに一

致することを示している.

(3) (1)および(2)に述べた法則は，クリープ生成の機構から必ずしも正しいとは理論的に証明できず，また実験的にも図7.34においてC点における立上がりの傾斜は，これに相当するAB上の点の傾斜よりも大きいことが示されている．しかしこの法則はクリープ理論の応用面では便利な点が多いので多用されている．

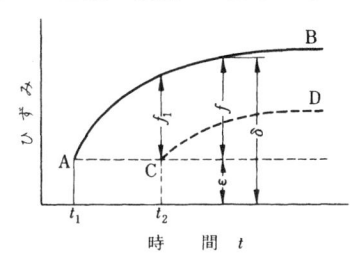

(4) 図7.34において，全ひずみ δ，弾性ひずみ ε，クリープひずみ f の間には

図7.34 クリープひずみと経過材齢との関係

$$\delta = \varepsilon + f = \varepsilon\left(1 + \frac{f}{\varepsilon}\right) = \varepsilon(1 + \psi) \tag{7.12}$$

ここで，ψ をクリープ係数といい，弾性ひずみに対するクリープひずみの比である．

d 設計におけるクリープの考え方

コンクリート標準示方書（設計編）では，コンクリートのクリープ係数として表7.5に示す値を提示している．

表7.5 普通コンクリートのクリープ係数（無筋コンクリート）

環境条件	プレストレスを与えたときまたは載荷するときのコンクリートの材齢				
	4～7日	14日	28日	3か月	1年
屋　外	2.7	1.7	1.5	1.3	1.1
屋　内	2.4	1.7	1.5	1.3	1.1

7.5 コンクリートの体積変化

A 水分の変化による体積変化

a 乾燥収縮

(1) 硬化したコンクリート中の未水和水が蒸発することによって，コンクリートが収縮する現象を乾燥収縮という．

(2) 水で飽和したコンクリート供試体を完全に乾燥させると600～900×

10^{-6} 程度の収縮を示す．構造物のコンクリートは断面寸法も大きく，乾燥条件も厳しくないので上記の値ほど収縮しないが，変形に対する拘束が大きいときは容易に収縮ひび割れが生じる．

(3) コンクリートの乾燥収縮に影響を及ぼす要因はクリープの場合とまったく同様であって（7.4節 D.b. 参照），単位水量，セメント量とその品質，骨材量と品質，空気量，養生方法，部材の形状・寸法などが要因としてあげられる．

(4) ある乾燥状態において，影響の大きいのは単位水量であって，単位セメント量・水セメント比の影響は比較的小さい（図7.35）．ただし，同一の環境条件（温度・湿度）においては水セメント比が大きい方が水分の逸散が速いため，水セメント比が大きいほど同一材齢における乾燥収縮は大きくなる．

(5) セメントの化学成分としては C_3A の含有分が大きいと収縮が大きく，骨材についてはその弾性係数，圧縮性が収縮に影響を与え，一般に軟砂岩や粘板岩では収縮が大きく，石灰岩，石英質，長石類は小さい（図7.36）．

また蒸気養生されたコンクリートの収縮は小さくなり，しかも蒸気温度の高いほど，養生時間の長いほど収縮は小さくなる．

(6) コンクリートの収縮は，表7.6に示す値を設計に用いてよい．

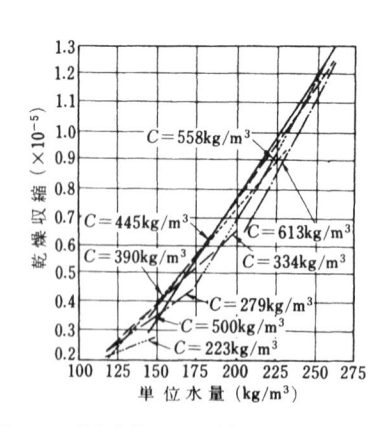

図7.35 単位水量および単位セメント量とコンクリートの乾燥収縮との関係（コンクリートマニュアル）

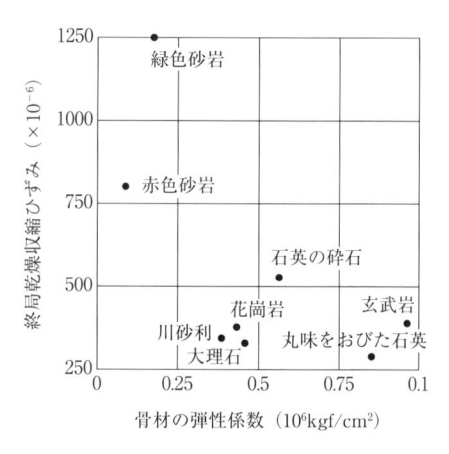

図7.36 骨材の弾性係数と終局乾燥収縮[1]

表 7.6 コンクリートの収縮ひずみ（×10^{-6}）

環境条件 \ コンクリートの材齢*	3日以内	4〜7日	28日	3カ月	1年
屋 外 の 場 合	400	350	230	200	120
屋 内 の 場 合	730	620	380	260	130

* 設計で収縮を考慮するときの乾燥開始材齢

b 自己収縮

(1) セメントの水和反応により水が消費されることによって生じる収縮を自己収縮という．従来，自己収縮は乾燥収縮に比べて小さいため，その影響は無視されてきた．しかし，近年，富配合のコンクリートで自己収縮が原因によるひび割れが生じる例が報告されている．

(2) コンクリートの自己収縮に影響を及ぼす要因は，セメントの種類，水セメント比，骨材量と品質，養生方法などがあげられる．

(3) 自己収縮量に大きな影響を及ぼすのは水セメント比であり，水セメント比が低いほど収縮量は大きくなる．（図7.37）

(4) セメントの種類が自己収縮に及ぼす影響は図7.38に示すとおりであり，C_3A 含有量の多いセメントで収縮量が大きくなる傾向がある．また，粉末度の大きい高炉スラグ微粉末やシリカフュームなどの混和材の使用も収縮量を増大させる．

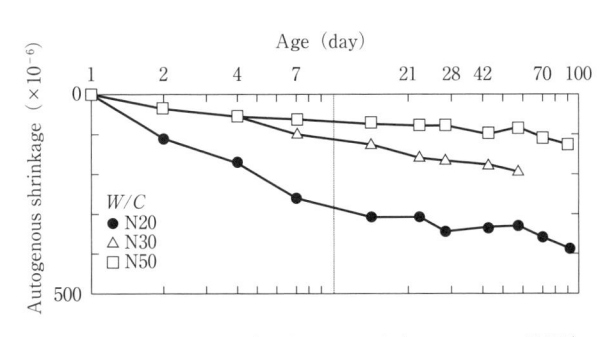

図 7.37 コンクリートの自己収縮に及ぼす水セメント比の影響[20]

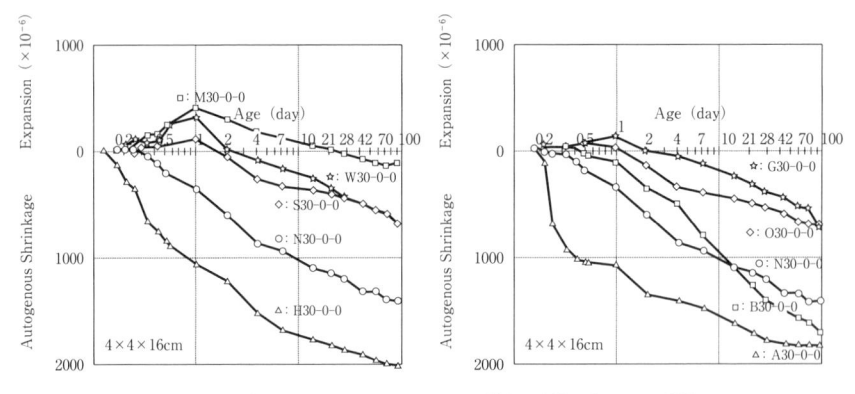

図7.38 自己収縮に及ぼすセメントの種類の影響（モルタル）[20]
N：普通セメント　M：中庸熱セメント　H：早強セメント　S：耐硫酸塩セメント　G：地熱セメント　O：油井セメント　A：アルミナセメント　W：白色セメント　B：高炉セメントB種

B　温度変化による体積変化

（1）　セメントペーストの熱膨張係数は，1 degについて気乾状態で 22×10^{-6} 程度，湿潤状態で 16×10^{-6} 程度であり，骨材の熱膨張係数より大きいから，セメントペースト量の多いコンクリートほど熱膨張係数が大きくなる．図7.39は骨材量と熱膨張係数の関係を示したものである．

（2）　コンクリートの熱膨張係数は，骨材の性質，骨材量などにより異なるが，通常の温度変化の範囲において，1 degにつき $7\sim13\times10^{-6}$ である．石英

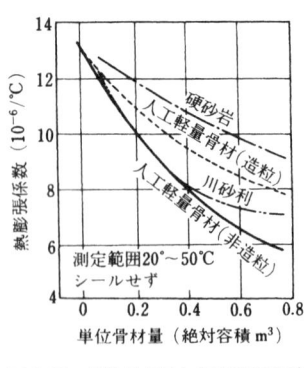

図7.39　単位骨材量と熱膨張係数[21]

表7.7　コンクリートおよびその構成材料の熱流れ特性（温度21℃における）

材　料	熱伝導率 λ_c (kJ/mh°C)	熱拡散率 h_c^2 (m²/h, 1×10^{-3})	比　熱 c_c (kJ/kg°C)
骨　　材	3～3.7	2.5～5.6（石英質材料）10.5～12.1	0.50～1.0
硬化したセメントペースト	2～4	1.1～1.8	1.7～2.1
コンクリート	3.8～19（9.2）	2.8～4.0（3.0）	0.5～0.1（1.05）
軽量骨材コンクリート	2.1～8.4	1.4～2.0	1.6～1.7
水	2.172	0.519	4.18

（　）内数字は設計に用いる値として推奨されている．

質の骨材を用いるとき最大で，砂岩，花こう岩，玄武岩，石灰岩の順に小さくなる．設計計算には，10×10^{-6} と仮定してよい．

(3) コンクリートの硬化時の発熱は，コンクリートに体積膨張を生じさせる．しかし，硬化時にはコンクリートのヤング係数は小さく，クリープも大きいのでコンクリートの膨張による応力度は比較的小さい．しかし，のちに熱が発散または除去されるときには，コンクリートのヤング係数は大きく，クリープも小さくなるので応力緩和が小さくなり，収縮が拘束されることによって作用する引張応力によってコンクリートにひび割れが生じやすい．

7.6 熱的性質

(1) コンクリートの熱的性質として重要なのは，熱伝導率（λ_c），比熱（c_c），熱拡散率（h_c^2）ならびに熱膨張係数（a）である．前3者は熱流れ特性と呼ばれ，密度 ρ を介して式（7.13）の関係にある．

$$h_c^2 = \frac{\lambda_c}{c_c \rho} \tag{7.13}$$

(2) 普通コンクリートおよび軽量骨材コンクリートの熱伝導率，比熱，熱拡散を他材料のそれと比較して表7.7に示す．

(3) 熱膨張係数については，7.5節B参照のこと．

7.7 耐久性

A 概説

コンクリート（あるいは，コンクリート構造物）は，物理的あるいは化学的作用を受けて経年劣化する．劣化に対する抵抗性を耐久性という．コンクリートの耐久性は，コンクリート自体の劣化に対する耐久性とコンクリート中に埋め込まれた鋼材を腐食等から保護する性能の劣化に対する耐久性に分類される．

B コンクリート自体の劣化に対する耐久性

a 凍結融解作用

(1) 凍結融解作用によるコンクリートの劣化の機構は，毛細管水の凍結による体積膨張そのものが直接の原因でなく，そのために凍結していない水の圧

力が高くなり，これによってコンクリート中に微細ひび割れが生じるのである．

(2) 凍結によるひび割れと融解による水分の浸透の繰返し作用によって劣化が進行し，微細ひび割れから，表層の剥離，断面の減少，内部鉄筋の露出と腐食が生じる．図7.40は，凍害による劣化過程と性能の低下の概念図である．

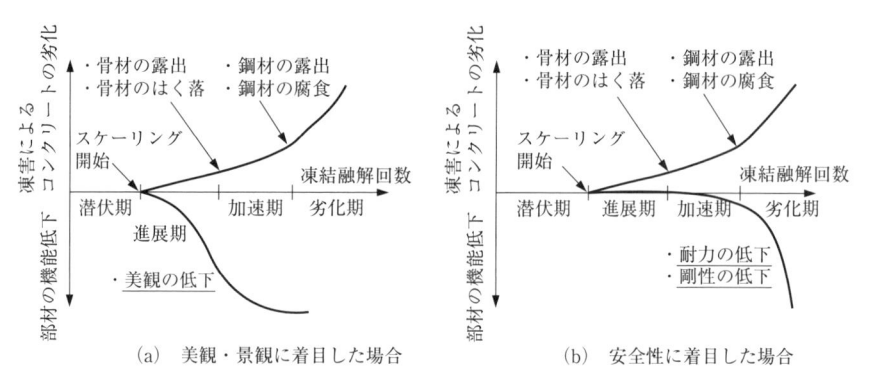

図7.40 凍害による劣化進行過程の概念図（示方書：維持管理編）

(a) 美観・景観に着目した場合
(b) 安全性に着目した場合

(3) AEコンクリートにすれば水圧が空気泡で緩和されるので，凍害に対する抵抗性が増す（図7.41）．なお，空気泡が効果的に作用するためには気泡間隔が0.25 mm以下でなければならないので，微小な空気泡が多く含まれていなければ効果がないことになる．

(4) 水セメント比の小さいコンクリートは，凍結可能な水および水圧を生じる水が少ないので耐凍害性が増す（図7.42）．同様の理由で乾燥した供試体は飽水状態の供試体よりも耐久的である[21]．

(5) 骨材の性質もコンクリートの耐凍害性に大きな影響を及ぼす．吸水率の大きな低品質の骨材を使用すると，ポップアウトが生じることが多い．

b アルカリ骨材反応

(1) セメントの水和によって生じた水酸化アルカリ（NaOH，KOH）と骨材中の不安定なシリカ質鉱物とが化学反応を起こし，アルカリシリケートゲルをつくることがある．骨材周囲に生成したアルカリシリケートゲルは水分を吸収して膨張しコンクリートにひび割れを生じさせる．これをアルカリ骨材反応（alkali aggregate reaction）という．アルカリ骨材反応はそのメカニズムによ

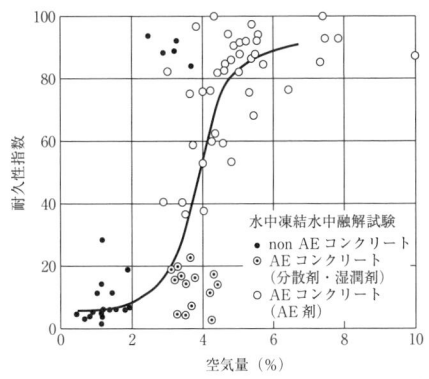

図7.41 空気量と耐久性指数の関係[1]

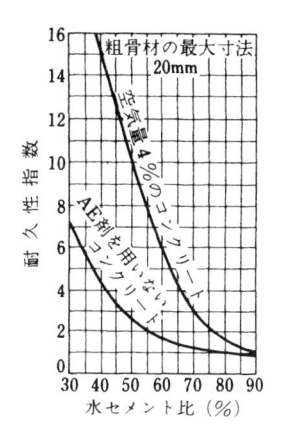

図7.42 水セメント比と耐久性指数との関係
（コンクリートマニュアル）

り，アルカリシリカ反応と（ASR）とアルカリ炭酸塩岩反応に分けられるが，我が国で生じているのはアルカリシリカ反応である．

(2) アルカリ骨材反応が生じた構造物では，骨材周囲のひび割れから表面へとひび割れが進展し，ひび割れ幅の増大や鋼材腐食に至る場合もある．ただし，劣化の程度は骨材の反応性とアルカリの供給量に依存する．図7.43は，アルカリ骨材反応による劣化過程と性能の低下の概念図である．

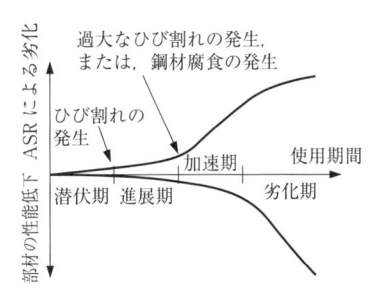

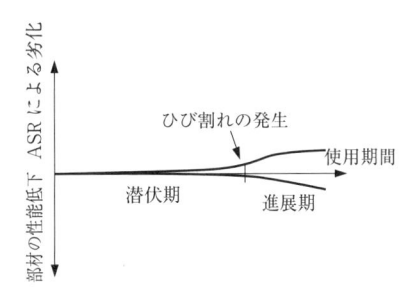

(a) コンクリートが有する膨張性が大きい場合
(b) コンクリートが有する膨張性が小さい場合

図7.43 アルカリシリカ反応による劣化進行過程の概念図（示方書：維持管理編）

(3) アルカリ骨材反応を起こす骨材は，オパール，火山ガラス，結晶格子の歪んだ石英などを多く含む岩石であり，岩種のみによって反応性の有無を判断することは難しい．

(4) アルカリ骨材反応に関与するアルカリとしては，セメント中に含まれるものの他に，ナトリウム塩やカリウム塩を含む混和剤や海水，凍結防止剤によって供給される場合もある．

(5) アルカリ骨材反応を防ぐには，反応性骨材の使用を避ける．やむをえず使用するときは，セメントの全アルカリ含有量を 0.6% 以下（Na_2O 等値量，$Na_2O+0.658K_2O$ で計算する）とするか，良質のポゾランを用いてアルカリ量を少なくする（図7.44）．

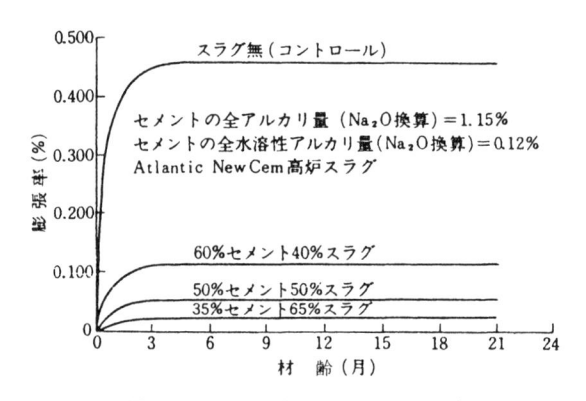

図7.44 スラグ混合量と膨張率の関係[22]

c 化学的侵食

(1) 硫酸，塩酸，硝酸などの強い酸は，水和セメント中の水酸化カルシウムを中和し，さらにアルミン酸カルシウム塩，ケイ酸カルシウム塩を分解する．酢酸などの分解作用は無機酸に比べて弱い．酸の侵食作用は苛酷であって，良質のコンクリートであっても pH 3～4 以下ともなれば損傷をまぬがれない．

(2) ナトリウム，マグネシウムおよびカルシウムの硫酸塩は，水和セメントと反応してエトリンガイトをつくり，膨張してコンクリートを破壊する．

(3) 表7.8は酸・塩・油類の影響程度および必要な保護工を示したものである．なお，最近は合成樹脂関係の研究が進み，保護材料として硬質塩化ビニル板，ポリエチレンなどの被覆，合成ラテックス，天然ゴムを塩素化したコンクリート塗料なども用いられている．

(4) コンクリートを侵食するガスとして硫化水素，亜硝酸ガス，フッ化水素，塩化水素などがある．これらはガス自体でもあるいは水に溶けてでもコン

7.7 耐久性

表7.8 酸類，塩類，油類などがポルトランドセメントコンクリートに及ぼす影響，ならびに対策としての保護工法

物質		コンクリートに及ぼす影響	保護工法	
			無機類	有機類
硫　酸		分　解　さ　せ　る	酸化鉛，ゴムの上にガラス，焼過れんがまたはタイルをならべて，45℃以下の温度で濃度50%以下のものに対し有効	
硝　酸		分　解　さ　せ　る	酸化鉛，ゴムの上にガラス，焼過れんがまたはタイルをならべて，すべての濃度に対して有効	
塩　酸		分　解　さ　せ　る		
ふ　っ　化　水　素		分　解　さ　せ　る	鉛，ゴムのみで45℃以下の濃度50%以下のものに対し有効	
酢　酸		徐々に分解させる	アスファルト，ベークライト系ワニス，スパーワニス，ゴム	
乳酸またはタンニン酸		徐々におかす	アスファルト，タール，けいふっ化物，けい酸ナトリウム，スパーワニス，ベークライト系ワニス，樹脂，アマニ油，パラフィン	
魚　　　　油		きわめてわずかにおかす	けいふっ化物，けい酸ナトリウム，アマニ油	
ラ　ー　ド　油		きわめてわずかにおかす	同　　　　上	
ア　マ　ニ　油		わずかにおかす	不　　　　要	
樹　　　　脂		わずかにおかす	不　　　　要	
や　し　　油		わずかにおかす	けいふっ化物，けい酸ナトリウム，アマニ油	
オ　リ　ブ　油		わずかにおかす	上記のもの，スパーワニス，ベークライト系ワニス	
綿　実　　油		わずかにおかす	不　　　　要	
大　豆　　油		きわめてわずかにおかす	けいふっ化物，けい酸ナトリウム，アマニ油，ワニス	
落　花　生油		きわめてわずかにおかす	同　　　　上	
し　ゅ　う　酸		無	不　　　　要	
可溶性塩類は硫酸塩，亜硫酸塩，硝酸塩，塩化物，炭酸塩の順にコンクリートをおかす				
硫酸塩		コンクリートを活発におかす	けいふっ化物，けい酸ナトリウム，アマニ油，アスファルトの塗布，アマニ油，コンクリート，タイル，焼過れんがをならべる上にガラス，酸化鉛，	

カルシウム，カリウム，ナトリウム，マグネシウム，銅，亜鉛，アルミニウム，マンガン，鉄，ニッケル，コバルトの硫酸塩

物質	作用	保護
アンモニアの硫酸塩、マグネシウム、鉄、水銀、銅、アンモニアの塩化物	分解す	同上
アンモニアの硝酸塩	わずかにおかす	同上
酸性硫酸塩	分解す	同上
ナトリウム、カリウム、カルシウム、ストロンチウムの塩化物	はげしくおかす	けいふっ化物、けい酸ナトリウム、アマニ油、アスファルト塗布、ガラス、焼過れんが、タイルを酸化鉛およびゴムの上にはる
		無	不要
鉱物油		
ボーメ30℃以上の軽油、揮発油—ケロシン、ベンジン、ナフサ、ガソリン	無—多少しみ込む	けいふっ化物、スパーワニス、アマニ油、けい酸ナトリウム、ライト系ワニス
ボーメ30℃より重い重油	無—相当多量にしみ込む	けいふっ化物、スパーワニス、けい酸ナトリウム、石炭酸フォルマリン、ベークライト系ワニス
	無—ごくわずかにしみ込む	不要
タール蒸留液		
フェノール、クレゾール、リゾール、クレオソート、石炭酸	徐々にコンクリートをおかす	けいふっ化物、けい酸ナトリウム、スパーワニス、石炭酸フォルマリン、ベークライト系ワニス
ベンゾール、トリオール、キシロール	無—多少しみ込む	けいふっ化物、けい酸ナトリウム、アマニ油、スパーワニス
クモール、ピッチ、アンスラシン、カーボンゾール、パラフィン	無	不要
その他		
糖蜜	わずかにおかす	けいふっ化物、けい酸ナトリウム、アマニ油、アスファルト塗布、ガラス、焼過れんが、タイルを酸化鉛およびゴムの上にならべる
亜硫酸液	わずかにおかす	同上
牛乳	徐々におかす	同上
かんしょ汁、ブドウ糖液	わずかにおかす	同上
野菜ジュース	徐々におかす	不要
アンモニア溶液	無	不要
パルプ液	無	不要
タンニン	無	不要
アルコール	無	不要

クリートを侵食する.

d 海水の作用

(1) コンクリートは，海水中に含まれる塩化マグネシウム（$MgCl_2$），硫酸マグネシウム（$MgSO_4$），重炭酸アンモニウムなどにより化学的に侵食される.

(2) $MgCl_2$ は，コンクリート中の石灰と化合して塩化カルシウムを生成し，この物質は可溶性であるので溶出し，コンクリートを多孔質とする．またアルミン酸カルシウムおよび水酸化カルシウムと海水中の硫酸塩とが作用してエトリンガイトをつくり，膨張してコンクリートの組織を破壊する．たとえば硫酸ナトリウムによる反応は次のようである.

$$Ca(OH)_2 + Na_2SO_4 \cdot 10H_2O \rightarrow CaSO_2 \cdot 2H_2O + 2NaOH + (8H_2O) \quad (7.14)$$

$$3CaO \cdot Al_2O_3 \cdot 12H_2O + 2(CaSO_4 \cdot 2H_2O) + 13H_2O \rightarrow 3CaO \cdot Al_2O_3 \cdot 3CaSO_4 \cdot 32H_2O \quad (7.15)$$

(3) 海水付近のコンクリート構造物は，これら化学的作用のほかに，凍結融解，乾湿の繰返し，波浪による機械的な破壊作用を受ける．この種の物理的侵食の方が上記の化学的侵食よりも大きいとされている.

e 損食

(1) コンクリートが硬化後その表層からおかされ，損傷されることを損食という．損食の原因は，キャビテーション，すりへりなどであるが，広義には凍結融解ならびに化学的侵食も含まれる.

(2) 高速の水流にさらされる水工構造物の表面に凹凸や屈曲を有する場合，水流は跳躍して表面から離れ，内部は著しい負圧となり空洞部を生じる．この現象をキャビテーション（cavitation）という．この空洞部は水流のため押しつぶされるが，このときは逆に非常な高圧を生じ，負圧，高圧の衝撃作用の繰返しで，コンクリートは著しく損食される．キャビテーションの起こる限界の流速は，開きょで 12 m/sec，管きょで 7.5 m/sec 程度である.

(3) 砂粒を含む流水や波浪にさらされる水理構造物，車両その他交通物の接触する舗装，床，階段などの表層コンクリートは，すりへりによる損食を受ける．すりへりは最初表面に近いモルタル部分に急速に起こり，やがて粗い砂や，粗骨材が露出するが，この段階では骨材のすりへり抵抗性が大きく影響する.

(4) 以上のような損食に対する抵抗性はコンクリートの圧縮強度と密に関係する．したがって強硬で微粉分の少ない骨材を用い，水セメント比を減少させ，十分な湿潤養生を行って圧縮強度を大きくすることが大切である．しかしながらキャビテーションに対しては，その原因を除去することが最も大切である．

f 電流の作用

(1) 乾燥したコンクリートは，電流に対し多少の通電性を示す程度であるが，湿潤状態では水酸化カルシウムなどの電解質を含んでいるので良導体となる．

(2) 無筋コンクリートは，直流および交流電流によって害を受けない．

(3) 鉄筋コンクリートの場合，交流電流は害を与えないが，直流，特に高圧直流電流は有害である．

鉄筋からコンクリートに直流電流が流れると，電界により鉄筋界面に酸素および無機酸を生じ，鉄筋をさびさせる．電圧が2～3Vの場合で温度が80℃以下であれば，この種の腐食は軽微であるが，電圧，温度が上記の値より大きければ腐食は急速に進む．

コンクリートから鉄筋に電流が流れる場合には，アルカリイオンが陰極付近のコンクリートに集中し，そこで電荷を放出し，水酸化物に変じて鉄筋の周囲に集積される．そのため鉄筋周囲のコンクリートが軟化現象を起こし，鉄筋とコンクリートの付着力を低減させる．この作用は低電圧でも起こる．地下鉄，高架軌道などにおいてこの種の害の可能性があるので注意を要する．

C 鋼材腐食に対する耐久性

a 中性化

(1) コンクリートの内部は高アルカリ性であるため，鋼材表面には不動態皮膜と呼ばれる酸化皮膜が形成される．これにより，健全なコンクリート中では腐食が抑制されている．しかし，コンクリートが中性化すると，酸素と水分の存在のもとで鋼材に腐食が生じる．

(2) 中性化は，大気中の二酸化炭素がコンクリート内に侵入し炭酸化反応（式(7.16)）を起こすことによって細孔溶液のpHが低下する現象である．

7.7 耐久性

$$Ca(OH)_2 + CO_2 \rightarrow CaCO_3 + H_2O \qquad (7.16)$$

(3) 中性化が鋼材の位置まで到達すれば，水分と酸素によって鋼材は腐食する．鋼材がさびれば体積を増すので，鋼材に沿ってひび割れが発生し，かぶりコンクリートをはく落させ耐荷力の低下に至る．中性化による劣化の進行過程は，図7.45に示すとおりである．

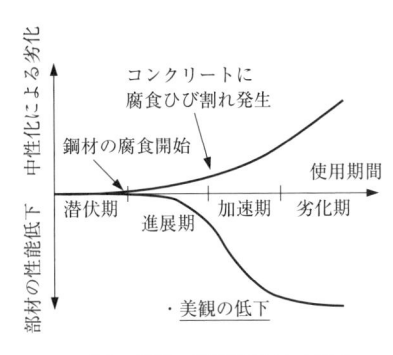

(a) 美観・景観に着目した場合 (b) 安全性に着目した場合

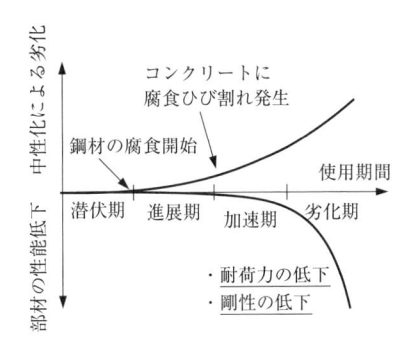

図7.45 中性化による劣化進行過程の概念図の一例（示方書：維持管理編）

(4) コンクリートの中性化に及ぼす要因のうち，主要なものは水セメント比と環境条件である．水セメント比が大きくなるほど，中性化の進行は速くなる（図7.46）．また，同一水セメント比の場合は，混合セメントを用いると中性化の進行は速くなる．

乾燥条件に保たれると中性化は大きくなるし，空気中の炭酸ガスの濃度が高いほど，また温度が高いほど中性化速度が速くなる．

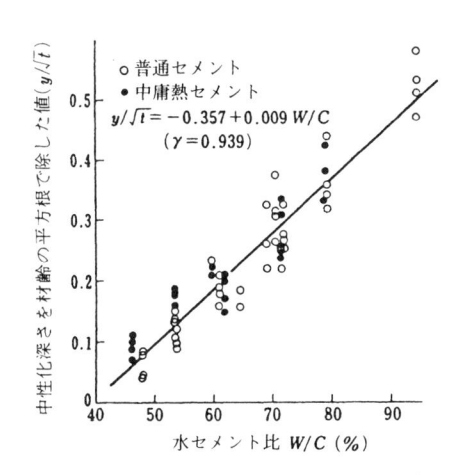

図7.46 水セメント比と中性化深さの関係[23]

$y/\sqrt{t} = -0.357 + 0.009\, W/C$
$(\gamma = 0.939)$

(5) 中性化速度推定式として式（7.17）が提案されている．

$$y = R(-3.57 + 9.0\, W/B)\sqrt{t} \qquad (7.17)$$

ここに，y：中性化深さ．

W/B：有効水結合材比 $= W/(C_p + k \cdot A_d)$
W：単位体積当たりの水の質量，B：単位体積当たりの有効結合材の質量，C_p：単位体積当たりのポルトランドセメントの質量，A_d：単位体積当たりの混和材の質量，k：混和材の影響を表す係数（フライアッシュの場合：$k=0$，高炉スラグ微粉末の場合：$k=0.7$）．

b 塩　害

(1)　コンクリート中の塩化物イオンも鋼材の不動態皮膜を破壊することに

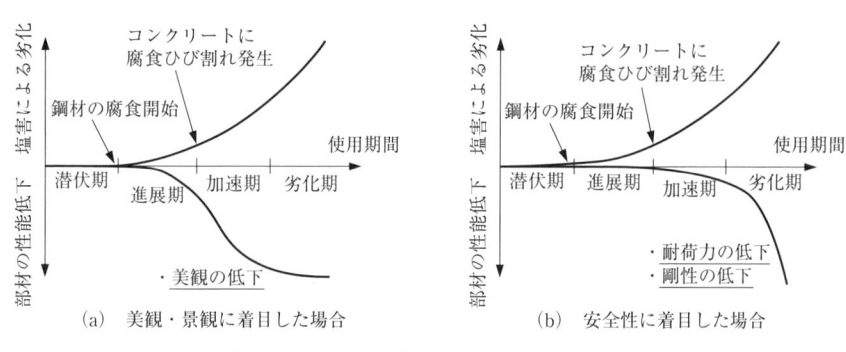

図7.47　塩害による劣化進行過程の概念図の一例（示方書：維持管理編）

(a)　美観・景観に着目した場合
(b)　安全性に着目した場合

よって腐食を引き起こす．塩化物イオンによる腐食は，一般に中性化より進行が速く，孔食となりやすい．

(2)　塩害の原因となる塩化物イオンは，材料（混和剤や海砂）に含まれて最初からコンクリート中に存在する場合と環境（海水，飛来塩分，凍結防止剤）から供給される場合がある．

(3)　塩害による劣化の進行は，塩化物イオンの浸透による腐食の開始から腐食進行，ひび割れの発生を経て，かぶりコンクリートのはく離・はく落，さらには耐荷力の低下に至る．（図7.47）

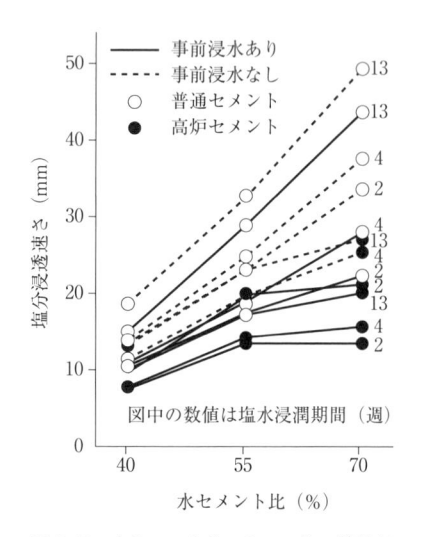

図7.48　水セメント比，セメントの種類が塩分浸透に及ぼす影響

(4) 塩化物イオンのコンクリート中への浸透速度は，コンクリートの配合やセメントの種類の影響を受ける．水セメント比が低いほど塩化物イオンの拡散係数は小さく，高炉セメントやフライアッシュセメントなどの混合セメントも塩分浸透抵抗性が高い（図7.48）．

(5) 鋼材腐食は塩化物イオン濃度の他に酸素の供給やコンクリートの含水状態が影響する．そのため，腐食が開始する塩化物イオン濃度は諸条件によって異なる．コンクリート標準示方書では，練混ぜ時にコンクリート中に混入する塩化物イオンを$0.3\,\text{kg/m}^3$以下とすることを規定している．また，外部から浸透する塩化物イオンによる発錆限界を$1.2\,\text{kg/m}^3$としている．

7.8 水密性

(1) コンクリートは本質的に多孔質で，吸水および透水を許す要素を有している．すなわち，（ⅰ）セメントの水和に必要な水量以上の水を用いてコンクリートをつくるために，内部に生じた毛細管水げき，（ⅱ）セメントの水和による硬化収縮によって生じた空げき，（ⅲ）ブリージングによる水みち，骨材あるいは鉄筋下面の水げきなどである．

(2) しかし実用的な配合で入念に施工されたコンクリートの透水量はきわめて小さい．コンクリートの水密性を支配するのはむしろ施工不良によって生じた豆板の存在や，不完全打継目などの欠陥部である．

(3) 幅$0.05\,\text{mm}$，長さ$30\,\text{cm}$のひび割れ1ヶ所を透過する水量は，水セメント比が$0.5\sim0.6$の密実なコンクリート$1\,\text{m}^2$の断面を透過する量の数百倍にも達する．このことは，水密性の確保において施工がいかに大切であるかを如実に示している．

(4) コンクリートの水密性は，水セメント比が小さいほど，粗骨材寸法が小さいほど，湿潤養生が十分なほど大きくなる[24]（図

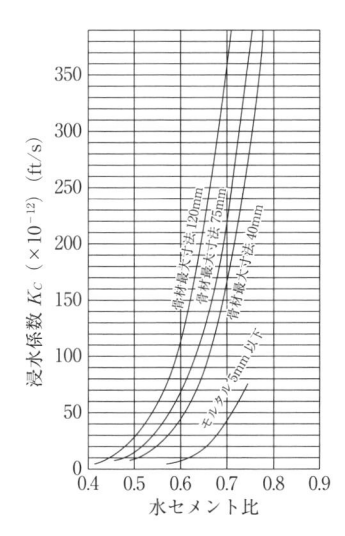

図7.49 水セメント比とコンクリートの水密性との関係[1]

7.49).

(5) 十分に養生したコンクリートでも，乾燥させると乾燥収縮の影響によって空げきが互いに連絡し合い透水が容易になる．このため水密コンクリートは，初期養生だけでなく，継続して湿潤状態に保って養生することが必要である[24]（図 7.50）.

7.9 耐 火 性

(1) 火災時のように 1000℃ 程度の高温に一時的にさらされる場合の性状を耐火性といい，工業用炉あるいは原子力容器などのように連続して高温にさらされる場合の性状を耐熱性という．

(2) コンクリートは高温を受けると強度および弾性係数の低下，また鉄筋とコンクリートとの付着力の低下が起こる．これはセメントペーストと骨材の体積変化の相違（セメントペーストは脱水して収縮するが，骨材は温度上昇に伴って膨張する），セメント水和物および骨材の熱分解，鉄筋とコンクリートの温度膨張係数の相違などによる．

(3) セメント水和物は，加熱により結晶水を放出し，500℃ 前後で $Ca(OH)_2$ が分解して CaO になり，750℃ 前後からは $CaCO_3$ の分解が始まる．$CaCO_3$ の分解によりコンクリート強度は激減する．

(4) 花こう岩，砂岩系の岩石は，石英の変態点前の約 500℃ で急激な膨張を示し，575℃ の変態点で崩壊する．また石灰岩系の岩石は 750℃ 前後で $CaCO_3$ の分解が始まる．

(5) 図 7.50 はコンクリートの残存強度と加熱温度との関係を総括的に示したものであるが，骨材の岩種によって残存強度比は相当に異なる．

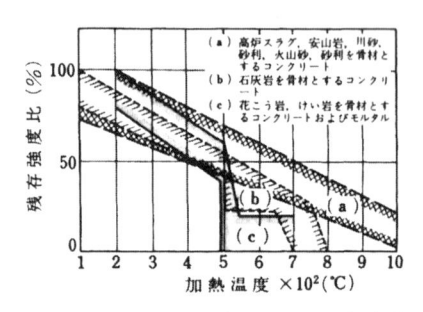

図 7.50 加熱温度と残存圧縮強度比（冷却後湿空中 28 日保存）

(6) 原子炉関連のコンクリートは継続して高温にさらされたり，加熱繰返しを受ける．図 7.51 は実験の一例を示したものであるが[25]，60〜70℃ までの温度であればコンクリートに悪影響を及ぼさない．しかしそれ以上の温度域に

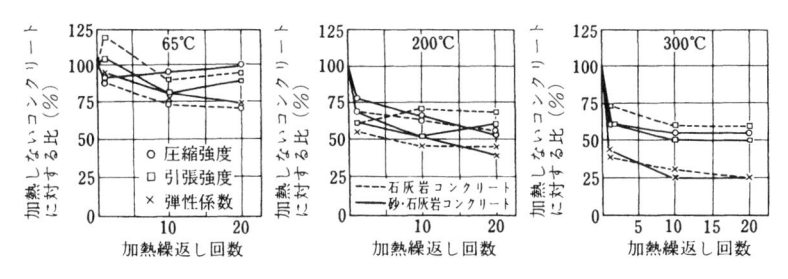

図 7.51 加熱したときのコンクリートの強度, および弾性係数

おいては温度の上昇に伴って強度は減少し, 特に引張強度や弾性係数の減少の程度が著しい.

7.10 耐冷性

(1) 近年, LNG タンクの建設工事に伴い, 硬化したコンクリートの低温 (0℃ 以下) における物性が実験的に解明されるようになった. 0℃ から $-200℃$ ぐらいのごく低温にさらされた場合の性状を耐冷性と呼ぶ.

(2) 低温にさらされたコンクリートの物性は, 冷却前のコンクリートの含水率によって大きく影響され, 含水率の大きいコンクリートほど物性の変化が大きい.

(3) 強度は温度が低くなるに従って増大する. ただし, $-60℃ \sim -110℃$ ぐらいで常温時の 2.0〜3.0 倍となり, それ以下の温度では強度増加はみられない (図 7.52)[26].

(4) 弾性係数も温度降下につれて増大し, その増加率は 1.5〜2.0 倍である.

(5) 急激な冷却を数回繰り返しても, 圧縮強度と弾性係数は変化がないが, 引張強度は著しく低下することが知られている. これは熱衝撃による微細ひび割れの影響とされている.

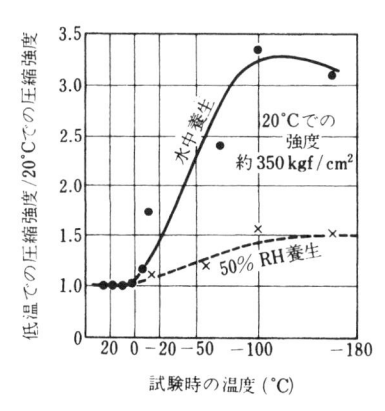

図 7.52 極低温時のコンクリートの強度性状

〈演習問題〉
7.1 コンクリートの強度に影響を及ぼす主な要因を分類せよ．
7.2 土木学会では，JISモルタルの強度からコンクリート強度を推定して配合を定めることを許していないが，その理由を考えよ．
7.3 養生温度と強度増進の関係を図示せよ．
7.4 曲げ引張強度は一般に引張強度の1.6〜2.0倍であるが，その理由を述べよ．また曲げ強度試験体が大きくなると曲げ強度が小さくなる理由も考えよ．
7.5 疲労強度，疲労限度を説明せよ．
7.6 コンクリートのクリープに影響を及ぼす主な要因をあげ，それぞれの要因の影響を分析せよ．
7.7 コンクリートのクリープに関するDavis-Granvilleの法則およびWhitneyの法則を説明せよ．
7.8 水セメント比が小さいコンクリートほど，凍結融解作用に対して抵抗性が大きい理由を考えよ．またAEコンクリートにした場合も抵抗性が大きくなる理由を考えよ．
7.9 コンクリートの中性化はどのような悪影響を及ぼすか．
7.10 コンクリートに対する海水の侵食作用を述べ，これに対する対策を考えよ．
7.11 アルカリ骨材反応の説明ならびにその対策を述べよ．
7.12 土木構造物で耐火性，耐熱性が要求されるのはどんな場合か．
7.13 コンクリートを乾燥させると水密性が低下する理由を考えよ．
7.14 コンクリートの弾塑性的性質と微細なひび割れの関連について述べよ．

[参考文献]
1) 日本コンクリート工学会：コンクリート技術の要点
2) 小坂義夫：硬化コンクリートの性質，コンクリート技術の基礎 '72日本コンクリート会議（1972）
3) 村田二郎：人工軽量骨材コンクリート，セメント協会（1967）
4) Cordon, W. A., Gillespie H. A. : Jour. of ACI, Vol. 60, No. 8, pp. 1029-1052（1963）
5) Lyse, I. : Tests on Consistency and Strength of Concrete Having Constant Water Content, Proc. of ASTM（1925）
6) Abrams, D. A. : Effect of Time of the Strength of Concrete, Proc. of ACI（1918）
7) Bureau of Reclamation Concrete Manual, seventh edition, pp. 24-25（1963）

参 考 文 献

8) 高野俊介等の資料を杉木六郎氏が整理
9) Saul, H. G. A. : Principle underlying the steam curing of concrete and atmospherit pressure, Magazine of Concrete Research, No. 6 (1951)
10) 国分正胤：コンクリートの引張強さ係数試験について，土木学会，第6回年次学術講演会（1950）
11) 伊東，坂口：組合せ応力状態におけるコンクリートの強度について，建設省土木研究所報告，100号の7（1958.8）
12) 伊東茂富：コンクリートの支圧強度に関する実験的研究，セメントコンクリート，No. 123（1957）
13) Shelson, W . : Bearing Capacity of Concrete, Jour. of ACI, Vol. 29, No. 5 (1957)
14) 岡村甫：高張力異形鉄筋の使用に関する基礎研究，コンクリートジャーナル，Vol. 4, No. 2 (1966)
15) 国分正胤：新旧コンクリートの打継目に関する研究，土木学会論文集，No. 8 (1950)
16) Cray, W. H. : Fatigue Properties of Lightweight Aggregate Concrete, Jour. of ACI, Vol. 58, No. 6 (1961 August)
17) Hsu, T. et al. : Microcracking of Plain Concrete and the Shape of the StressStrain Curve, Jour. of ACI, Vol. 60, No. 2, pp. 209-224 (1963)
18) Neville, A. M. : Theories of Creep in Concrete, Jour. of ACI, Sept (1955)
19) 藤田亀太郎：プレストレストコンクリート圧力容器設計施工に関する基礎研究，コンクリートジャーナル，Vol. 5, No. 9 (1967)
20) 宮澤伸吾：自己収縮および乾燥収縮によるコンクリートの自己応力に関する研究，広島大学学位論文（1992）
21) 伊東茂富：コンクリート工学，森北土木工学全書5（1972）
22) Spellman, L. U. : Use of Greund Granulated Slag to Uvercome the Effects of Alkali in Concrete and Mortar, 6th Int. Conf. Alkali in Concrete (1983)
23) 土木学会コンクリートライブラリー，第64号，フライアッシュを混和したコンクリートの中性化と鉄筋の発錆に関する長期研究（1988.3）
24) 村田二郎：コンクリートの水密性の研究，土木学会論文集，No. 77（1961）
25) 阿部，青柳：高温下におけるコンクリート構造物の熱応力に関する問題点，コンクリートジャーナル，Vol. 8, No. 1 (19701)

26) Eakin B. E., Bair W. G. : Belowground Storage of Liquefied Natural Gas in Prestressed Concrete Tanks American Gas Assoc., Inc. (1963)

8 配合

8.1 概説

　配合とは，コンクリートを構成する各材料（セメント，水，骨材，混和材料）の使用割合あるいは使用量であり，これを決定することを配合設計という．

　コンクリートの配合は，構造物が供用期間中に所定の機能を発揮するためにコンクリートに必要とされる性能を満足するように定めることはもちろん，材料の入手方法，輸送コスト，製造方法および経済性などを考慮して定めなければならない．

　一般的なコンクリートに必要とされる性能は，施工性，強度，耐久性などである．土木学会コンクリート標準示方書（設計編および施工編）には，これらの性能加えて，水密性，ひび割れ抵抗性などの照査方法が示されている．

8.2 コンクリートの性能照査

　コンクリート構造物が所定の期間，必要な機能を発揮するためには，構造物が所要の性能を有する必要がある．またそのためには，構造物を構成する要素の1つであるコンクリートが所要の性能をもつ必要がある．このため，土木学会コンクリート標準示方書では，まず構造物が所要の性能を満たすことを照査し，さらに構造物が照査に合格するために必要なコンクリートの性能を設定してそれが満足されることを照査することとしている．

A 構造物の照査

(1) コンクリート構造物の性能照査は,原則として式 (8.1) または式 (8.1′) を用いる.

$$\gamma_i \frac{A_d}{A_{\lim}} \leqq 1.0 \qquad (8.1)$$

$$\gamma_i \frac{A_{\lim}}{A_d} \leqq 1.0 \qquad (8.1')$$

ここに,$A_{\lim}$:構造物が所要の性能を満足するための限界値,A_d:性能照査項目の設計値,γ_i:構造物係数(構造物の重要度,限界状態に達したときの社会的影響から決まる安全係数).

(2) 式 (8.1) は,設計値が限界値より小さいときに性能が満足される場合,式 (8.1′) は設計値が限界値より大きいときに性能が満足される場合に用いられる.

(3) 構造物の耐久性,使用性に関する照査に用いられる限界値および設計値は,表 8.1 に示されるとおりである.

(4) 構造物が要求性能を満足することを照査し,さらに,その照査に用いた設計値を満足するようにコンクリートの性能を設定し,材料・配合等の可否を照査する.コンクリートの性能照査の方法は,8.2 節 B 以降に示すとおりである.

表8.1 照査に用いられる限界値と設計値

照査項目	限界値	設計値
中性化に伴う鋼材腐食	鋼材腐食発生限界深さ	中性化深さの設計値
塩害	鋼材腐食発生限界濃度	鋼材位置における塩化物イオン濃度の設計値
凍害	凍結融解試験における相対動弾性係数の最小限界値	凍結融解試験における相対動弾性係数の設計値
化学的侵食	耐久性に関する照査に用いるかぶりの設計値	化学的侵食深さの設計値
水密性	単位時間あたりの許容透水量	単位時間あたりの透水量の設計値

B 強度の照査

(1) コンクリートの圧縮強度の照査は,式 (8.2) を用いる.

$$\gamma_p \frac{f'_{ck}}{f'_{cp}} \leq 1.0 \qquad (8.2)$$

ここに，f'_{ck}：コンクリートの圧縮強度の設定値，一般にこれを特性値として設計基準強度とする．

f'_{cp}：コンクリートの圧縮強度の予測値，一般に次式で求める．

$$f'_{cp} = A + B(C/W) \quad (f'_{cp} \leq 60 \text{N/mm}^2) \qquad (8.3)$$

ここに，A，B：材料に応じ実績から定まる定数，C/W：セメント（結合材）水比．

γ_p：f'_{cp}の精度に関する安全係数は，一般に次式で求める．

$$\gamma_p = \frac{1}{1 - \dfrac{1 - 1.645V}{100}} \qquad (8.4)$$

ここに，V：コンクリートの圧縮強度の変動係数（％）．

その他の強度も，圧縮強度に準じて照査を行ってよい．

(2) 式（8.3）に示すように，コンクリートの圧縮強度とセメント（結合材）水比は，ある範囲内で直線関係が成立することが知られている．図8.1はその一例であって，軽量骨材コンクリートの場合は約40～50 N/mm² を境にして勾配の異なる2直線で表されることに注意を要する．また，示方書（施工編）では式（8.3）の適用範囲を60 N/mm²以下としているが，最近の研究[3]によれば強硬な骨材を用いる場合は100 N/mm² 近くまで直線関係が成立することが明らかにされている．

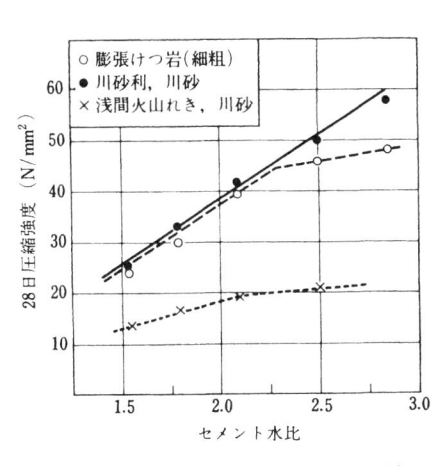

図8.1 セメント水比と圧縮強度との関係[4]

(3) 式（8.3）における定数AおよびBはセメントの種類や骨材の品質などによって相違するので，既往の資料がない場合には試験によって定める．その場合には適切と思われる範囲内で3種以上の異なった水セメント（結合材）

比のコンクリートを用いる．なお，AEコンクリートの場合は空気量1％あたり，圧縮強度が4～6％低下することを考慮するか，または所定の空気量を有するAEコンクリートを試料として実験を行う．

(4) 種々の要因により，現場コンクリートの圧縮強度は，ある程度変動することは避けられない．したがって要求された設定値（設計基準強度）を保障するためには現場におけるコンクリートの品質のバラツキを考慮に入れた安全係数（割増係数）γ_pを用いる必要がある．

いま，平均値がm，標準偏差がσの分布をする品質において，平均値より標準偏差のk倍だけ小さい品質$x=m-k\sigma$以下の品質が生じる確率p（図8.2）は品質の分布が正規分布する場合，表8.2のようになる．したがって，品質の分布が正規分布する場合，ある品質x_0未満の品質が生じる確率を5％以下としたい場合は，平均の品質mは$m \geq x_0 + 1.654\delta$とすればよい．

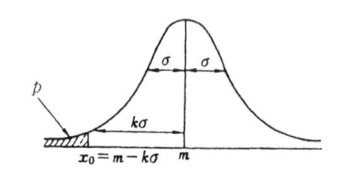

図8.2 正規分布する品質

表8.2 正規偏差kと不良率pとの関係

k	0	0.5	0.674	0.842	1.0	1.282	1.5	1.645	1.834	2.0	2.054	2.327	3.0
p	0.500	0.308	1/4	1/5	1/6	1/10	0.067	1/20	1/30	0.023	1/50	1/100	0.0013

品質の変動を変動係数（％）（$V=\sigma/m\times 100$）で表せば

$$m \leq \frac{x_0}{1-1.645\dfrac{V}{100}} \tag{8.5}$$

示方書（施工編）では，現場コンクリートの圧縮強度試験値は設計基準強度f'_{ck}を下回る確率を5％以下とすることを規定しており，また管理状態で製造されたコンクリートの圧縮強度は正規分布することが認められているので，式(8.5)において，$x_0=f'_{ck}$，$m=f'_{cp}$，$\gamma_p=f'_{cp}/f'_{ck}$を用いれば安全係数γ_pは式(8.4)で表される．式(8.4)を図示したものが図8.3である．

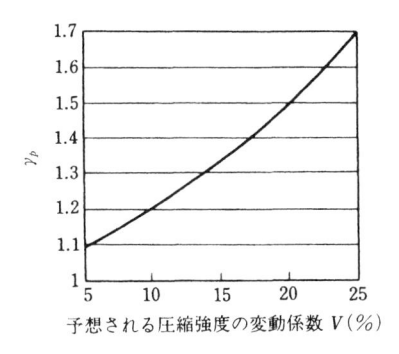

図 8.3 変動係数と γ_p の関係

C 耐久性の照査

a 中性化速度係数の照査

コンクリートの中性化速度係数の照査は式 (8.6) によることを原則とする.

$$\gamma_p \frac{a_p}{a_k} \leq 1.0 \qquad (8.6)$$

ここに,a_k:コンクリートの中性化速度係数の特性値 (mm/√年).

a_p:コンクリートの中性化速度係数の予測値 (mm/√年) で,一般に式 (8.7) から求められる.

$$a_p = a + b(W/B) \qquad (8.7)$$

ここに,a, b:セメント,混和材の種類による係数,W/B:有効水結合材比,γ_p:a_p の精度に関する安全係数.一般に 1.0〜1.3 としてよい.

示方書では a_p を求める式として,式 (7.17) を用いてよいとしている.また式 (7.17) を用いる場合の安全係数 γ_p の値は 1.1 とする.

b 塩化物イオンに対する拡散係数の照査

塩化物イオンに対する拡散係数の照査は式 (8.8) によることを原則とする.

$$\gamma_p \frac{D_p}{D_k} \leq 1.0 \qquad (8.8)$$

ここに,D_k:コンクリートの拡散係数の特性値 (cm^2/年).

D_p:コンクリートの拡散係数の予測値 (cm^2/年).一般に式 (8.9) から求める.

$$\mathrm{Log}\, D_p = a(W/C)^2 + b(W/C) + c \qquad (8.9)$$

ここに，W/C：水セメント（結合材）比，a, b, c：構造物の調査結果から定められた定数で，普通ポルトランドセメントを用いた場合

$$\text{Log } D_p = -3.9(W/C)^2 + 7.2(W/C) - 2.5 \tag{8.10}$$

または，高炉セメントやシリカフュームを用いた場合

$$\text{Log } D_p = -3.0(W/C)^2 + 5.4(W/C) - 2.2 \tag{8.11}$$

また，γ_p：D_pの精度に関する安全係数，一般に1.1〜1.3とするが，式（8.10）または式（8.11）を用いる場合は1.2とする．

拡散係数を照査する方法の他に，表8.11に示される水セメント比を選定して照査に変えてもよい．

c 相対動弾性係数の照査

（1） コンクリートの相対動弾性係数の照査は式（8.12）によることを原則とする．

$$\gamma_p \frac{E_k}{E_p} \leq 1.0 \tag{8.12}$$

ここに，E_k：コンクリートの相対動弾性係数の特性値（％）．一般に表8.3による．

E_p：相対動弾性係数の予測値（％）．一般にJIS A 1148（A法）「コンクリートの凍結融解試験法（水中凍結融解試験方法）」による．

γ_p：E_pの精度に関する安全係数．一般に1.0〜1.3とする．JIS A 1148（A法）によって相対動弾性係数を求める場合には$\gamma_p = 1.0$としてよい．

表8.3 冷害に関するコンクリート構造物の性能を満足するための
相対動弾性係数の最小限界値および最大の水セメント比

構造物の露出状態 \ 気象条件断面	気象作用が激しい場合または凍結融解がしばしば繰り返される場合		気象作用が激しくない場合，氷点下の気温となることがまれな場合	
	薄い場合[2]	一般の場合	薄い場合[2]	一般の場合
(1)連続してあるいはしばしば水で飽和される場合[1]	55 (85)	60 (70)	55 (85)	65 (60)
(2)普通の露出状態にあり，(1)に属さない場合	60 (70)	65 (60)	60 (70)	65 (60)

（　）書きは，コンクリートに設定される所要の相対動弾性係数（％）

1) 水路，水槽，橋台，橋脚，擁壁，トンネル覆工等で水面に近く水で飽和される部分および，これらの構造物の他，桁，床版等で水面から離れているが融雪，流水，水しぶき等のため，水で飽和される部分など．
2) 断面の厚さが20 cm程度以下の構造物の部分など．

d　耐化学的侵食性の照査

(1)　耐化学的侵食性の照査は，対象となる侵食作用とその程度を考慮したコンクリート供試体による促進試験，暴露試験等において，コンクリートの劣化が顕在化しないこと，または，コンクリートの劣化が構造物の所要の性能に影響を及ぼさないことを確認することによる．しかし，これは原則であって，これによって供用期間中の長期にわたる耐化学的侵食性を保証することは，現時点では難しい．

(2)　化学的侵食によるコンクリートの劣化が構造物の所要性能に影響を及ぼさない程度であることを要求する場合に，標準的品質のコンクリート材料を用いて，劣化環境に応じて水セメント比が表8.4に示す値以下であることを確認することにより，耐化学的侵食の照査に代えてよい．

表8.4　耐化学的侵食性を確保するための最大水セメント比（％）

劣化環境	最大水セメント比
SO_4として0.2％以上の硫酸塩を含む土や水に接する場合	50
凍結防止剤を用いる場合	45

注：実績，研究成果等により確かめられたものについては，表の値に5〜10を加えた値としてよい．

D　水密性の照査

(1)　示方書では，コンクリートそのものの水密性と構造物の水密性が扱われており，コンクリート自体の水密性は透水係数によって評価される．また，構造物の水密性はコンクリートの水密性に加えひび割れや継目からの透水が考慮される．

(2)　標準以上の品質のコンクリート材料を用い，水セメント（結合材）比が55％以下であることを確認することにより，一般的なコンクリートに求められる透水係数の照査に代えてよい．

E　初期ひび割れに対する照査

施工段階で発生するひび割れが供用中の構造物の性能に及ぼす影響は必ずしも明らかになっていないが，供用中の各種性能の照査は所要の性能に影響を及ぼすような初期ひび割れが発生しないことを前提としている．したがって，初期ひび割れが構造物の性能に影響をしないことを確かめておくことは重要であ

る．

a　セメントの水和に起因するひび割れ

セメントの水和に起因するひび割れとは，水和熱による温度変化と自己収縮による体積変化が拘束されることによって生じるひび割れである．

構造物の要求性能から，ひび割れの発生を許容しない場合にはひび割れ発生確率の限界値を，ひび割れの発生を許容するがひび割れにより構造物の所要の性能が損なわれないように制限する場合にはひび割れ幅の限界値を設定する．予測値が限界値を上回らないことを確かめることによって照査する．

予測値は，セメントの断熱温度上昇特性，コンクリートの熱伝導特性および熱特性（比熱，熱膨張係数など）からコンクリートの温度変化による体積変化を求め，拘束条件を考慮してコンクリートに作用する引張応力を求める．コンクリートの材料および配合と水和の程度から引張強度を推定し，引張応力と引張強度の比からひび割れ発生確率を求める．

ひび割れ幅を推定する方法としては，統計的方法，CPひび割れ幅法，FEMによる方法などがある．

b　収縮に伴うひび割れの照査

コンクリートの収縮には乾燥収縮と自己収縮がある．収縮によるひび割れに関しても，ひび割れが構造物の所要の性能に影響しないことを照査する必要がある．

コンクリートの収縮量は，材料，配合，環境条件，部材の断面形状などの影響を適切に考慮できる方法で予測することが原則である．

示方書には，収縮によるひび割れ照査の具体的な方法は現在のところ示されていないが，基本的には，コンクリートがおかれる環境条件下での水分逸散量を把握し，飽水度と収縮量の関係からひび割れの有無やひび割れ幅を評価することができる．

F　施工性能の照査

a　概　説

コンクリートは，構造物が設計で意図した性能を確実に発揮できるよう，コンクリートの運搬，打込み，締固めや仕上げ等の作業が適切に行われるよう適

8.2 コンクリートの性能照査

切なワーカビリティーを有していなければならない．ワーカビリティーは，コンクリート固有の性能ではなく，施工条件，構造条件，環境条件に応じて変化する．

ワーカビリティーは，フレッシュコンクリートの施工のしやすさに関係するあらゆる性質を含むが，示方書（施工編）ではこの中で特に，コンクリートの充てん性について規定している．コンクリートに要求される充てん性とは，振動締固めを通じて，コンクリートが材料分離することなく鉄筋が配置された型枠内に密実に充てんできる性能である．充てん性は，振動締固め時の流動性と材料分離抵抗性との相互作用によって定まる（図8.4）．流動性と材料分離抵抗性は多くの要因の影響を受けるが，実務的には流動性をスランプで表し，材料分離抵抗性は単位粉体量（単位セメント量）の大小を指標とすることができる．

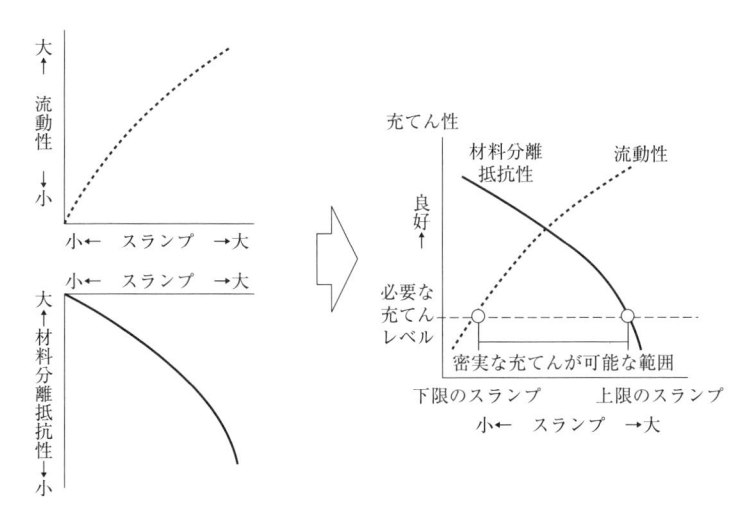

図8.4 コンクリートの充てん性の考え方（示方書：施工編）

b　スランプの設定

スランプはコンクリートの製造から打込みまでの時間経過や運搬等によって変化するが，コンクリートの密実な充てんを確実に得るためには，打込み時において必要なスランプを確実に確保しておく必要がある．

所定の打込みの最小スランプを満足するためには，運搬方法，練上りから打

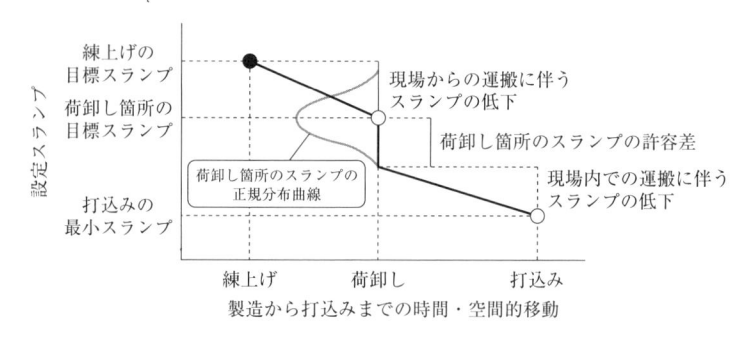

図8.5 各施工段階の設定スランプとスランプ経時変化の関係（示方書：施工編）

込み終了までの時間，気温等を考慮して，練上りのスランプおよび荷卸しのスランプを定める必要がある（図8.5）．施工におけるスランプの低下は，表8.5などを参考にする．

打込みの最小スランプは，部材の種類や寸法や鋼材の配置等を考慮し，施工条件として運搬方法，打込み方法や締固め方法を考慮して設定する．表8.6は柱部材における打込みの最小スランプの目安である．

表8.5 施工条件に応じたスランプの低下の目安[2]

施工条件	スランプの低下量	
ポンプ圧送距離 （水平換算距離）	最小スランプが 12 cm 未満の場合	最小スランプが 12 cm 以上の場合
150 m 未満（バケット運搬を含む）	—	—
150 m 以上 300 m 未満	1 cm	—
300 m 以上 500 m 未満	2 cm～3 cm	1 cm
500 m 以上	既往の実績または試験施工の結果に基づき設定する	

参考として，日平均気温が25℃を超えるとき（暑中コンクリートとしての取扱いが必要なとき）は，上記の値にさらに1 cm を加えたスランプの低下を見込むとよい．

G アルカリ骨材反応の抑制対策

現状ではアルカリシリカ反応性を短時間で適切に照査できる方法は確立されていない．そのため，以下に示す3つの抑制対策のうち，いずれか1つを講じることによって，アルカリシリカ反応に対する耐久性を確保する．

① コンクリート中のアルカリ総量の抑制

コンクリート材料中（セメント，水，混和材料，骨材）のアルカリ量を合計

表8.6 柱部材における打込みの最小スランプの目安（cm）[2]

かぶり近傍の有効換算鋼材量[1]	鋼材の最小あき	締固め作業高さ		
		3m未満	3m以上〜5m未満	5m以上
700 kg/m^3 未満	50 mm 以上	5	7	12
	50 mm 未満	7	9	15
700 kg/m^3 以上	50 mm 以上	7	9	15
	50 mm 未満	9	12	15

注1) かぶり近傍の有効換算鋼材量は，下図に示す領域内の単位容積あたりの鋼材量を表す．

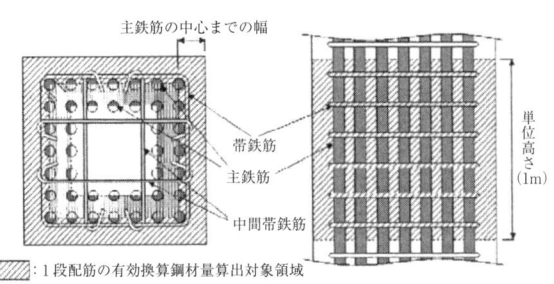

し，コンクリート1 m^3 に含まれるアルカリ総量がNa$_2$O換算で3.0 kg以下となるようにする．

② アルカリ骨材反応抑制効果をもつ混合セメントの使用

高炉セメントB種（スラグ混合率40%以上）またはC種，あるいはフライアッシュセメントB種（フライアッシュ混合率15%以上）またはC種を用いる．あるいは，高炉スラグやフライアッシュ等の混和材をポルトランドセメントに混入した結合材でアルカリシリカ反応抑制効果の確認された結合材を使用する．

③ アルカリシリカ反応性試験で区分A「無害」と判定される骨材の使用

JIS A 1145「骨材のアルカリシリカ反応性試験方法（化学法）」およびJIS A 1146「骨材のアルカリシリカ反応性試験方法（モルタルバー法）」により無害であることが確認された骨材を使用する．

8.3 配合の表し方

(1) 配合は示方配合および現場配合で示される．

示方配合は示方書または責任技術者によって指示されるもので，骨材は表面乾燥飽水状態であり，細骨材は5mmふるいを通るもの，粗骨材は5mmふるいにとどまるものとして示した配合である．示方配合の表し方は表8.7に示す．

表8.7 示方配合の表し方

粗骨材の最大寸法	スランプ	水セメント比[1]	空気量	細骨材率	単 位 量 (kg/m³)				
					水	セメント	混和材[2]	細骨材	粗骨材 G	混和剤[3]
		W/C		s/a					mm〜mm	mm〜mm	
(mm)	(cm)	(%)	(%)	(%)	W	C	F	S	mm	mm	A

注 1) ポゾラン反応や潜在水硬性を有する混和材を使用するとき，水セメント比は水結合材比となる．
　 2) 同種類の材料を複数種類用いる場合は，それぞれの欄を分けて表す．
　 3) 混和剤の使用量は，ml/m³ または g/m³ で表し，薄めたり溶かしたりしないものを示すものとする．

現場配合は実際に現場で1バッチずつ計量する量を示したもので，示方配合が得られるように細骨材中の5mmふるいにとどまる量，粗骨材中の5mmふるいを通る量，表面水率，有効吸水率，混和剤の希釈水などの補正を行った配合である．現場配合の表し方は，表8.8に示す．

表8.8 現場配合の表し方

粗骨材の最大寸法	単位容積質量	スランプ	空気量	水セメント比	細骨材率	単 位 量				
					s/a	水 W	セメント C	混和材 F	細骨材 S	粗骨材 G	混和剤
(mm)	(kg/m³)	(cm)	(%)	(%)	(%)	(kg)	(kg)	(kg)	(kg)	(kg)	(ml)または(g)

(2) 示方配合表には，この他必要に応じて構造物の種類，設計基準強度，配合強度，セメントの種類，細骨材の粗粒率，粗骨材の種類，粗骨材の実積率，混和剤の種類，運搬時間，施工時間なども併記するのが望ましい．

8.4 配合の設計

A 概説

(1) コンクリートの配合は，所要の施工性能，強度，耐久性，水密性およびその他の性能を満足する範囲内で単位水量をできるだけ少なくし，経済的となるように定める．

(2) 配合設計はどのような方法で行っても，コンクリート（あるいはコンクリート構造物）が要求性能を満足することが照査されればよい．しかし，図8.6の順序で行うのが一般的である．

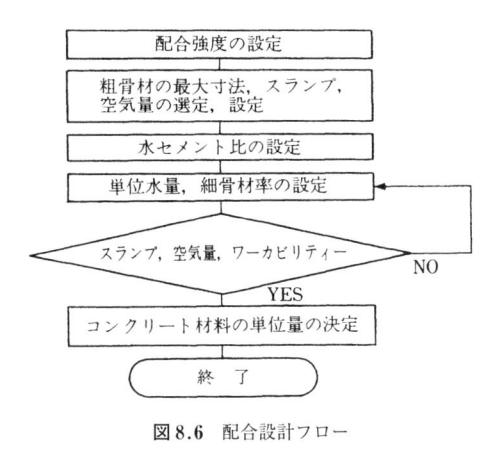

```
配合強度の設定
    ↓
粗骨材の最大寸法，スランプ，
空気量の選定，設定
    ↓
水セメント比の設定
    ↓
単位水量，細骨材率の設定 ←──┐
    ↓                        │
スランプ，空気量，ワーカビリティー ──NO
    ↓ YES
コンクリート材料の単位量の決定
    ↓
終了
```

図 8.6 配合設計フロー

B 粗骨材の最大寸法，スランプおよび空気量の選定

(1) 粗骨材の最大寸法の標準値ならびに部材寸法等による制限については表8.9を参照．

表 8.9 粗骨材の最大寸法

構造物の種類		粗骨材の最大寸法（mm）
一般のコンクリート	一般の場合	20 または 25
	断面の大きい場合	40
無筋コンクリート		40 mm を標準とし，一般に部材最小寸法の1/4をこえてはならない

注) 一般に部材最小寸法の1/5，鉄筋の最小あきの3/4およびかぶりの3/4以下とする．

コンクリートのスランプは運搬，打込み，締固め等の作業に適する範囲内でなるべく小さい値とする．ただし，スランプの小さすぎるコンクリートでは締固めが少し不足すると豆板その他の欠点が生じやすく，構造物内に重大な欠陥を生じるおそれがあるので注意を要する．

打込みにおける最小スランプは表8.6参照．

(2) コンクリートは原則としてAEコンクリートとし，空気量は粗骨材の最大寸法その他に応じて4.5～7%とする（表8.13参照）．なお，海洋コンクリートの空気量は表8.10の値を標準とする．

表8.10 海洋コンクリートの空気量の標準値（%）

環境条件およびその区分		粗骨材の最大寸法（mm）	
		25	40
凍結融解作用を受けるおそれのある場合	(a)海上大気中	5.0	4.5
	(b)飛沫帯	6.0	5.5
凍結融解を受けるおそれのない場合		4.0	4.0

C. 水セメント（結合材）比の選定

水セメント（結合材）比は原則として65%以下とする．また，コンクリートに要求される強度，耐久性，水密性およびその他の性能を考慮し，これから定まる水セメント比，すなわち，照査に合格する水セメント比のうち最小の値を選定する．所要の強度，耐久性，水密性を満たす水セメント比の選定方法は，8.2節のとおりである．耐久性から決まる水セメント比の選定については，表8.11を用いてもよい．

表8.11 耐久性から定まるAEコンクリートの最大水セメント比（%）

環境区分	施工条件	一般の現場施工の場合	工場製品，または材料の選定および施工において，工場製品と同等以上の品質が保障される場合
(a) 海上大気中		45	50
(b) 飛沫帯		45	45
(c) 海中		50	50

注：実績，研究成果等により確かめられたものについては，耐久性から定まる最大の水セメント比を，上記の値に5～10加えた値としてよい．

D 単位水量および細骨材率

a 単位水量

(1) 単位水量は作業ができる範囲内でできるだけ少なくなるよう試験によって定める．

(2) 単位水量は高性能AE減水剤を用いる場合を含めて，175 kg/m³以下とすることを原則とする．そして一般に表8.12の値以下とすることが望まし

い．

b 細骨材率

(1) 細粗骨材の割合を表すのに細骨材率や単位粗骨材容積が用いられるが，わが国では一般に細骨材率が用いられている．細骨材率は，全骨材に対する細骨材の絶対容積比 s/a（％）である．

表 8.12 コンクリートの単位水量の限度の推奨値

粗骨材の最大寸法 (mm)	単位水量の上限 (kg/m^3)
20～25	175
40	165

(2) 細骨材率を小さくするほど一般に所要の単位水量および単位セメント量が減少し，経済的なコンクリートが得られるが，コンクリートはプラスティシティーを失う傾向がある．細粗骨材の割合は所要のワーカビリティーが得られる範囲で単位水量が最小になるよう試験によって定めるのを原則とする．

(3) 試験バッチをつくるときの細骨材率および単位水量の目安を得るのに表 8.13 が参考になる．

E 各材料の単位量の計算

a 単位セメント量

(1) 単位セメント量は一般に単位水量と水セメント比から算定する．

(2) 海洋コンクリートの単位セメント量は表 8.14 の値以上とする．また，水中コンクリートの最小セメント量として $370\,\mathrm{kg/m^3}$（一般の水中コンクリー

表 8.13 一般コンクリートの細骨材率，単位粗骨材容積および単位水量の概略値

粗骨材の 最大寸法 (mm)	単位粗骨材 容積 (％)	空気量 (％)	AE コンクリート			
			AE 剤を用いる場合		AE 減水剤を用いる場合	
			細骨材率 s/a (％)	単位水量 W (kg)	細骨材率 s/a (％)	単位水量 W (kg)
15	58	7.0	47	180	48	170
20	62	6.0	44	175	45	165
25	67	5.0	42	170	43	160
40	72	4.5	39	165	40	155

(1) この表に示す値は，全国の生コンクリート工業組合の標準配合などを参考にして決定した平均的な値で，骨材として普通の粒度の砂（粗粒率 2.80 程度）および砕石を用い，水セメント比 0.55 程度，スランプ約 8 cm のコンクリートに対するものである．
(2) 使用材料またはコンクリートの品質が (1) の条件と相違する場合には，上記の表の値を下記により補正する．

(表8.13続き)

区　分	s/aの補正（％）	Wの補正
砂の粗粒率が0.1だけ大きい（小さい）ごとに	0.5だけ大きく（小さく）する	補正しない
スランプが1cmだけ大きい（小さい）ごとに	補正しない	1.2%だけ大きく（小さく）する
空気量が1%だけ大きい（小さい）ごとに	0.5～1だけ小さく（大きく）する	3%だけ小さく（大きく）する
水セメント比が0.05大きい（小さい）ごとに	1だけ大きく（小さく）する	補正しない
s/aが1%大きい（小さい）ごとに	—	1.5kgだけ大きく（小さく）する
川砂利を用いる場合	3～5だけ小さくする	9～15kgだけ小さくする

なお，単位粗骨材容積による場合は，砂の粗粒率が0.1だけ大きい（小さい）ごとに単位粗骨材容積を1%だけ小さく（大きく）する．

ト）または350kg/m³（場所打ち杭，地下連続壁に用いる水中コンクリート）とすることを標準としている．

表8.14　耐久性から定まるコンクリートの最小の単位セメント量（kg/m³）（海洋コンクリート）

環境区分	粗骨材の最大寸法	25 (mm)	40 (mm)
飛沫帯および海上大気中		330	300
海　　　　中		300	280

b　細粗骨材および混和剤の単位量

(1) 細粗骨材の単位量は次の式から計算する．

$$\left.\begin{aligned}\text{骨材の単位量（絶対容積）} \quad & a(l) = 1000(l) - \left(\frac{C}{\rho_c} + \frac{W}{\rho_w} + v\right) \\ \text{単位細骨材量} \quad & S(\text{kg}) = a \times \left(\frac{s}{a}\right) \times \rho_s \\ \text{単位粗骨材量} \quad & G(\text{kg}) = a \times \left(1 - \frac{s}{a}\right) \times \rho_G\end{aligned}\right\} \quad (8.13)$$

ここに，C, W, S および G：それぞれセメント，水，細骨材および粗骨材の単位量（kg），ρ_c, ρ_w, ρ_s および ρ_G：それぞれセメント，水，細骨材および粗骨材の密度（g/cm³），v：空気量（l），s/a：細骨材率．

F　配合試験

(1) 計算で求めた配合の諸量を用い，所要のワーカビリティーおよび空気量が得られているかどうかを実際に練り混ぜて試験しなければならない．

(2) 配合の手順は，まず前述の配合計算表を参照し，単位水量および AE 剤量を加減して所望のスランプおよび空気量のコンクリートをつくる．次にワーカビリティーを判断するためにスランプおよび空気量を一定に保ちながら細骨材量（細骨材率 s/a）を加減し，プラスチックな良いコンクリートがつくれたと判断したら，そのときの諸量を示方配合として決定する．なお，ワーカビリティーの判断にはスランプ試験が終わった後コンクリートの側面を軽打し，コンクリートが平らになる状態を観察することが大いに役立つ．図 8.7 は，同一スランプのコンクリートを突き棒で軽打したときの状態を示したものである．

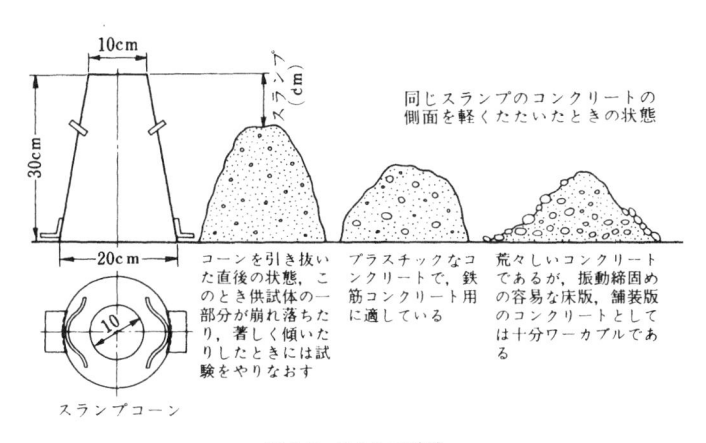

図 8.7　スランプ試験

8.5　現場配合への修正

(1) 示方配合は，粗骨材および細骨材が 5 mm できれいに分級されているものとし，しかも，骨材はすべて表面乾燥飽水状態であるものとした場合を示してある．したがって，実際の現場では粒度および表面水について修正しなければならない．

(2) 現場配合の表し方は表 8.8 参照．

8.6 配合設計例

(1) 配合設計の条件

a) 材料の条件

セメントの密度(普通ポルトランドセメント):3.15 g/cm³

細骨材表乾密度:2.59 kg/l

粗骨材表乾密度(砕石):2.63 kg/l

細骨材の粗粒率:3.10

粗骨材の最大寸法:20 mm

AE減水剤:標準使用量はセメント質量の0.3%

b) コンクリートの条件

設計基準強度:24 N/mm²

圧縮強度の変動係数:10%

スランプ:10 cm

空気量:5.0%

セメント水比と圧縮強度の関係:$f'_c = -18.5 + 21.5 \, C/W$

構造物のおかれる環境区分:飛沫帯

(2) 配合強度の決定

変動係数が10%なので,圧縮強度の予測値f'_{cp}の精度に関する安全係数は

$$\gamma_p = \frac{1}{1 - \dfrac{1.645V}{100}} = 1.197$$

$\gamma_p \dfrac{f'_{ck}}{f'_{cp}} \leq 1.0$ より,$f'_{cp} = \gamma_p f'_{ck} = 1.197 \times 24 = 28.73 \, \text{N/mm}^2$

(3) 粗骨材の最大寸法,スランプ,空気量の設定

(1) a),b) のとおり,粗骨材の最大寸法20 mm,スランプ10 cm,空気量5.0%とする.

(4) スランプの選定

圧縮強度から決まる水セメント比は

$$28.73 = -18.5 + 21.5 \, C/W$$

8.6 配合設計例

$$C/W = 2.197$$
$$W/C = 0.4552\cdots \rightarrow 45.5\%$$

耐久性から決まる水セメント比は，環境区分が飛沫帯であるから，表8.11より45%となる．

最小の水セメント比を選定するから，45%となる．

(5) 単位水量および細骨材率の設定

粗骨材の最大寸法が20 mm なので，表8.13 より，$s/a = 45\%$，$W = 165$ kg，空気量 6.0%．ここで，表8.13による概略値と例題では条件が異なっているので（表8.15 参照），補正が必要となる．

表8.15　表8.13と例題の条件の違い

概略値の表の条件	例題の条件
細骨材の粗粒率 2.80	細骨材の粗粒率 3.10
砕石	砕石
水セメント比 0.55	水セメント比 0.45
スランプ 8 cm	スランプ 10 cm
空気量 6.0%	空気量 5.0%

表8.13 と表8.13（続き）より表8.16 が得られる．

表8.16　補正の詳細

補正項目	表の条件	例題の条件	$s/a = 45\%$	$W = 165$ kg
			s/a の補正量	W の補正量
砂の粗粒率	2.80	3.10	$\dfrac{(3.10 - 2.80)}{0.1} \times 0.5 = 1.5(\%)$	補正しない
スランプ	8 cm	10 cm	補正しない	$1.2 \times \dfrac{(10-8)}{1} = 2.4(\%)$
空気量	6.0%	5.0%	$0.75 \times \dfrac{(6.0-5.0)}{1} = 0.75(\%)$	$3 \times \dfrac{(6.0-5.0)}{1} = 3(\%)$
水セメント比	0.55	0.45	$1 \times \dfrac{(0.45-0.55)}{0.05} = -2.0(\%)$	補正しない
合計			$+0.25\%$	$+5.4\%$
	補正した値		$s/a = 45 + 0.25 = 45.25\%$	$W = 165 \times 1.054 = 173.9$ kg

(6) 単位量の計算

単位水量が（5）で決められたので

単位セメント量　$C = \dfrac{C}{W} \times W = \dfrac{1}{0.45} \times 173.9 = 386.4$ (kg)

骨材の絶対容積　$a = 1000 - \left(\dfrac{386.4}{3.15} + \dfrac{173.9}{1.0} + 50 \right) = 653.4$ (l)

単位細骨材量　　$S = 653.4 \times 0.4525 \times 2.59 = 765.8 \text{(kg)}$

単位粗骨材量　　$G = 653.4 \times (1 - 0.4525) \times 2.63 = 940.8 \text{(kg)}$

単位 AE 減水剤量　$C \times 0.003 = 386.4 \times 0.003 = 1.16 \text{(kg)}$

(7)　示方配合表の作成（表 8.17）

表 8.17　示方配合

粗骨材の最大寸法 (mm)	スランプ (cm)	空気量 (%)	水セメント比 W/C (%)	細骨材率 s/a (%)	単位量 (kg/m³)				
					水 W	セメント C	細骨材 S	粗骨材 G	混和剤 A
20	10	5.0	45	45.25	173.9	386.4	765.8	940.8	1.16

(8)　現場配合への修正

実際に用いる細骨材の表面水率が 1.5%，粗骨材は表乾状態であるとする．この場合，現場配合への修正では，表面水率による細骨材量の補正と単位水量の補正を行う．

単位細骨材量分を計量した場合に細骨材に付着している表面水の量は，

$$H = 765.8 \times 0.015 = 11.5 \text{(kg)}$$

となる．したがって

現場で計量すべき細骨材の量　$S' = S + H = 765.8 + 11.5 = 777.3 \text{(kg)}$

現場で計量すべき水の量　$W' = W - H = 173.9 - 11.5 = 162.4 \text{(kg)}$

(9)　現場配合表の作成（表 8.18）

表 8.18　現場配合

粗骨材の最大寸法 (mm)	スランプ (cm)	空気量 (%)	水セメント比 W/C (%)	細骨材率 s/a (%)	単位量 (kg/m³)				
					水 W	セメント C	細骨材 S	粗骨材 G	混和剤 A
20	10	5.0	45	45.25	162.4	386.4	777.3	940.8	1.16

〈演習問題〉

8.1　配合設計の表し方についてなるべく簡単に説明せよ．

8.2　配合設計において，粗骨材の最大寸法はどのようにして決定されるか．

8.3　配合設計において，水セメント（結合材）比はどのようにして決定されるか．

8.4　安全係数とは何か，簡単に説明せよ．

8.5 凍結融解作用を受ける鉄筋コンクリート擁壁に用いるコンクリートの配合を設計せよ．ただし，壁の最小厚さ 250 mm，鉄筋の最小あき 120 mm，かぶり 60 mm，コンクリートの圧縮強度の特性値 = 21 N/mm^2 である．
使用材料の性質は次のとおり．
セメント：高炉セメント（スラグ含有率 50％），密度 2.95 g/cm^3，細骨材密度 2.60 g/cm^3，粗粒率 2.63
粗骨材：砕石 4005，密度 2.70 g/cm^3，AE 減水剤使用．

[参考文献]
1) 土木学会コンクリート標準示方書［設計編］，2007 年版
2) 土木学会コンクリート標準示方書［施工編］，2007 年版
3) 日本建築学会，材料施工委員会，鉄筋コンクリート工事運営委員会：高減水性混和剤を用いたコンクリートに関する研究小委員会資料
4) 村田二郎：人工軽量骨材コンクリート，p.32，セメント協会（1967）

9 現場練りコンクリート

9.1 概　　説

　辺地におけるコンクリート工事現場あるいは交通渋滞などの理由からレディーミクストコンクリート（ready mixed concrete）を搬入できないとき，現地でプラントを設置し，現場練りコンクリートとして製造する必要がある．現場練りコンクリートの品質管理を十分に行えば，レディーミクストコンクリートと同等以上の信頼性が得られる．

9.2 施工管理

　(1)　現場練りコンクリートの品質管理は，示方配合どおりのコンクリートをいかにして均一に製造するかという点が重要である．したがって，現場練りコンクリートの品質は，結果的にはコンクリートの圧縮強度（compressive strength）による管理となるが，むしろ日常の骨材の粒度（grading），現場配合，コンクリートの施工に管理の重点をおくことが大切である．圧縮強度は28日では日数を要するので，7日強度を基準に選ぶことも考えられる．

　(2)　レディーミクストコンクリートと同様に，現場練りコンクリートの品質管理のための試験として，フレッシュコンクリートを対象とした塩化物含有量試験を実施する．試験方法については12.2節参照．

9.3 コンクリートの施工

A 材料の計量

材料の計量は,示方書あるいは JIS A 5308「レディーミクストコンクリート」に示された計量誤差内に収まるよう努力しなければならない.

B 練混ぜ

(1) バッチミキサおよび連続ミキサは,それぞれ JIS A 1119「ミキサで練り混ぜたコンクリート中のモルタルの差及び粗骨材量の差の試験方法」,JIS A 8603「コンクリートミキサ」および JSCE 1502 による練混ぜ性能試験を行い,所要の練混ぜ性能が確認されたものでなければならない.

(2) 重力式ミキサおよび強制練りミキサは,原則として JIS A 8603 に適合したものを用いる.

(3) 可傾式ミキサおよび強制練りミキサの練混ぜ性能の判定は JIS A 1119 による.一般に,モルタルの単位容積質量の差が0.8%以下,単位粗骨材量の差が5%以下であれば,そのミキサの性能は保証される.

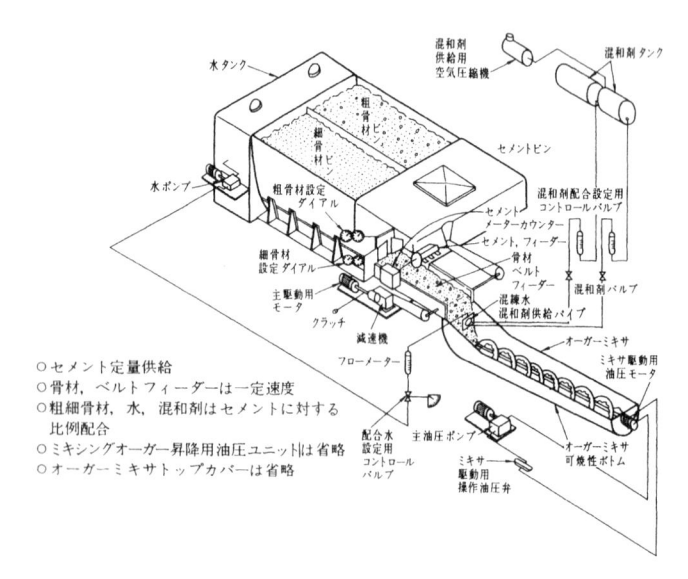

図 9.1 コンティニュアスミキサの作動機構の概要[1]

(4) 可傾式ミキサおよび強制練りミキサにおけるコンクリートの練混ぜ能力（製造能力）は表9.1に示すとおりである．連続ミキサの練混ぜ能力は1時間あたり公称 $15\,\mathrm{m}^3$，$20\,\mathrm{m}^3$，$25\,\mathrm{m}^3$ および $45\,\mathrm{m}^3$ の4種がある[3]．

表9.1 ミキサの製造基準能力[2]

切数	可傾式ミキサ		強制練りミキサ	
	容量 (m^3)	基準能力 (m^3/h)	容量 (m^3)	基準能力 (m^3/h)
18	0.5	18	0.50	30
21	0.58	21	0.75	45
28	0.75	28	1.00	60
36	1.0	36	1.50	90
56	1.5	47	1.75	105
72	2.0	63	2.00	120
112	3.0	84	2.25	135

(5) 練混ぜ時間が長くなるとセメント（cement）と水との接触がよくなるので，一般に強度は増大する[4]（表9.2参照）．しかし，あまり長く練り混ぜると，たとえば人工軽量骨材を使用した場合などには，骨材が破砕し粒度が変わって所要のコンクリートが得られない．示方書では，練混ぜ時間は重力式ミキサで1分30秒以上，強制練りミキサで1分以上と規定している．

表9.2 練混ぜ時間と圧縮強度との関係

コンクリートの種類	ミキサ練混ぜ時間（分）							
	1/4	1/2	3/4	1	1.5	2	5	10
硬 練 り	77	89	95	100	106	112	127	136
軟 練 り	90	95	98	100	103	105	112	118

(注) 練混ぜ時間1分のときの圧縮強度を100としたときの強度比．
　　骨材最大寸法＝32 mm

C 運 搬

(1) 練り上がったコンクリートを運搬するには，工事の規模，種類，立地条件などによりその方法も異なる．一般に，現場コンクリート工事ではシュート（chute），ベルトコンベヤ（belt conveyor）およびバケット（bucket）など，あるいはこれらを組み合わせた方法が用いられる．

(2) コンクリートポンプあるいは吹付け機によるコンクリート打設も盛ん

に行われる．コンクリートポンプは狭い場所に運搬する場合に特に有利である．現在わが国で使用されている主なポンプ車の性能は表9.3のとおりである．

表9.3 ポンプ車性能表[5]

ポンプ機種	製造業者	能力 (m³/h)	輸送距離 (m) 水平	輸送距離 (m) 垂直
IPF 55 B PTF 85 T	石川島播磨重工業KK	55 85	570 660	90 110
PH 09-50 PM 14-52	極東開発工業KK	25 70	150 300	40 60
NCP 910 TH NCP 8060SD	新潟鉄工所	45 60	700 650	150 140
DC-A 800B DC-A 1000	三菱重工業KK	15〜80 20〜100	650 675	130 130

(3) コンクリートポンプの輸送限界距離は，コンクリートポンプの圧送性能の目安を得るには便利であるが，コンクリートの種類および配合などが変わった場合には，圧送の可否を判断するための有力な決め手にはならない．圧送の可否をかなりの精度で判定できる方法として，圧送負荷を基準とする方法がある．

$$p = \Sigma K_n L_n + \frac{1}{10}\rho H + 3\Sigma K_n M_n + 2K_n N_n \tag{9.1}$$

ここに，p：圧送負荷（N/mm²），K_n：ある管種（たとえば4管，5管など）の水平管1mあたりの圧力損失（N/mm²），N：n管種の配管の全長（曲線部も含む）(m)，M_n：曲がり管の個数，L_n：フレキシブルホースの長さ (m)，ρ：コンクリートの比重，H：圧送高さ (m)．

ただし，テーパー管が挿入されている場合は小さい方の管径とみなしてよい．

式 (9.1) の圧力損失は図9.2から求められる．110 (N/mm²) は高低差のある場合，圧送負荷はコンクリートの自重による圧力を加算すればよいことを意味している．

(4) 吹付けコンクリートは，コンクリートを空気圧によってホース内を圧送し，ノズルより高速で吹き付ける工法である．したがって通常の型枠は不必

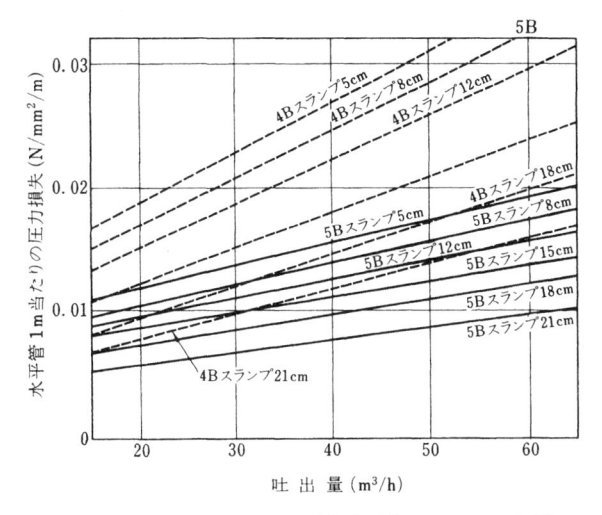

図 9.2 水平管 1m あたりの圧力損失（普通コンクリート）[6]

要である．吹付けコンクリートには乾式と湿式がある．

(5) コンクリートポンプと同じ用途に使われるものにコンクリートプレッサーがある．これは，コンクリートを圧縮空気によって輸送管内を圧送するもので，打設能力 7.5～30 m³/h，輸送距離，水平 100～200 m，垂直 20～50 m 程度のものがある．

D 打込み・締固め

打込みおよび締固め作業は，コンクリート工事中で最も重要な作業である．コンクリートを打ち込むには次の点に注意する．

① 分離を防ぐために，鉛直に落ちるようにする．
② 目的の位置にできるだけ近い地点に打ち込む．
③ 一度打ち込んだコンクリートは，あまり移動させない．
④ 打ち込んだコンクリートの上面は，水平になるようにならす．

締固めの方法は，突固めとバイブレータ（vibrator）による振動締固めの2種類がある．振動締固めの時間は，コンクリートのコンシステンシーによって左右されるが，一般に1ヶ所あたり5～20秒程度である．

E 養　生

示方書（施工編）では，普通セメントを用いたコンクリートについては少なくとも 5 日間は湿潤状態に保つことを要求している．養生（curing）の方法としては，吸水性の材料に水を含ませて表面を覆う方法とするのがよい．また，コンクリートの硬化後，封かん剤を塗布して養生する方法もある．

F　現場コンクリートの品質検査

現場コンクリートの品質検査方法は，10.6 節参照．

〈演習問題〉

9.1　現場コンクリートの施工管理はいかにすべきか．
9.2　連続ミキサについて知るところを記せ．
9.3　可傾式ミキサおよび強制練りミキサの練混ぜ性能の判定方法を述べよ．
9.4　現場練りコンクリートの運搬方法を列挙し，それぞれの特徴を簡単に説明せよ．
9.5　コンクリートの打込みについて注意すべき事項を述べよ．
9.6　コンクリートの養生について簡単に述べよ．

[参考文献]

1) 三谷，安達：コンチニュアスミキサとその性能，セメントコンクリート，No.351 (1976.5)
2) 毛見虎雄：生コンの受入れと打込み締固め，コンクリートジャーナル，Vol.10, No.3 (1972)
3) 村田，岩崎：コンクリート施工法，p.229，山海堂 (1978)
4) 樋口，村田，小林：コンクリート工学 (1) 施工，p.86，彰国社 (1969)
   (原著) Abrams D.A. : Effect of Time of Mixing of the Strength of Concrete, Proc. ACI (1918)
5) 土木学会：コンクリートのポンプ施工指針（案），(1985.11)，資料編より抜粋
6) 山根，嵩，佐久田，佐藤：コンクリートポンプの圧送負荷の算定，竹中技術研究報告，No.19 (1978)

10 レディーミクストコンクリート

10.1 概　　説

(1) わが国では，大部分のコンクリート構造物の建設にレディーミクストコンクリートが用いられている．国内のレディーミクストコンクリートの生産工場の数は約 3700，年間生産量は約 8800 万 m^3 で，セメントの国内生産量の約 70％がレディーミクストコンクリートとして使用されている（平成 23 年 3 月）．

(2) わが国で生産されるレディーミクストコンクリートの多くは JIS A 5308（レディーミクストコンクリート）に示される品質規格に適合するもので，その適合性の評価は工業標準化法に基づき，国に登録した認証機関が JIS Q 1011 に照らして，申請のあったレディーミクストコンクリート工場の製造システム，およびこれに基づいて製造した製品の認証審査を行い，所定の規定に合格した場合に，申請の範囲に対して JIS マークを表示して品質保証を行うこととなっている．

(3) JIS A 5308：2011 には，レディーミクストコンクリートの種類，品質，容積，配合，材料，製造方法，試験方法，検査，製品の呼び方等が規定されており，附属書には，骨材の品質および試験方法，アルカリシリカ反応抑制対策の方法，練混ぜに用いる水の品質，トラックアジテータのドラム内に付着したモルタルの使用方法，圧縮強度試験用軽量型枠の品質と試験方法について規定されている．

(4) レディーミクストコンクリートを購入する際の工場の指定，品質の指

定（以上，10.7節参照），受入れ検査などは示方書（施工編）による．

10.2 レディーミクストコンクリートの種類および呼び方

A 種 類

（1） JIS A 5308 では，レディーミクストコンクリートを普通コンクリート，軽量コンクリート，舗装コンクリート，および高強度コンクリートの4種類に区分し，表10.1に示す粗骨材の最大寸法とスランプまたはスランプフロー，および呼び強度の組合せのうちから○印のものが規格品となっている．これらは，普通コンクリート84種，軽量コンクリート48種，舗装コンクリート4種，高強度コンクリート9種で合計145種が規格品として規定されている．

表10.1 レディーミクストコンクリートの種類

コンクリートの種類	粗骨材の最大寸法 mm	スランプまたはスランプフロー a) cm	呼び強度												
			18	21	24	27	30	33	36	40	42	45	50	55	60	曲げ4.5
普通コンクリート	20, 25	8, 10, 12, 15, 18	○	○	○	○	○	○	○	○	—	—	—			—
		21	—	○	○	○	○	○	○	○	—	—	—			—
	40	5, 8, 10, 12, 15	○	○	○	—	—	—	—	—	—	—	—			—
軽量コンクリート	15	8, 10, 12, 15, 18, 21	○	○	○	○	○	○	—	—	—	—	—			—
舗装コンクリート	20, 25, 40	2.5, 6.5	—	—	—	—	—	—	—	—	—	—	—			○
高強度コンクリート	20, 25	10, 15, 18	—	—	—	—	—	—	—	—	—	○	○	—	—	—
		50, 60	—	—	—	—	—	—	—	—	—	—	○	○	○	—

a) 荷卸し地点での値であり，50 cm および 60 cm はスランプフローの値である．

（2） 表中の呼び強度とは，レディーミクストコンクリートの製品としての強度区分であって，10.3節に示す条件によって保証されるものであり，設計基準強度（または強度の特性値）とは本来直接的な関係はない．しかしたまたま示方書（施工編）における設計基準強度から配合強度を定めるための割増し係数と，レディーミクストコンクリートにおける呼び強度から配合強度を定めるときに慣用している割増し係数とが，実用の範囲内でほぼ同じであることから（10.7節参照），通常呼び強度の値は設計基準強度に等しいと考えてもよい．

（3） 表10.1の組合せを指定する際，セメントの種類，骨材の種類，粗骨材の最大寸法，アルカリシリカ反応抑制対策は購入者が必ず指定する．それ以外

の項目は，JIS A 5308 表 1 の欄外に記載されている e) から q) までの 13 項目は，必要に応じて協議のうえ，購入者が指定することができることとなっている．

表10.2 コンクリートの種類による記号及び用いる骨材

コンクリートの種類	記号	粗骨材	細骨材
普通コンクリート	普通	砕石，各種スラグ粗骨材，再生粗骨材 H，砂利	砕砂，各種スラグ細骨材，再生細骨材 H，砂
軽量コンクリート	軽量1種	人工軽量粗骨材	砕砂，高炉スラグ細骨材，砂
	軽量2種		人工軽量細骨材，人工軽量細骨材に一部砂，砕砂，高炉スラグ細骨材を混入したもの
舗装コンクリート	舗装	砕石，各種スラグ粗骨材，再生粗骨材 H，砂利	砕砂，各種スラグ細骨材，再生細骨材 H，砂
高強度コンクリート	高強度	砕石，砂利	砕砂，各種スラグ細骨材，砂

注) なお，軽量コンクリートについては，それぞれ軽量1種と軽量2種が規定され，使用骨材の種類も合わせて示されているが，2009年度版のJAAS5 14章に示されている軽量コンクリートに用いる骨材の組合せとは相違するので注意が必要である．

表10.3 セメントの種類による記号

種類	記号
普通ポルトランドセメント	N
普通ポルトランドセメント（低アルカリ形）	NL
早強ポルトランドセメント	H
早強ポルトランドセメント（低アルカリ形）	HL
超早強ポルトランドセメント	UH
超早強ポルトランドセメント（低アルカリ形）	UHL
中庸熱ポルトランドセメント	M
中庸熱ポルトランドセメント（低アルカリ形）	ML
低熱ポルトランドセメント	L
低熱ポルトランドセメント（低アルカリ形）	LL
耐硫酸塩ポルトランドセメント	SR
耐硫酸塩ポルトランドセメント（低アルカリ形）	SRL
高炉セメントA種	BA
高炉セメントB種	BB
高炉セメントC種	BC
シリカセメントA種	SA
シリカセメントB種	SB
シリカセメントC種	SC
フライアッシュセメントA種	FA
フライアッシュセメントB種	FB
フライアッシュセメントC種	FC
エコセメント	E

B　呼び方

コンクリートの種類，およびセメント種類による記号をそれぞれ表10.2ならびに表10.3に示す．

製品の呼び方の例を示せば以下のとおりである．

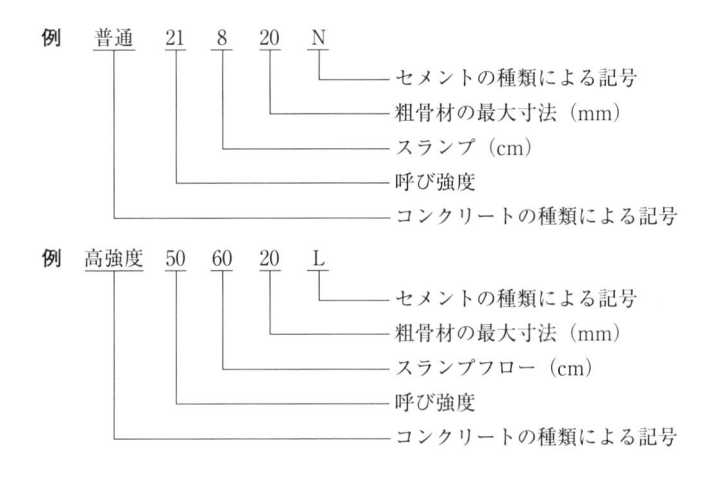

```
例　普通　21　8　20　N
                   └── セメントの種類による記号
                └──── 粗骨材の最大寸法（mm）
             └─────── スランプ（cm）
          └────────── 呼び強度
    └──────────────── コンクリートの種類による記号

例　高強度　50　60　20　L
                      └── セメントの種類による記号
                   └───── 粗骨材の最大寸法（mm）
                └──────── スランプフロー（cm）
             └─────────── 呼び強度
    └──────────────────── コンクリートの種類による記号
```

10.3　品質および容積

レディーミクストコンクリートは荷卸し地点で強度，スランプまたはスランプフロー，空気量，および塩化物含有量の限度については，次の条件を満足し，かつ，その容積はレディーミクストコンクリート納入書に記載した値以上でなければならない．

A　強度，スランプまたはスランプフローおよび空気量

（1）強度

（ⅰ）1回の試験結果は，購入者が指定した呼び強度の強度値の85％以上で，あること．

（ⅱ）3回の試験結果の平均値は，購入者が指定した呼び強度の強度値以上であること．

強度試験に用いる供試体は，常温環境下で作製することが望ましく，これが困難な場合には，作製後速やかに常温環境下に移すこととし，20±2℃の水中

にて保管（標準水中養生という）することとし，材齢は特に指定がない場合は28日とする．

(2) スランプ

レディーミクストコンクリートの受け渡し時（荷卸し地点における）許容差は，指定したスランプごとに表10.4に示すとおりである．

(3) スランプフロー

荷卸し地点での許容差は，指定したスランプフローごとに表10.5に示すとおりである．

(4) 空気量

荷卸し地点での許容差は，指定した空気量ごとに，表10.6に示すようである．

表10.4 荷卸し地点でのスランプの許容差　　単位 cm

スランプ	スランプの許容差
2.5	±1
5及び6.5	±1.5
8以上18以下	±2.5
21	±1.5[a]

a) 呼び強度27以上で，高性能AE減水剤を使用する場合は，±2とする．

表10.5 荷卸し地点でのスランプフローの許容差　　単位 cm

スランプフロー	スランプフローの許容差
50	±7.5
60	±10

表10.6 荷卸し地点での空気量およびその許容差　　単位 %

コンクリートの種類	空気量	空気量の許容差
普通コンクリート	4.5	±1.5
軽量コンクリート	5.0	±1.5
舗装コンクリート	4.5	±1.5
高強度コンクリート	4.5	±1.5

B 塩化物含有量

塩化物含有量は，塩素イオン（Cl^-）量として$0.30\,\mathrm{kg/m^3}$以下とする．ただし，構造物の諸条件や海砂の塩分除去費等を考慮して，購入者が承認した場合には，$0.60\,\mathrm{kg/m^3}$以下とすることができる．

10.4 材料および配合

A 材料

JIS A 5308 では，レディーミクストコンクリート用材料を次のように規定している．

（1） セメントは，JIS R 5210（ポルトランドセメント），JIS R 5211（高炉セメント），JIS R 5212（シリカセメント），JIS R 5213（フライアッシュセメント），および JIS R 5214（エコセメント）が規定されている．ただし，エコセメントについては普通エコセメントのみが対象で，高強度コンクリートへの適用は除外されている．

（2） 骨材

（ⅰ） 骨材の種類は，表10.2 を参照して，砕石・砕砂（JIS A 5005），スラグ骨材（JIS A 5011-1～4）（高炉スラグ骨材，フェロニッケルスラグ骨材，銅スラグ骨材，電気炉酸化スラグ骨材），再生骨材 H（JIS A 5021），人工軽量骨材（JIS A 5002）および砂利・砂（JIS A 5308 A.8）が規定されている．ただし，再生骨材 H は，普通コンクリートおよび舗装コンクリートに適用する．また，各種スラグ骨材は高強度コンクリートには適用しない．

（ⅱ） 砂利・砂の絶乾密度，吸水率，粒度等の品質は，JIS A 5308 附属書 A に規定されている．表10.7 は砂利および砂の品質であって，土木学会コンクリート標準示方書と JASS5 の両者の規定を満足するように定められている．

（ⅲ） 砕石，砕砂，フェロニッケルスラグ細骨材，銅スラグ細骨材，電気炉酸化スラグ骨材，砂利および砂は，アルカリシリカ反応性試験（JIS A 1145（化学法）と JIS A 1146（モルタルバー法）が規定されており，原則として化学法による）の結果から A および B に区分する．区分 A の骨材とは，この試験で無害と判定されたもの，区分 B の骨材とは，無害でないと判定されたもの，または，試験を行っていないものである．なお，高炉スラグ骨材及び軽量骨材はアルカリシリカ反応性に対しては安全であるから，これらは適用されないこととなっている．

区分 B の骨材を用いる場合は，コンクリート中のアルカリ総量の規制（一般に $30\,\mathrm{kg/m^3}$ 以下）によるアルカリ骨材反応抑制対策を講じるか，あるいは

10.4 材料および配合

表 10.7 砂利および砂の品質 (JIS A 5308 表 A.3)

項目	砂利	砂	適用試験箇条
絶乾密度 g/cm³	2.5 以上[a]	2.5 以上[a]	JIS A 1109 JIS A 1110
吸水率 %	3.0 以下[b]	3.5 以下[b]	JIS A 1109 JIS A 1110
粘土塊量 %	0.25 以下	1.0 以下	JIS A 1137
微粒分量 %	1.0 以下	3.0 以下[c]	JIS A 1103
有機不純物	—	同じ, 又は淡い[d]	JIS A 1105
軟らかい石片 %	5.0 以下[e]	—	JIS A 1126
石炭・亜炭等で密度1.95 g/cm³の液体に浮くもの %[g]	0.5 以下[f]	0.5 以下[f]	JIS A 1141
塩化物量 (NaCl として) %	—	0.04 以下[h]	JIS A 5002 の 5.5
安定性 %[g][i]	12 以下	10 以下	JIS A 1122
すりへり減量 %	35 以下[j]	—	JIS A 1121

a) 購入者の承認を得て, 2.4 以上とすることができる.
b) 購入者の承認を得て, 4.0 以下とすることができる.
   コンクリートの表面がすり減り作用を受けない場合は, 5.0 以下とする.
c) 試験溶液の色合いが標準色より濃い場合でも, JA10 n) に規定する圧縮強
d) 度百分率が 90% 以上であれば, 購入者の承認を得て用いてよい.
   舗装版及び表面の硬さが特に要求される場合に適用する.
e) コンクリートの外観が特に重要でない場合は, 1.0 以下とすること ができる.
f) この規定は, 購入者の指定に従い適用する.
g) 0.04 を超すものについては, 購入者の承認を必要とする. ただし, その限度は 0.1 とする.
h) プレテンション方式のプレストレストコンクリート部材に用いる場合は, 0.02 以下とし, 購入者の承認があれば 0.03 以下とすることができる.
i) A.10 h) の試験操作を 5 回繰り返す (JIS A 1122: 硫酸ナトリウムによる安定性試験方法を指す).
j) 舗装版に用いる場合に適用する.
注1) 表中適用試験箇条欄の引用は JIS A 5308 の表 7.8 を変更して対応の JIS 規格番号を表記した.
注2) JIS A 5002 の 5.5 骨材の塩化物量試験方法は, (塩化物) の規定による. ただし, 普通骨材の試料の量は, 1000 g とする.

アルカリシリカ反応抑制効果のある混合セメントポルトランドセメント (低アルカリ形) の使用, アルカリシリカ骨材反応抑制効果のある混合セメント (スラグ混入率 40% 以上の高炉セメント B 種あるいは C 種もの) またはフライアッシュの混合率 15% 以上のフライアッシュセメント B 種, または C 種を使用しなければならない.

これらの対策が実施できない場合には, 安全と認められる骨材を使用しなければならない.

また, 再生骨材 H のアルカシリカ反応性による区分, 反応性の判定および試験は JIS A 5021 の 5.3 によることと原骨材が JIS A 5201:2411 附属書 A で

特定されている場合は無害とすることが規定されている．

　なお，アルカリシリカ反応性による区分Bの骨材と区分Aの骨材とを混合して使用する場合は，ペシマム現象（4.9節参照）を考慮して，混合した骨材全体が無害であることが確認されていない骨材として取り扱わなければならない．

　(3)　水

　練混ぜ水はJIS A 5308附属書Cによる（3章参照）．

　附属書Cは2011年12月20日に追補改正され，C.6.2スラッジ固形分率の限度に新たにb)の箇条を追加した．すなわち，b)では，スラッジ固形分率を1%未満で使用する場合（低濃度スラッジ水法と呼ぶ）は，その目標値を1%未満とレディーミクストコンクリート配合計画書に記載し，スラッジ固形分率の値は，管理期間ごとに1%未満となることを確認することとした．これを受けて，JIS Q 1011：2012では，スラッジ固形分率及びスラッジ水の濃度として，スラッジ固形分率は，使用の都度，スラッジ水の濃度（JIS A 1806によるか，始業時に精度を確認した自動濃度計によってもよい）とスラッジ水の計量値から固形分量を求め，それをはかり取ったセメント量で除して求める．ただし，スラッジ固形分率を1%未満で使用する場合は，最大のスラッジ固形分率となる配合について，1回以上/日，かつ，濃度調整の都度，スラッジ固形分率が1%未満であることを確認すればよいこととなった．

　なお，低濃度スラッジ水法とは，スラッジ水の全量を練混ぜ水としても，出荷当日の最小のセメント量で，かつ最大の水量の場合でも，スラッジ固形分率が1%未満となるようにスラッジ水の濃度を調整する方法である．

　(4)　混和材料

　（ⅰ）　フライアッシュ(JIS A 6201)，膨張材（JIS A 6202），化学用混和剤（JIS A 6204），防せい材（JIS A 6205），高炉スラグ微粉末（JIS A 6206)，およびシリカフューム（JIS A 6207）は，それぞれ（　）内に示す規格に適合するものを用いる．

　（ⅱ）　（ⅰ）に示した混和材料以外のものを使用する場合は，コンクリートおよび鋼材に有害な影響を及ぼすことながく，所定の品質およびその安定性が確かめられたもので，購入者が生産者と協議のうえ指定したものを用いる．

B 配合

(1) レディーミクストコンクリートの配合は10.3節に示す指定事項および10.4節に規定する品質を満足し，かつ JIS A 5308 10. に規定する検査に合格するように，生産者が定める．

(2) 生産者は，JIS A 5308 の表8に示すレディーミクストコンクリート配合計画書を事前に購入者に提出する．

なお，配合計画書の提出は，レディーミクストコンクリートの配達に先立って行う．

(3) 生産者は，購入者の要求があれば，配合計画書，レディーミクストコンクリートに含まれる塩化物含有量の計算，およびアルカリシリカ反応抑制対策の方法の基礎となる資料を提出する（配合計画書作成依頼書参照）．

10.5 製造方法

A 製造設備

(1) 材料貯蔵設備

（ⅰ） セメントの貯蔵設備は，セメントの生産者別，種類別に区分し，セメントの風化を防止できる密閉サイロを用いる．

（ⅱ） 骨材の貯蔵設備は，粒度，表面水率などがなるべく均等な状態で供給できるようなものとする．このため，種類別，粒度別に仕切りを設けるとともに，床はコンクリートなどとし，排水の処置（6～8°の傾斜と排水溝）を講じたものとする．また，過去1年のコンクリートの最大量出荷量の1日分以上に相当する骨材を貯蔵できるものとする．

人工軽量骨材および再生骨材Hを貯蔵する場合には，骨材にプレウエッティング（散水）を行う設備を設ける．また，高強度コンクリートに用いる骨材の貯蔵は，設備には上屋を設けなくてはならない．

寒冷地では，貯蔵中の骨材に氷雪が混ざらぬよう覆いを設け，必要に応じて保温設備を設ける．コンクリートの温度を上げるのに最も手軽な方法は練混ぜ水を温めることであるから，温水設備またはボイラーを設備するとよい．

（ⅲ）混和材料の貯蔵設備は種類別，品種別に区分し，品質の変化が起こらないものとする．

(2) バッチングプラント

一般のレディーミクストコンクリート工場におけるバッチングプラントは，次の設備から構成されている．

各材料別の貯蔵設備および，材料計量設備（各材料をB項に示す許容誤差内で計量できる精度を有するもの），ジョギング装置（材料の投入が計量目標値に近づいたとき，材料の投入速度を減速し，過計量とならないよう制御する装置），計量操作盤，計量印字装置からなっている．このうち，計量操作盤の機能としては，配合設定装置，練混ぜ量変更装置，表面水補正装置（細骨材と水の計量器を連動させ，表面水率の変化に即応して間違いなく計量値を補正する装置）などを組み合わせ，所定の配合のコンクリートを連続して生産できる管理システムが構築されている．

(3) ミキサ

レディーミクストコンクリート工場で用いるミキサは，JIS A 8603（1994年版）（コンクリートミキサ）に適合したものとする．このミキサの練混ぜ性能は，12ヶ月に1回以上の頻度でJIS A 1129（ミキサで練り混ぜたコンクリート中のモルタルの差および粗骨材量の差の試験方法）によって，モルタルの単位容積質量差は0.8%以下，単位粗骨材量の差が5%以下に管理したものを用いている．

(4) 運搬車

（ⅰ）運搬車はトラックアジテータとして，運搬中コンクリートを均一に保ち，荷卸し地点で容易に排出できるものとする．トラックアジテータの性能を簡単に試験する方法としてJIS A 5308では「排出されるコンクリート流の約1/4および3/4の部分から各々採取した試料によってスランプ試験を行い，その差が3cm以内になるものでなければならない」と規定している．

（ⅱ）スランプ2.5cmの舗装コンクリートの場合に限り，ダンプトラックを使用することができる．

B　材料の計量

(1)　各材料の計量は，別々の計量器を用いてセメント，骨材および混和材料は質量で，水および混和剤は質量または容積で計量する．ただし，混和材は，購入者の承認が得られれば袋単位で計量してもよい．1袋未満のものを用いる場合には必ず質量で計量しなければならない．

(2)　計量誤差は1回計量分の分率で示されており，計量器はその容量に対して定められている．計量精度を保持するためには，ミキサの容量に見合った容量の計量器を備え，計量器の能力の最大値に近い量を量るようにバッチの量を定める．

表10.8　材料の計量誤差（単位：%）

材料の種類	1回計量分の計量誤差
セメント	±1
骨材	±3
水	±1
混和材[a]	±2
混和剤	±3

[a] 高炉スラグ微粉末の計量誤差は，1回計量分に対し±1%とする．

(3)　計量誤差は次式から計算され，その許容範囲は表10.8のとおりである．

$$m_0 = \frac{m_2 - m_1}{m_1} \times 100 \qquad (10.1)$$

ここに，m_0：計量誤差（%），m_1：目標とする1回計量分量，m_2：量り取られた計量値．

材料計量における管理はJIS Q 1011では，表示が認められるようになったリサイクル材を使用する場合には，使用について各生コン工場がその内容について自己適合宣言を行っていることが条件となり，計量記録とともに確認することが必要となる．

C　練混ぜ

(1)　レディーミクストコンクリートは，JIS A 8603の規定に適合する固定ミキサにより，工場内で均一に練り混ぜるものとする

JIS A 8603（コンクリートミキサ）は2010年7月20日に改正されたが，最新版は適用せず，JIS A 5308：2009の規定及び解説に表記した解釈が引き続き有効であり，現行のまま運用してよいこととし，JIS A 8603：1994の引用を維持することとした．

(2)　練混ぜ量および練混ぜ時間は，JIS A 1119（ミキサで練り混ぜたコン

クリート中のモルタルの差および粗骨材量の差の試験方法）により，モルタルの単位容積質量差が0.8％以内となる範囲内で定める（粗骨材量の差が5％以上となった場合は，ミキサの羽根の形状，傾斜角度などの機構的な欠陥があると判断する）．

（3）　所定の練混ぜ時間を厳守するとともに，必要以上の長時間の練混ぜを避けなければならない．

D　運　搬

（1）　JIS A 5308では，コンクリートの練混ぜ開始から1.5時間以内に荷卸しができるように運搬する．ただし，この運搬時間の限度は工事現場の状況，交通事情あるいは遅延剤を使用する場合等を考慮して，購入者と協議のうえ変更できるとしている．

示方書（施工編）では練混ぜ開始から打込み終了までの時間は原則として，外気温が25℃以下の場合2時間以内，25℃を超える場合は1.5時間以内を標準としているが，荷卸しに要する時間は，施工法など工事現場によって相違するので，JIS A 5308はレディーミクストコンクリートの製造に関する規格なので，運搬時間はセメントと水とが接してから購入者が指定した場所まで運搬するのに要する時間と考えなければならない．この場合，JIS A 5308に規定する運搬時間には，現場到着後の待機時間や打設に要する時間は含まない．すなわち，レディーミクストコンクリートの運搬時間は，生産者が練混ぜを開始してから運搬車が荷卸し地点に到着するまでの時間とし，その時間は1.5時間以内とする．この運搬時間は，レディーミクストコンクリート納入書（JIS A 5308 表10）に記載される納入時刻欄に記載される発着時刻の差によって，確認することができることとしている．

（2）　ダンプトラックを用いる場合は，材料分離が著しくならないように運搬時間を1時間以内とする．

（3）　トラックアジテータにより最終運搬（各運搬車の一日の最後の運搬）を終了し，コンクリート全量を排出したのち，トラックアジテータのドラム内に付着したモルタルは，環境保全の目的でこれを廃棄せず，付着モルタル安定剤（遅延剤）を適切に添加してモルタル中の未水和のセメント粒子の凝結を遅

延させ，翌日その上にコンクリートを積み込んでよい．

ただし，軽量コンクリート，舗装コンクリートおよび高強度コンクリートには付着モルタルの再利用は行わない．付着モルタル安定剤の品質はJIS A 5308の附属書D「トラックアジテータのドラム内に付着したモルタルの使用方法」に規定している．付着モルタル安定剤の使用方法は，トラックアジテータドラムの容量や基本によって相違する．たとえばトラックアジテータが大型（積載量が約10t）の場合で，予想される日平均気温が25℃以下の場合には，安定剤の希釈液（安定剤を1l＋水を49l）をコンクリート排出後3時間以内に添加したモルタルスラリーとして，24時間以内に新しいコンクリートを積み込む．

10.6　品　質　管　理

A　一　般

(1)　レディーミクストコンクリート工場では，出荷するコンクリートの品質を保証するため十分な品質管理を行い，管理試験の結果は購入者の要求に応じて提出しなければならない．

(2)　レディーミクストコンクリートにおける品質管理は，コンクリートの品質の変動に応じた目標を定め，コンクリートの製造および運搬工程の全般を管理し，製造中および運搬中に異常が認められたら，直ちに社内規格に従って是正処置を講じ，その品質を所定管理範囲内（管理限界以内）に収めることである．したがって，その作業内容は製造設備の管理，材料の品質管理，コンクリートの品質の目標の設定（コンシステンシー，空気量および配合強度など），練上りコンクリートの品質管理，運搬の管理などとなる．

B　製造設備の管理

(1)　計量器の精度やミキサ，運搬車などの性能検査の方法および頻度の標準を表10.9に示す．

(2)　表中の静荷重検査は，はかりの絶対精度を検定するもので，標準分銅と量りの目盛の読みとの差は公差以内となるまで調整する．したがって，静荷重検査に用いる分銅は国際標準に対してトレーサブルであることが必要であ

表 10.9 製造設備の管理試験

設備名	管理項目および試験方法	試験回数
材料計量装置		1回以上/6ヶ月に各計量器の静荷重検査を行う．この検査に用いる分銅以外の
計量印字記録装置（使用している場合）	0点調整 静荷重検査 動荷重検査	1回以上/日 1回以上/6ヶ月 1回以上/月
スラッジ水の濃度調整設備（使用している場合）	精度確認 JISA5308のC.8.2.6（スラッジ水の濃度の試験）による	1回以上/3ヶ月
ミキサ	JISA1119による	1回以上/12ヶ月で練り混ぜ性能検査を行う．
コンクリート運搬車		1回以上/3年で性能検査を行う
塩化物含有量測定器又は装置		第三者機関[a]によって1回以上/12ヶ月

注) JIS Q 1011 を参照して作成した．
a) 簡便な塩化物含有量測定器製造者による校正，または"公平であり，妥当な試験のデータおよび結果を出す十分な能力をもつ第三者試験機関"の試験機関で行ってもよい．JIS Q 17025 の認定を取得している試験場，JIS Q 17050 による自己適合宣言を行っている試験機関などで，生コンクリート業界の共同試験場なども活用できる．

る．

動荷重検査[*1]は材料を計量器に供給したときに生じる誤差を検査するもので，連続5バッチの計量値と目標値との差（式 (10.1)）は表 10.8 に示した計量誤差より小さいことを確かめている．

C 材料の品質管理

(1) 材料の品質に関する社内規格を定め，受入れ検査を行って，品質の保証された材料を購入する．受入れ検査の項目および試験頻度の標準を表 10.10 に示す．

(2) 骨材の表面水率，粒度など入荷後の天候その他によって変動する要因に対して，定期的に試験を行い，現場配合に反映させる．表面水率試験は，粗骨材の場合1回以上/日，細骨材の場合は午前1回，午後1回以上の頻度で，粒度の試験（粗骨材中の5mm以下の粒の分率および細骨材中の5mm以上の量の分率を求めればよい）は1回以上/日の頻度で行う．

---

*1 動荷重検査とはコンクリートの各材料を連続して計量するとき，計量指示値と，実際に量り取った量との比で表される計量器の精度検査をいう．

10.6 品質管理

表 10.10 材料の受入れ検査（JIS Q 1011：2009）

原材料名	品質項目	受入検査の方法
セメント	JIS R 5210, JIS R 5211 JIS R 5212, JI R 5213 または JIS R 5214 に規定する品質	1 回以上／月の頻度で製造業者が発行する試験成績表または第三者試験機関の試験成績表によって 1 回以上／月の頻度で品質およびそのバラツキを確認する．また，セメントの製造業者が発行する試験成績表によって品質を確認している場合には，圧縮強さについては，更に 1 回以上／6 か月及びセメントの製造業者を変更の都度，申請者の工場における試験若しくは"公平であり妥当な試験のデータ及び結果を出す十分な能力をもつ第三者試験機関"の試験成績表によって確認する．ただし，同一セメントの製造業者の同一出荷場所から供給を受けている複数のレディーミクストコンクリートの工場間では，代表的試料につい共同で確認してもよい．
	新鮮度	JISQ1011 には規定なし（社内規格で規定）
骨材	骨材の種類	JISQ1011 表 A.2.1 参照（表 10.10-1）
水	JISA5308	上水道水；特に検査は行わない 上水道水以外の水；1 回以上／12 か月申請者の工場における試験又は"公平であり妥当な試験のデータ及び結果を出す十分な能力をもつ第三者試験機関"の試験成績表によって品質を確認する． 表 C.1　上水道水以外の水の品質 | 項目 | 品質 | |---|---| | 懸濁物質の量 | 2 g/L 以下 | | 溶解性蒸発残留物の量 | 1 g/L 以下 | | 塩化物イオン（Cl^-）量 | 200 ppm 以下 | | セメントの凝結時間の差 | 始発は 30 分以内，終結は 60 分以内 | | モルタルの圧縮強さの比 | 材齢 7 日及び材齢 28 日で 90％以上 | 回収水；(上澄水・スラッジ水) 1 回以上／12 ヶ月申請者の工場における試験又は"公平であり妥当な試験のデータ及び結果を出す十分な能力をもつ第三者試験機関"の試験成績表によって品質を確認する． 表 C.2　回収水の品質 | 項目 | 品質 | |---|---| | 塩化物イオン（Cl^-）量 | 200 ppm 以下 | | セメントの凝結時間の差 | 始発は 30 分以内，終結は 60 分以内 | | モルタルの圧縮強さの比 | 材齢 7 日及び材齢 28 日で 90％以上 |

表 10.10　つづき

原材料名	品質項目	受入検査の方法
混和材料 ①フライアッシュ ②膨張材 ③化学混和剤 ④防錆剤 ⑤高炉スラグ微粉末 ⑥シリカフューム	JIS A 6201 に規定する品質 JIS A 6202 に規定する品質 JIS A 6204 に規定する品質 JIS A 6205 に規定する品質 JIS A 6206 に規定する品質 JIS A 6207	a) 銘柄（種類を含む）：入荷の都度，確認する． b) 品質：1回以上/月 "公平であり妥当な試験のデータ及び結果を出す十分な能力をもつ第三者試験機関"の試験成績表によって品質を確認するか，又は製造業者の試験成績表によって品質を確認する．ただし，化学混和剤及び防せい剤は，1回以上/6か月 "公平であり妥当な試験のデータ及び結果を出す十分な能力をもつ第三者試験機関"の試験成績表によって品質を確認するか，又は製造業者の試験成績表によって品質を確認する．
⑦上記①～⑥以外の混和材料	コンクリート及び鋼材に有害な影響を及ぼさず所定の品質及びその安定性が確かめられているもので，購入者からの指定があるもの． なお，塩化物含有量及び全アルカリ量は，必ず規定する．	a) 銘柄（種類を含む）：入荷の都度，確認する． b) 品質：1回以上/月 "公平であり妥当な試験のデータ及び結果を出す十分な能力をもつ第三者試験機関"の試験成績表によって品質を確認する．ただし，コンクリート及び鋼材に有害な影響を及ぼさないことが一般に認知されている場合は，製造業者の試験成績表によって品質を確認する．
付着モルタル安定剤	JIS A 5308 の附属書 D（トラックアジテータのドラム内に付着したモルタルの使用方法）に適合するもの	

D　品質の目標の設定

(1)　品質変動に応じた目標とは，一般に配合強度である．

(2)　配合強度は 10.4 節に示した品質条件から定めることが，合格としたいロットの不良率が明記されていないので，不良率 $p=0.13\%$ を用いれば表 8.2（正規偏差 κ と不良率 p との関係）より配合強度は次式から得られる．

$$\left. \begin{array}{l} m \geq 0.53 S_L + 3\sigma \\ m \geq S_L + 3\dfrac{\sigma}{\sqrt{3}} \end{array} \right\} \quad (10.2)$$

ここに，m：配合強度（出荷コンクリートの平均値（N/mm^2）），S_L：呼び強度の強度値（N/mm^2），σ：標準偏差（N/mm^2）．

E　コンクリートの品質管理

a　管理の手順

適当な管理特性を選び，その試験値を管理図に打点する．試験値が管理限界線の外側に打点された場合は，異常が生じたと判断し，是正処置を講じる．

b　管理特性

(1)　管理特性とは管理の対象となる品質のうち数量的に表せるものであって，レディーミクストコンクリート工場では，練上がり直後のコンクリートのスランプまたはスランプフロー，空気量，単位水量（高強度コンクリートの場合のみ）の測定値および水セメント比の計算値，供試体の圧縮強度などである．

(2)　圧縮強度は，コンクリートの品質の良否を判断するのに最も有効な管理特性であり，特に材齢28日の圧縮強度は部材の設計，やレディーミクストコンクリートの配合設計の基本となっているから，必ず試験しなければならない．しかし，材齢28日における圧縮強度は結果が判明するまでに時間要するから，品質の異常を速やかに発見するという立場からすれば管理特性としては，必ずしも適確とはいえない．

(3)　促進養生による早期強度（JIS A 1805：2009），フレッシュコンクリートの水セメント比の測定値またはセメントおよび水の計量値の印字記録から求めた水セメント比の計算値（骨材の表面水率の経時変化を正確に把握することが困難であるため水量は実測値を用いる場合もある）から迅速に材齢28日の圧縮強度を推定し，管理を行い，後日所定の材齢で強度試験を行ってこれを確かめるのが最も効果的な方法である．

c　管理図

(1)　管理図は横軸に試料番号（日時順），縦軸に試験値をとって打点し，それらの点を順次結んだもので，これに中心線と管理限界線とを記入する．管理図を用いれば品質の変動状況を一目で判断でき，異常な結果を容易に検出することができる．（図10.1参照）

(2)　管理限界として，通常3σ限界が用いられている．3σ限界とは（平均値）±（標準偏差）×3を上下の限界とするものである．品質の分布が正規分布である場合には，3σ限界の外に打点される確率は，$0.133 \times 2 \fallingdotseq 0.27\%$以下であるから（図10.2），$3\sigma$限界の打点は偶発的な原因によるものではないと考

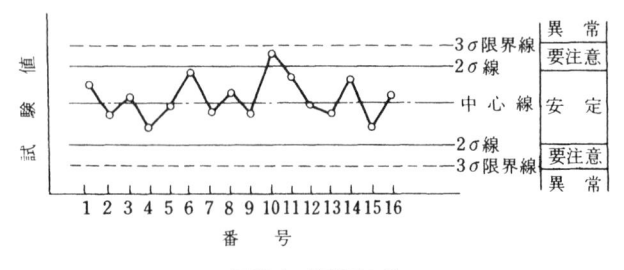

図 10.1 管理図の例

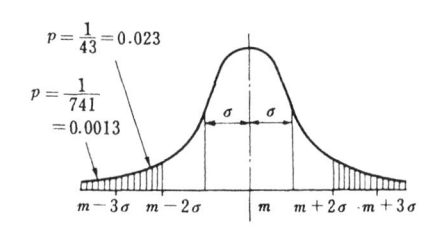

図 10.2 3σ 限界外の品質の出る確立図

えられるので,異常が発生していると判断しなければならない.

通常 2σ 線(管理限界ではない)も描き,2σ 線と 3σ 線の間に打点されたときや,一定期間増加あるいは減少するような傾向を示す場合は要注意と判断することが行われている.2σ 線の外側に打点される確率は $2.33 \times 2 \fallingdotseq 4.7\%$ である.

(3) 管理図の主なものに,$\bar{X}\text{-}R$ 管理図,$\bar{x}\text{-}R_s$ 管理図などがある.$\bar{x}\text{-}R$ 管理図は連続する k 回の試験結果を群として,群内の平均値 $\bar{x}$ と範囲 R(最大と最小との差)を打点するものである.これは個々の試験値の分布が正規分布でない場合でも,k が 4 回程度以上であれば平均値の分布は正規分布と見なせることを利用したものである.したがって,$\bar{X}\text{-}R$ 管理図は汎用性が広く検出力が高いので,一般にこの管理図を用いることが望ましい.

しかし,コンクリートの強度試験結果は実際に 1 日 1 回程度しか実施しない場合が多く,またコンクリート圧縮強度は図 10.3 に示すように正規分布することが認められていることから,$\bar{x}\text{-}R_s$ 管理図を用いるのが実用的である.

$\bar{x}$ 管理図は各回の試験結果をそのまま打点したもの,R_s 管理図は隣接する各回の試験結果の差を打点したもので,バッチ間の変動を表している.

工程管理のためのコンクリートの強度試験は JIS Q 1011 に従って 1 日 1 回程度しか試験を実施しない場合が多いので,管理状態を把握するためには,前回の試験値との差を用いて管理する,$\bar{X}\text{-}R_s$ 管理図を用いるのが実用的である.

10.6 品質管理

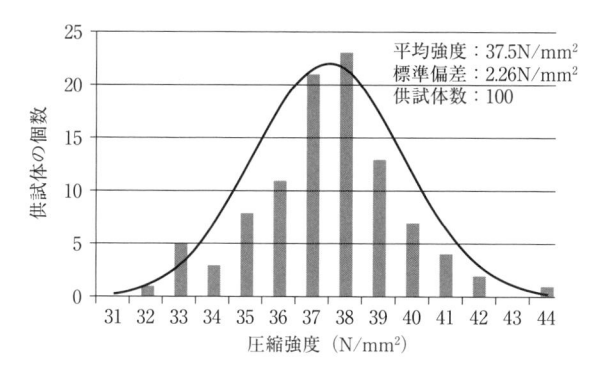

図10.3 コンクリートの圧縮強度の分布例

（グラフ内注記：平均強度：37.5N/mm²，標準偏差：2.26N/mm²，供試体数：100）

レディーミクストコンクリートでは各回の試験結果における試験誤差（供試体3個の試験値の標準偏差），R_m の管理図を加え，$\bar{x}$-R_s-R_m 管理図を用いている場合が多い．図10.4に $\bar{x}$-R_s-R_m 管理図の例を示す．

ただし，スランプ，空気量の分布は必ずしも正規分布をしないといわれてい

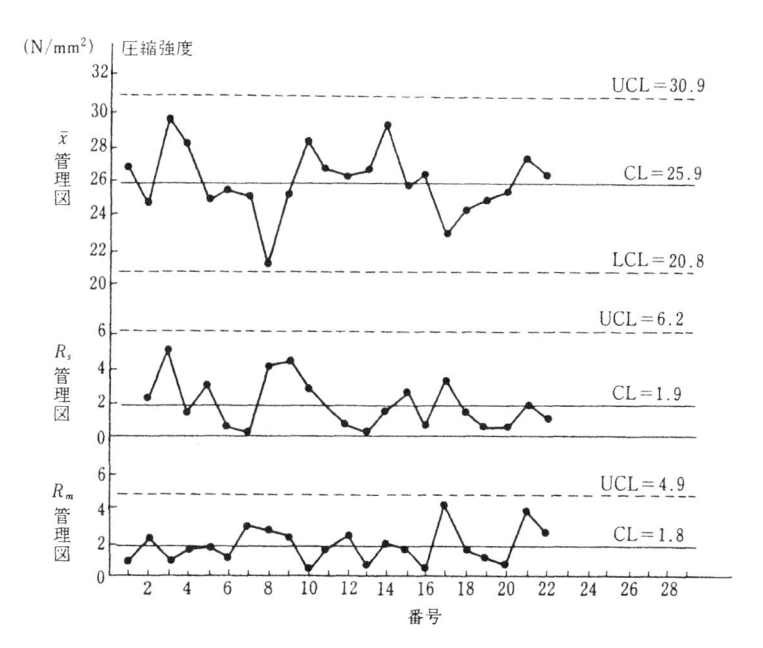

図10.4 $\bar{x}$-R_s-R_m 管理図の例
（UCL：上方管理限界，LCL＝下方管理限界，CL：中心線）

るので，このような管理特性に X 管理図を適用すると検出力が相当に低下するおそがあるから，なるべく $\bar{x}$ 管理図を用いることが望ましい．

d　管理図の使い方

(1) 管理図に試験結果を打点したとき，その点が 3σ 限界線の内側にあれば正常な管理状態にあると考えてよい．ただし 2σ 線と 3σ 限界の間にあれば要注意と考え，3σ 限界の外側に打点されれば，異常な状態が生じたと判断する．

(2) 試験値が 3σ 限界線内に分布している場合でも中心線の上下にほぼ同数が交互に分布しているときは安定した状態と考えてよいが，中心線から同じ側に打点が連続して現れたり，打点が上方または下方に移動する傾向を示す場合には，安定した管理状態ではなく，注意を要する．通常，中心線の片側，あるいは上方または下方に向かって5点連続して打点されれば要注意，6点となれば調査を開始し，7点となった時点で技術的活動を始めるのがよい．

e　ヒストグラム

(1) ヒストグラムには横軸に試験値の区間の値，縦軸に度数をとって各区間内の試験値の出現度数を棒状グラフで示したものである（前掲図10.3に併記した）．管理図が試験値の時間的変化を表すのに対し，ヒストグラムは，ある期間内の試験値の分布を表す重要な統計資料である．

(2) ヒストグラムが高い山形の場合は，試験値のバラツキは小さく，良好な管理状態にあることを示し，低い丘形の場合はバラツキが大きく，管理が不十分であることを示している．

また，ヒストグラムに規格値を記入することにより，管理限界を超えたデータ数を容易に把握できる．

以上のように，管理図とヒストグラムはその機能がまったく相違するから，管理データとして常に両者を完備しておくことが必要である．

f　管理試験

(1) 工程管理のための骨材の簡易試験方法が規格化されている．

JIS A 1801「コンクリート生産工程管理用試験方法（コンクリート用細骨材の砂当量試験方法）」は，コンクリートのワーカビリティーや乾燥収縮に著しい影響を及ぼす細骨材中の超微粒分である泥分などの量を簡易，迅速に測定で

きる．塩化カルシウム溶液とグリセリンの混合液中で砂柱の上方に泥分を沈殿させ，泥分を含み全体の砂柱の高さを読み取る方法である．

JIS A 1802「コンクリート生産工程管理用試験方法（遠心力による細骨材の表面水率試験方法）」，JIS A 1803「コンクリート生産工程管理用試験方法（粗骨材の表面水率試験方法）」4.3.C（4）および（5）参照．

（2） スラッジ水の濃度試験方法として JIS A 1806「コンクリート生産工程管理用試験方法（スラッジ水の濃度試験方法）」が 2011 年 12 月に制定された．この方法はピクノメータにスラッジ水を満たしたときの質量と清水を満たしたときの質量差がスラッジ水の濃度と比例関係にあることを利用したものである．従来はスラッジ水の濃度の測定は採取した試料を 105℃ で乾燥させて求める方法が JIS A 5308 附属書 C に規定されており，試験には 8 時間程度を要していたが，JIS A 1806 によれば 5〜10 分で試験結果が求められ，生産性が迅速化された．

（3） スランプおよびスランプフロー試験，空気量試験，フレッシュコンクリートの単位容積質量試験および強度試験の他，早期判定試験として，JIS A 1804「コンクリート生産工程管理用試験方法（骨材のアルカリシリカ反応性試験方法（迅速法）」や JIS A 1805「コンクリート生産工程管理用試験方法（温水用方法によるコンクリート強度の早期判定試験方法）」は生産工程管理用試験方法として制定され，数多くのレディーミクストコンクリート工場で試行，活用されている．

JIS A 1804「コンクリート生産工程管理用試験方法（骨材のアルカリシリカ反応性試験方法（迅速法）」は，対象となる骨材を 0.15 mm〜5 mm に粉砕し，粒群ごとの骨材を所定の割合で混合して，これに 2 mol/L の水酸化ナトリウム水溶液を用いて，JIS A 1146 の 7.5 に従って 40×40×160 mm の供試体を作製して，24 時間後に脱型したのち，24 時間水中養生してゲージ圧 150 kPa で 4 時間煮沸して反応を促進させて，反応性を試験する．判定は促進養生の前後で，超音波伝ぱ速度，共鳴一次振動数，長さ変化にとって判定規準値の大小から評価する．この方法は，JIS A 1146 のモルタルバー法では半年間を要する試験方法を 2 日に短縮することで，工程管理への迅速なフィードバックを可能にしている．

JIS A 1805「コンクリート生産工程管理用試験方法（温水用方法によるコンクリート強度の早期判定試験方法）」は，圧縮強度試験の迅速法で，強度試験用供試体の作製から脱型までは，JIS A 1132 と同様であるが，供試体の養生温度を $40±1℃$ とし，材齢7日で試験する．この結果は，28日間標準養生を行った場合の強度の85%程度に収束し，高い相関性が示されるので，JIS Q 1011 などでも，工程管理にこれを用いてもよいこととなっている．

(4) 管理試験供試体の型枠は JIS A 5308 の附属書 E「軽量型枠」に規定する．ブリキ製，紙製またはプラスチック製のもの（粗骨材の最大寸法 15 mm，20 mm または 25 mm の場合 $\phi 10×20$ cm，粗骨材最大寸法 40 mm の場合 $\phi 12.5×25$ cm または $\phi 15×30$ cm）を用いてよい．

(4) コンクリートの耐久性に関する配合要因として水セメント比あるいは単位水量があげられ，レディーミクストコンクリートの購入に先立って，生産者と協議して目標値を指定することができる．この水セメント比，あるいは単位水量の指定値が計画どおりであることを確認するため，数多くの単位水量測定試験方法が提案されている．乾燥法，誘電率法，減圧乾燥法，エアメータ法がある．測定試験として，エアメータ法と高周波加熱法が多く用いられている．

なお，単位水量の迅速試験方法について提案されている方法を総括し表10.11 に示した．また，主要な試験方法における試験結果に対する信頼性（測定精度）を要約し表10.12 に示した．

（i）エアメータ法[1]

エアメータ法は，単位容積質量の計算値と実測値との差を水量の変動と見なして，単位水量を求めるものである．したがって，使用材料の密度が配合設計時から変化した場合には，実際の水量の変動にこれが加わって表されることになる．また，試料の上面仕上げなどの影響で空気量の測定値が変動した場合やエアメータのキャリブレーションの誤差，骨材修正係数の測定誤差なども単位容積質量の変動要因となり，単位水量の測定値に影響を与える．さらに，エアメータのキャリブレーション時の気温（水温）と測定時の気温（エアメータ自体の温度）が異なる場合，および容器容積の変化の影響等により，空気量や単位容積質量の測定値に誤差を生じる．

10.6 品質管理

表10.11 単位水量迅速推定法[1]

測定方法	試料	所要時間	測定方法（原理）の概要
乾燥炉法	コンクリート 0.5～1 L	20～30分	カーボンブロック蓄熱式乾燥炉を用いて試料を加熱し，乾燥前後の質量差から単位水量を推定する．
減圧乾燥法	モルタル 400 g 程度	18～25分	減圧式機能と加熱機能を有する装置を用いて試料の乾燥前後の質量差から単位量を推定する．
高周波加熱法	モルタル 400 g 程度	10～20分	高周波加熱装置を用いて試料の乾燥前後の質量差から水量を推定する．ウエットスクリーニング補正値を事前の試験練り結果に基づいて設定し，単位水量を推定する．セメントの結合水の補正を行う方法と行わない方法とがある．
エアメータ法（精密法）	コンクリート 7 L	約5分	コンクリートを構成する材料が，計画と異なった質量や容積となった場合に現れる単位容積質量を計測することにより，単位水量を推定する．専用の測定器を用いる．
エアメータ法（簡易法）		約5分	測定原理は，上記と同様．一般のエアメータを用いる．
水中質量法	コンクリート 1 L	約13分	フレッシュコンクリートの空中質量及び水中質量を測定する．粗骨材の水中質量，各材料の水中密度と計画調合のセメント量から単位水量を推定する．
静電容量法	モルタル 330 mL	5～16分	ウエットスクリーニングモルタルの誘電率を測定し，予め求めておいた静電容量と水分量の関係式から単位水量を推定する．
塩分濃度差法	コンクリート 2 L	15～20分	コンクリートに既知の濃度の塩分溶液を混入し，その濃度低下量から単位水量を推定する．濃度の定量は電量滴定塩分計により行う．
バッチ式RI法	コンクリート	20～30分	高速中性子が主に水素原子によって減水される性質を利用し，コンクリート中を通過する高速中性子の減水割合を測定する．事前の試験練りによる校正計数に基づいて単位量を推定する．容器にエアメータを用いる．
連続式RI法	コンクリート	―	原理は上記と同じ．装置（密度計含む）をポンプ配管に取り付けて連続測定する．

（ⅱ）高周波加熱法[1]

　高周波加熱法は，ウエットスクリーニングモルタルを高周波加熱装置で乾燥させ，その乾燥前後の質量差から単位水量を求めるものである．ウエットスクリーニングモルタルを用いる利点としては，乾燥に要する時間を短縮できることや試料中の粗骨材量の変動による誤差が排除できることなどである．また，課題としては，粗骨材の表面に付着したセメントペースト量の影響によりウエットスクリーニング前後でモルタルの配合が変化し，単位水量が小さく表されることがあげられる．

表 10.12 単位水量迅速推定法の精度[1]

測定方法	試料	測定項目	推定精度 (kg/m³)			
			JCI		AIJ	
			繰返測定の標準偏差	計画値と測定値との差	繰返測定の標準偏差	計画値と測定値との差
乾燥炉法	コンクリート 0.5~1L	・試料質量(水分の蒸発量)	1.1~2.5	-3.2~+4.0	1.0~3.0	-3.8~+2.2
減圧乾燥法	モルタル 400g程度		0.7~1.0	-3.8~-6.4	1.6~3.6	-4.8~-0.7
高周波加熱法	モルタル 400g程度		0.8~1.7	-21~-3.6	0.1~1.2	-16.7~-4.9
エアメータ法	コンクリート 7L	・単位容積質量 ・空気量	0.3~2.0	-5.6~+3.0	0.6~2.6	-14.6~-3.5
水中質量法	コンクリート 1L	・試料の空中質量 ・試料の水中質量	0.6~1.5	-4.0~-0.6	0.5~1.9	-5.4~+2.7
静電容量法	モルタル 330mL	・静電容量(電気抵抗)	0.9~2.0	-5.8~0	1.1~1.8	-6.1~-7.0
塩分濃度差法	コンクリート 2L	・塩分濃度	1.6~4.9	-4.8~+2.8	2.5~6.8	+0.3~+0.3

注) JCI:公益法人日本コンクリート工学協会,AIJ:日本建築学会

表 10.13 レディーミクストコンクリート工場の選定要件

項目	具体的な要件
標準化のレベル	JIS認証工場であり,㊣マークの使用承認工場である
技術力	コンクリート技士,主任技士等の常駐
標準化しているコンクリートの種類	使用したいコンクリート(使用材料,配合,品質)の生産が製造が可能である.
運搬時間	夏期は1.5時間,それ以外は2時間以内にコンクリートの打込みが完了できるように運搬できる
出荷可能時間帯	夜間,早朝の納入が必要な場合,これに対応ができる.レディーミクストコンクリート工場の立地によっては,操業時間が制限されている地域もあるので注意が必要である.
出荷能力	コンクリートの打設計画に支障を生じないよう生産能力や運搬車の経路を確認する

10.7 購 入

A 工場の選定

生コンの発注に先立って表10.13に示す要件のうち,必要条件を満足する工場から選定する.

B 品質の指定

(1) レディーミクストコンクリートを購入する場合には，呼び強度とスランプまたはスランプフローの組合せを表10.1の○印の中から指定する．a) セメントの種類，b) 骨材の種類，c) 粗骨材の最大寸法，d) アルカリ骨材反応対策の方法，e) 骨材のアルカリシリカ反応性による区分，f) 呼び強度36を超える場合は，水の区分，g) 混和材料の種類および使用量，h) 10.3節に示す塩化物含有量の上限値と異なる場合は，その上限値，i) 呼び強度を保証する材齢，j) 10.3節に示す空気量と異なる場合は，その値，k) 軽量コンクリートの場合は，軽量コンクリートの単位容積質量，l) コンクリートの最高温度または最低温度，m) 水セメント比の目標値の上限，n) 単位水量の目標値の上限，o) 単位セメント量の目標値の下限または上限，p) 流動化コンクリートの場合は，流動化前のレディーミクストコンクリートからのスランプの増大量（購入者が d) でコンクリート中のアルカリ総量を規制する抑制対策の方法を指定する場合，購入者は，流動化剤によって混入されるアルカリ量（kg/m^3）を生産者に通知する），q) その他必要な事項．

なお，上記 m), n) および o) に記載される目標値とは，配合設計で計画した，水セメント比，単位水量，単位セメント量の目標値を示す．

(2) 図10.5は，示方書（施工編および舗装編）による設計基準強度または設計基準曲げ強度から配合強度を定めるときに用いる割増し係数（安全係数）（図8.3 割増係数参照）と JIS A 5308 の品質条件により呼び強度から配合強度を定めるときに用いる割増し係数（安全係数）とを比較したものである．

JIS A 5308 による割増し係数（安全係数）は式（10.2）に $\sigma = mV$ を代入することにより，次式となる．

$$\begin{aligned}\gamma &= \frac{m}{S_L} \geq \frac{0.85}{1-3V}, \quad V \leq 0.1 \\ &= \frac{m}{S_L} \geq \frac{1}{1-1.73V}, \quad V \geq 0.1\end{aligned} \quad (10.3)$$

ここに，γ：割増し係数，m：配合強度（N/mm^2），S_L：呼び強度の強度値（N/mm^2），V：変動係数（％）．

図10.5において，JIS A 5308 の品質条件による割増し係数は，示方書（施

工編および舗装編）による割増し係数より若干大きいが，JISマーク認証取得工場におけるコンクリート強度の変動係数は，10%程度以下といわれていることから両者の差は無視できる．したがって，一般の場合，設計基準強度に等しい呼び強度を指定してよい．

（3） 所要の耐久性または水密性を基として呼び強度を選定する場合，各レディーミクストコンクリート工場で準備されている水セメント比に対する圧縮強度 f'（N/mm²）を求める．この場合，骨材の表面水率や計量誤差を考慮して，水セメント比を 0.03 程度減じた値とする．

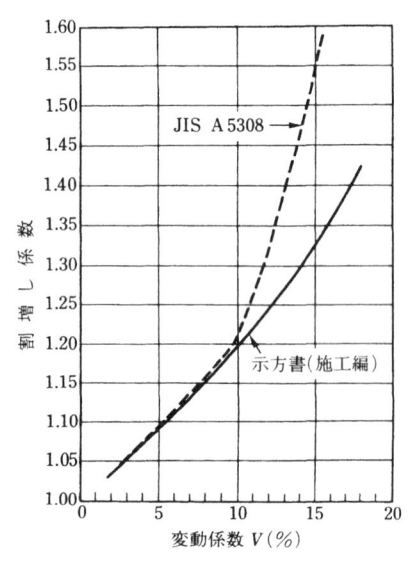

図 10.5 割増し係数の比較

たとえば，変動係数が 10% 以下の場合は，$f'_{co} = f'$(N/mm²) $- 1.73\sigma$ より f'_{co} を求め，これを下回ることのない範囲で最も近い呼び強度を指定する．

レディーミクストコンクリートの工場の選定から購入するレディーミクストコンクリートの品質の指定を経て，実際に納入されたコンクリートの配合内容を確認するまでの一般的（実務的）な流れをまとめ図 10.6 に示した．

10.8 検　査

A　一　般

（1） レディーミクストコンクリートの検査には，生産者が製品の品質保証のために行う製品検査と，購入者が配達されたコンクリートの合否判定のための行う受入れ検査とがある．なお，検査方法は一般に同じであることから，生産者の行う製品検査に購入者が立ち会うことによって，これを受入れ検査とすることができるとの解釈は誤りである．コンクリートの検査について，JIS A 5308，土木学会標準示方書に加え日本建築学会建築工事標準仕様書・同解説（JASS5）について検査基準を比較し，表 10.14 に総括した．

10.8 検査

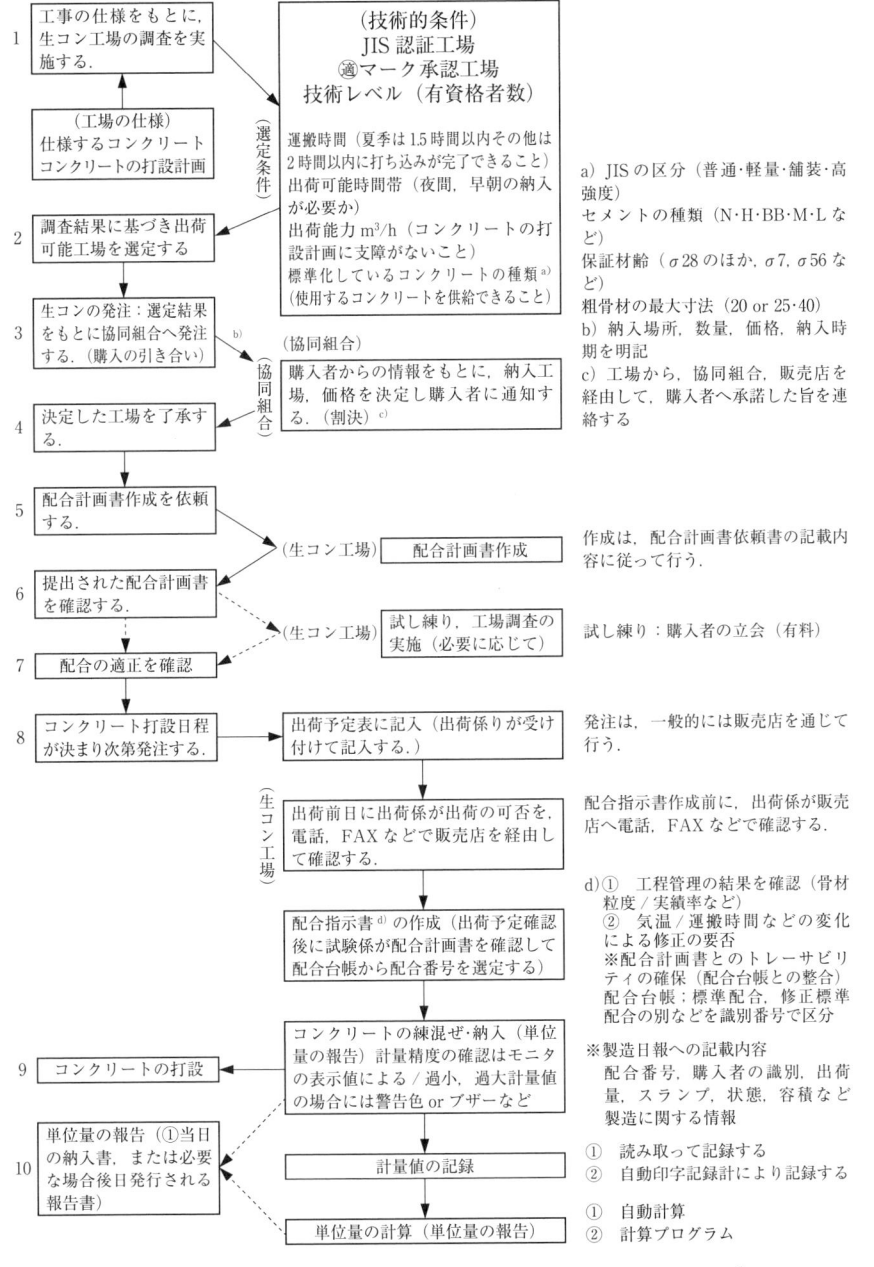

	購入者		生コン工場/協同組合	備考
1	工事の仕様をもとに，生コン工場の調査を実施する．	→	(技術的条件) JIS認証工場 ㊜マーク承認工場 技術レベル（有資格者数）	
	(工場の仕様) 仕様するコンクリート コンクリートの打設計画	（選定条件）	運搬時間（夏季は1.5時間以内その他は2時間以内に打ち込みが完了できること） 出荷可能時間帯（夜間，早朝の納入が必要か） 出荷能力 m³/h（コンクリートの打設計画に支障がないこと） 標準化しているコンクリートの種類[a] （使用するコンクリートを供給できること）	a) JISの区分（普通・軽量・舗装・高強度） セメントの種類（N・H・BB・M・Lなど） 保証材齢（σ28のほか，σ7，σ56など） 粗骨材の最大寸法（20 or 25・40）
2	調査結果に基づき出荷可能工場を選定する．	←		
3	生コンの発注：選定結果をもとに協同組合へ発注する．（購入の引き合い）[b]	→	（協同組合） 購入者からの情報をもとに，納入工場，価格を決定し購入者に通知する．（割決）[c]	b) 納入場所，数量，価格，納入時期を明記 c) 工場から，協同組合，販売店を経由して，購入者へ承諾した旨を連絡する
4	決定した工場を了承する．	←		
5	配合計画書作成を依頼する．	→		
6	提出された配合計画書を確認する．	←	（生コン工場）配合計画書作成	作成は，配合計画書依頼書の記載内容に従って行う．
7	配合の適正を確認		（生コン工場）試し練り，工場調査の実施（必要に応じて）	試し練り：購入者の立会（有料）
8	コンクリート打設日程が決まり次第発注する．	→	出荷予定表に記入（出荷係が受け付けて記入する．）	発注は，一般的には販売店を通じて行う．
			（生コン工場）出荷前日に出荷係が出荷の可否を，電話，FAXなどで販売店を経由して確認する．	配合指示書作成前に，出荷係が販売店へ電話，FAXなどで確認する．
			配合指示書[d]の作成（出荷予定確認後に試験係が配合計画書を確認して配合台帳から配合番号を選定する）	d)① 工程管理の結果を確認（骨材粒度／実績率など） ② 気温／運搬時間などの変化による修正の要否 ※配合計画書とのトレーサビリティの確保（配合台帳との整合） 配合台帳；標準配合，修正標準配合の別などを識別番号で区分 ※製造日報への記載内容 配合番号，購入者の識別，出荷量，スランプ，状態，容積など製造に関する情報
9	コンクリートの打設	←	コンクリートの練混ぜ・納入（単位量の報告）計量精度の確認はモニタの表示値による／過小，過大計量値の場合には警告色 or ブザーなど	
10	単位量の報告（①当日の納入書，または必要な場合後日発行される報告書）	←	計量値の記録 単位量の計算（単位量の報告）	① 読み取って記録する ② 自動印字記録計により記録する ① 自動計算 ② 計算プログラム

図10.6 レディーミクストコンクリートの発注から配合の報告までの流れ[3]

第10章　レディーミクストコンクリート

表10.14　コンクリート検査基準の比較

区分	JIS A 5308	土木学会コンクリート標準仕方書	日本建築学会建築工事標準仕様書・同解説JASS5	
規格名	JIS A 5308 及び JIS Q 1001	第5章　レディーミクストコンクリートの受入検査	11.5　コンクリートの受入時の検査	11.11　構造体コンクリート強度の検査
検査項目	スランプ，空気量，強度，塩化物含有量	スランプ，空気量，フレッシュコンクリートの単位水量，フレッシュコンクリートの温度，単位容積質量，圧縮強度，塩化物イオン量	スランプ，空気量，コンクリート温度，圧縮強度，塩化物量	
検査ロットの大きさ	高強度コンクリート：1回/100 m³，その他コンクリート：1回/150 m³	1回/日，または20〜150 m³に1回	1回/150 m³またはその端数ごと[a]	
塩化物量の検査頻度	製品検査；適宜 工程検査はb)に示す．	海砂を使用する場合；2回/日，その他の場合；1回/週	海砂を使用する場合；1回/150 m³，その他の場合；1回/日以上	
強度試験用供試体の採取方法	1回に3本採取	1回に3本採取	1回に3本採取	試験を適当な間隔をおいた3台の運搬車から1本ずつ採取
強度用供試体の養生方法	標準養生	標準養生	標準養生	標準養生，現場水中養生，現場封緘養生のいずれか
強度の判定基準	1) 1回の試験結果；呼び強度の85%以上 2) 3回の試験結果の平均；呼び強度以上	設計基準強度を下回る確率が5%以下であることを，適当な生産者危険率で推定できること	1) 1回の試験結果；呼び強度の85%以上 2) 3回の試験結果の平均；呼び強度以上	材齢91日において品質基準強度以上とし，詳細はc)に示す．

a) 構造体コンクリートの検査ロットは，打込み日ごと，打込み工区ごととし，そのコンクリートの打込み量が150 m³を超えるときは150 m³ごとに区分して検査ロットとする．ただし，150 m³を超える量がわずかである場合には，150 m³前後の量ではほぼ等分に区分するとよい．

b) 工程検査の検査頻度は，以下による．
　i　海砂及び塩化物量の多い砂並びに海砂利を使用している場合，再生骨材Hを使用している場合及び普通エコセメントを使用している場合；1回以上/日
　ii　i以外の骨材を使用し，かつ，混和剤にJISA6204のⅢ種を使用している場合には；1回以上/週
　iii　i以外の骨材を使用し，かつ，ii以外の混和材料を使用している場合には；1回以上/月

c)　i　材齢28日において
　　　・標準養生供試体強度≧調合管理強度
　　　・現場水中養生供試体強度≧調合管理強度（平均気温が20℃以上のとき）
　　　・現場水中養生供試体強度 $-3^{注)}$ ≧品質基準強度（平均気温が20℃未満のとき）
　　ii　材齢28日を超え91日以内において
　　　・現場封緘養生供試体強度 $-3^{注)}$ ≧品質基準強度
　　　注） -3 は供試体強度の構造体との差
　　　例：品質基準強度27，調合管理強度33の場合（この場合，生コンの呼び強度は通常は33である．）
　　　・標準養生供試体強度（$\sigma 28$）≧33
　　　・現場水中養生供試体強度（$\sigma 28$）≧33（20℃以上のとき）または（$\sigma 28$）≧30（20℃未満のとき）
　　　・現場封緘（$\sigma 28$を超え$\sigma 91$まで）≧30
　　　・構造体から切り取ったコア（$\sigma 91$）≧27

10.8 検　　査

(2)　レディーミクストコンクリートの検査は，強度，スランプまたはスランプフロー，空気量，塩化物含有量について行う．その他，軽量コンクリートの単位容積質量，コンクリートの容積，最高または最低温度などについて検査する場合がある．

(3)　レディーミクストコンクリート工場が自主的に行う塩化物含有量の製品検査は，工場出荷時と荷卸し時とで変化がないので，工場で採取した試料の試験結果を用いてよい．

B　強度による検査

(1)　強度試験は，普通コンクリート，軽量コンクリートおよび舗装コンクリートの場合は $150\,\mathrm{m}^3$，高強度コンクリートの場合は $100\,\mathrm{m}^3$ に1回の割合で行うことを標準としている．そして，3回の試験結果から合否を判定するので，一般の場合ロットの大きさは $450\,\mathrm{m}^3$ となる（高強度コンクリートの場合は $300\,\mathrm{m}^3$ が標準となる）．したがって，$450\,\mathrm{m}^3$ ずつ区切って検査を行う．しかし，構造物の大きさ，1区画の大きさ，1日の打設量などにより，ロットの大きさは必ずしも $450\,\mathrm{m}^3$ とはならない．示方書では，1日1回または $20\sim150\,\mathrm{m}^3$ ごとに1回以上の頻度で工事施工者が受入れ検査として実施することとなっている．

(2)　1回の試験結果は，任意の1運搬車から採取した供試体3個の試験値の平均値とする．供試体の材齢は特に指定がない場合は28日とする．供試体は作製してから16時間以上72時間以内の間常温（$5\sim35℃$）においたのち，$20\pm2℃$ の水中で養生する．なお，供試体作製用型枠に，管理試験の場合と同様に JIS A 5308 附属書 E に規定するブリキ，紙またはプラスチック製のものを用いてもよい．

(3)　強度に対する合格条件は，10.3節に示した2条件であって，次式で表される．これらの抜き取り検査の合格判定式として統計学的には必ずしも合理的とはいい難いが，各工場における製造工程が安定しており，強度のバラツキも工場によって大差がないものとして，経験的に次式を用いている．

$$x_i \geq 0.53 S_L$$
$$\bar{X} = \frac{1}{3}(X_1 + X_2 + X_3) \geq S_L \qquad (10.4)$$

ここに，x_i：任意の1回の試験結果（供試体3個試験値の平均値）（N/mm^2），$\bar{X}$：3回の試験結果の平均値（N/mm^2），S_L：呼び強度（N/mm^2）．

C　スランプまたはスランプフローおよび空気量による検査

スランプまたはスランプフローおよび空気量の許容値は表10.3および表10.4に示したとおりである．

すなわち，目視による全数検査を前提とし，異常と認められた場合に検査を行う．実際には約150 m^3（高強度コンクリートの場合は約100 m^3）に1回強度試験用供試体を作製する都度，定期的に検査を行っている．

D　塩化物の検査

塩素イオン量として0.3 kg/m^{3}以下，購入者の承認を受けた場合0.6 kg/m^{3}以下であれば合格とする．

E　その他の検査

(1) 軽量コンクリートの単位容積質量については，示方書（施工編）では次式が成立すれば合格としている．

$$W_f < W_o \qquad (10.5)$$

ここに，W_f：フレッシュコンクリートの単位容積質量（kg/m^3），W_o：構造計算の際に基準とした単位容積質量（kg/m^3）．

ただし，大きいはね出し部を有するラーメンなどでは，単位容積質量が設計用値より軽い方が危険側となる場合があるので，このような場合には，設計の段階で十分安全を検討しておく．

(2) 容積に対する検査は次の方法によって求めた値がレディーミクストコンクリート納入書に記載されている値以上であることを確かめる．容積は，計量したバッチの全質量をコンクリートの単位容積質量で除して求める．バッチの全質量は全材料の質量の和として計算で求めるか，荷卸し前後の運搬車の質量をトラックスケール等によって求める．

10.9 報　　告

　生産者は購入者に納入書および配合計画書を提出する．配合計画書は，購入者が所定の品質のコンクリートを購入するための要件を記載した，配合計画作成依頼書に対応して，生産者が出荷に先立って，JIS A 5308 に従って作成し購入者へ提出する．レディーミクストコンクリート納入書は運搬の都度1運搬車ごとに提出する．

　レディーミクストコンクリート納入書の記載内容は 2009 年度の JIS A 5308 における改正で大きく変更され，納入したレディーミクストコンクリートの配合を記載することとなった．ただし，記載される配合は，①標準配合，②修正標準配合，③計量読取記録から算出した単位量，④計量印字記録から算出した単位量および，⑤計量印字記録から自動算出した単位量のいずれかを記載する．

　また，購入者からの要求があればレディーミクストコンクリートの納入後に，バッチごとの計量記録，およびこれから算出した単位量を提出しなければならないこととし，複数バッチで1台分のコンクリートを練り混ぜる場合は，各バッチの計量値を平均して算出した単位量を提出する．この記録は JIS Q 1011 の規定により5年間の保管義務を生産者側に課している．

　生産したレディーミクストコンクリートに対する信頼性は，計量記録から求めた運搬車1台当たりの平均値で表す単位量と設定値の単位量との差が表 10.8 を満足することで保証している．

　また，生産者は自己適合宣言を行っている場合には表 10.17 に示すリサイクル材を用いることができ，この場合には，図 10.7 に示すように，JIS Q 14021 によるメビウスループの下に，使用材料名の記号及びその含有量を付記して，レディーミクストコンクリート納入書に表示することができる．

　なお，納入書に表示する場合は，表示の内容を証明できる管理データ，試験データなどの書類を保管し，購入者から要求があったときには，それらの書類を提出しなければならないこととなっている．

　レディーミクストコンクリートの生産者が，購入者に提出する報告の様式を表 10.15 および表 10.16 に示す．

表 10.15 レディーミクストコンクリート配合計画書

レディーミクストコンクリート配合計画書				No.
殿			平成　年　月　日	
			製造会社・工場名	
			配合計画者名	

工　事　名　称	
所　　在　　地	
納　入　予　定　時　期	
本 配 合 の 適 用 期 間 [a]	
コンクリートの打込み箇所	

配 合 の 設 計 条 件

呼び方	コンクリートの種類による記号	呼び強度	スランプ又はスランプフロー cm	粗骨材の最大寸法 mm	セメントの種類による記号

指定事項	セメントの種類	呼び方欄に記載	空気量	%
	骨材の種類	使用材料欄に記載	軽量コンクリートの単位容積質量	kg/m³
	粗骨材の最大寸法	呼び方欄に記載	コンクリートの温度	最高最低　℃
	アルカリシリカ反応抑制対策の方法[b]		水セメント比の目標値の上限	%
	骨材のアルカリシリカ反応性による区分	使用材料欄に記載	単位水量の目標値の上限	kg/m³
	水の区分	使用材料欄に記載	単位セメント量の目標値の下限又は上限	kg/m³
	混和材料の種類及び使用量	使用材料及び配合表欄に記載	流動化後のスランプ増大量	cm
	塩化物含有量	kg/m³ 以下		
	呼び強度を保証する材齢	日		

使 用 材 料 [c]

セメント	生産者名			密度 g/cm³				Na₂O_eq [d] %
混 和 材	製品名		種類		密度 g/cm³			Na₂O_eq [e] %

骨材	No.	種類	産地又は品名	アルカリシリカ反応性による区分[f]	粒の大きさの範囲[g]	粗粒率又は実積率[h]	密度 g/cm³ 絶乾	密度 g/cm³ 表乾	微粒分量の範囲% [i]
細骨材	①								
	②								
	③								
粗骨材	①								
	②								
	③								

混和剤①	製品名		種類				Na₂O_eq [j] %
混和剤②							

細骨材の塩化物量[k]	%	水の区分[l]		目標スラッジ固形分率[m]	%

配 合 表 [n]　kg/m³

セメント	混和材	水	細骨材①	細骨材②	細骨材③	粗骨材①	粗骨材②	粗骨材③	混和剤①	混和剤②

水セメント比	%	水結合材比[o]	%	細骨材率	%

備考：
ただし、骨材の質量混合割合[p]、混和剤の使用量については、断りなしに変更する場合がある。

10.9 報　　告

レディーミクストコンクリート配合計画書（続き）

アルカリ総量の計算表[q]			
アルカリ総量の計算		判定基準	計算及び判定
コンクリート中のセメントに含まれるアルカリ量（kg/m³）　R_c R_c＝（単位セメント量 kg/m³）×（セメント中の全アルカリ量 Na_2O_{eq}：％/100）	①＝R_c	―	
コンクリート中の混和材に含まれるアルカリ量（kg/m³）　R_a R_a＝（単位混和材量 kg/m³）×（混和材中の全アルカリ量：％/100）	②＝R_a	―	
コンクリート中の骨材に含まれるアルカリ量（kg/m³）　R_s R_s＝（単位骨材量 kg/m³）×0.53×（骨材中の NaCl の量：％/100）	③＝R_s	―	
コンクリート中の混和剤に含まれるアルカリ量（kg/m³）　R_m R_m＝（単位混和剤量 kg/m³）×（混和剤中の全アルカリ量：％/100）	④＝R_m	―	
流動化剤を添加する場合は，コンクリート中の流動化剤に含まれるアルカリ量（kg/m³）　R_p R_p＝（単位流動化剤量 kg/m³）×（流動化剤中の全アルカリ量：％/100）	⑤＝R_p	―	
コンクリート中のアルカリ総量（kg/m³）　R_t R_t＝①＋②＋③＋④＋⑤	R_t	3.0 kg/m³ 以下	適・否

用紙の大きさは，日本工業規格 A 列 4 番（210×297 mm）とする．
- a） 本配合の適用期間に加え，標準配合，又は修正標準配合の別を記入する．
　　なお，標準配合とは，レディーミクストコンクリート工場で社内標準の基本にしている配合で，標準の運搬時間における通常期の配合として標準化されているものとする．また，修正標準配合とは，標準配合に対して出荷時のコンクリート温度が相違する場合，運搬時間が標準状態から大幅に変化した場合，若しくは，骨材の品質が所定の範囲を超えて変動する場合に修正するものとする．
- b） 表 B.1 の記号欄の記入事項を，そのまま記入する．
- c） 配合設計に用いた材料について記入する．
- d） ポルトランドセメント及び普通エコセメントを使用した場合に記入する．JIS R 5210 の全アルカリの値としては，直近 6 か月間の試験成績表に示されている全アルカリの最大値の最も大きい値を記入する．
- e） 最新版の混和材試験成績表の値を記入する．
- f） アルカリシリカ反応性による区分，及び判定に用いた試験方法を記入する．
- g） 細骨材に対しては，砕砂，スラグ骨材，人工軽量骨材，及び再生細骨材 H では粒の大きさの範囲を，砂では最大寸法を記入する．粗骨材に対しては，砕石，スラグ骨材，人工軽量骨材，及び再生粗骨材 H では粒の大きさの範囲を，砂利では最大寸法を記入する．
- h） 細骨材に対しては粗粒率の値を，粗骨材に対しては，実積率又は粗粒率の値を記入する．
- i） 砕石及び砕砂を使用する場合に記入する．
- j） 最新版の骨材試験成績表の値を記入する．
- k） 最新版の混和剤試験成績表の値を記入する．
- l） 回収水のうちスラッジ水を使用する場合は，"回収水（スラッジ水）"と記入する．
- m） スラッジ水を使用する場合に記入する．目標スラッジ固形分率とは，3％以下のスラッジ固形分率の限度を保証できるように定めた値である．
- n） 人工軽量骨材の場合は，絶対乾燥状態の質量で，その他の骨材の場合は表面乾燥飽水状態の質量で表す．また，納入後購入者から要求があった場合には作成し，提出する．
- o） 高炉スラグ微粉末などを結合材として使用した場合にだけ記入する．
- p） 全骨材の質量に対する各骨材の計量設定割合をいう．
- q） コンクリート中のアルカリ総量を規制する抑制対策の方法を講じる場合にだけ別表に記入する．
- r） 購入者から通知を受けたアルカリ量を用いて計算する．

表10.16 レディーミクストコンクリート納入書（標準の様式）

（平成21年4月1日から適用）

レディーミクストコンクリート納入書									
						No.			
						平成　年　月　日			
＿＿＿＿＿殿		♻ RW2（2.5%）	Ⓙ ○○○	製造会社名・工場名＿＿＿＿＿					
納　入　場　所									
運　搬　車　番　号									
納　入　時　刻			発				時　　　分		
			着				時　　　分		
納　入　容　積				m³		累　計		m³	
呼　び　方		コンクリートの種類による記号	呼び強度	スランプ又はスランプフロー cm		粗骨材の最大寸法 mm		セメントの種類による記号	
荷受職員認印				出荷係認印					
配　合　表ª⁾　kg/m³									
セメント	混和材	水	細骨材①	細骨材②	細骨材③	粗骨材①	粗骨材②	粗骨材③	混和剤①	混和剤②
水セメント比		%	水結合材比ᵇ⁾	%	細骨材率	%	スラッジ固形分率		%
備考　配合の種別：□標準配合　　□修正標準配合　　□計量記録から算出した単位量									
□計量印字記録から算出した単位量　　□計量印字記録から自動算出した単位量									

注　骨材の記号の最後のGは粗骨材を，Sは細骨材をそれぞれ示す．

♻　♻　♻

RHG 30%ᵃ⁾／RW2（2.5%）ᵇ⁾／FAⅡ10%ᶜ⁾

a) この表示例は，粗骨材のうち，再生素骨材Hを30%使用していることを意味する．
b) 回収水は，附属書Cにおいて上澄水（RW1）とスラッジ水（RW2）が定義されているので，スラッジ水の場合は，この表示例のようにRW2と記載し，目標スラッジ固形分率が2.5%のときは，括弧内に2.5%と記載する．また，上澄水の場合はRW1と記載し，使用比率が100%のときは，括弧内に100%と記載する．
c) フライアッシュの使用割合は，セメントに対する質量分率を記載する．

10.9 報　　告

表 10.17　リサイクル材

使用材料名	記号[1]	表示することが可能な製品
エコセメント	E（又は EC）	JIS R 5214（エコセメント）に適合する製品
高炉スラグ骨材	BFG 又は BFS	JIS A 5011-1（コンクリート用スラグ骨材—第 1 部：高炉スラグ骨材）に適合する製品
フェロニッケルスラグ骨材	FNS	JIS A 5011-2（コンクリート用スラグ骨材—第 2 部：フェロニッケルスラグ骨材）に適合する製品
銅スラグ骨材	CUS	JIS A 5011-3（コンクリート用スラグ骨材—第 3 部：銅スラグ骨材）に適合する製品
電気炉酸化スラグ骨材	EFG 又は EFS	JIS A 5011-4（コンクリート用スラグ骨材—第 4 部：電気炉酸化スラグ骨材）に適合する製品
再生骨材 H	RHG 又は RHS	JIS A 5021（コンクリート用再生骨材 H）に適合する製品
上澄水	RW1	この規格の附属書 C に適合する上澄水
スラッジ水	RW2	この規格の附属書 C に適合するスラッジ水
フライアッシュ	FA I 又は FA II	JIS A 6201（コンクリート用フライアッシュ）の I 種又は II 種に適合する製品

[1] 骨材の記号の最後の G は粗骨材を，S は細骨材をそれぞれ示す．

RHG 30%[a]／RW2（2.5%）[b]／FA II 10%[c]

a) この表示例は，粗骨材のうち，再生素骨材 H を 30% 使用していることを意味する．
b) 回収水は，附属書 C において上澄水（RW1）とスラッジ水（RW2）が定義されているので，スラッジ水の場合は，この表示例のように RW2 と記載し，目標スラッジ固形分率が 2.5% のときは，括弧内に 2.5% と記載する．また，上澄水の場合は RW1 と記載し，使用比率が 100% のときは，括弧内に 100% と記載する．
c) フライアッシュの使用割合は，セメントに対する質量分率を記載する．

〈演習問題〉

10.1 レディーミクストコンクリートが荷卸し地点で満足しなければならない品質条件を列挙せよ．

10.2 レディーミクストコンクリートに用いられる骨材の品質について説明せよ．

10.3 次に示す装置の機能を説明せよ
　　　　貯蔵設備　　　計量設備

10.4 区分B骨材を使用する場合にアルカリシリカ反応対策について説明せよ．

10.5 レディーミクストコンクリートの製品検査の項目と頻度について述べよ．

10.6 管理図とヒストグラムの機能上の相違点を記せ．

10.7 レディーミクストコンクリートを購入する場合，生産者と協議の上購入者が指定できる事項を列挙せよ．

10.8 生産者が行う製品検査と購入者が行う受入れ検査における検査ロットの相違について説明せよ．

10.9 次表はレディーミクストコンクリートの検査のために行った圧縮強度の結果である．呼び強度の強度値を $30\,\mathrm{N/mm^2}$ として合否を判定せよ．

回	圧縮強度 ($\mathrm{N/mm^2}$)		
	x_1	x_2	x_3
1	34.4	25.1	31.6
2	28.5	34.3	32.5
3	29.6	33.4	25.1

[参考文献]

1) 全国生コンクリート工業組合連合会：レディーミクストコンクリート工場品質管理ガイドブック第5次改訂版，p.418-425，2007年度版

2) コンクリート工学協会：フレッシュコンクリートの単位水量迅速測定及び管理システム調査研究委員会報告書，p.110，pp.102-104，2004年6月

3) 金井武明：レディーミクストコンクリートの発注から配合報告までの流れ，全国生コンクリート工業組合連合会技術委員会資料，2010年5月

4) 土木学会：コンクリート標準示方書（施工編）2007年制定，pp.201-204

11 プレキャストコンクリート

11.1 概　説

A 特徴

（1）プレキャストコンクリート（precast concrete）はコンクリートの硬化後に据え付けるか，または組み立てるコンクリート部材をいうと定義されている．一方，工場製品とは，管理された工場で継続的に製造されるプレキャストコンクリート製品をいうと定義されており，工場製品はプレキャストコンクリートの一部であることがわかる．ここではほぼ同意語として述べる．

（2）プレキャストコンクリートは近年著しくその生産量を伸ばしつつあり，セメント全生産量の15％程度がプレキャストコンクリートに使用されている．

（3）プレキャストコンクリートは，ほとんど工場で生産される．一般のコンクリート構造物に比べ，次のような特徴を有する．

（ⅰ）断面は一般に薄い．近年は運搬設備の改良により，次第に大型かつ大断面の部材の製造も可能になったが，平均すると薄断面で小型のものが多い．

（ⅱ）高強度のコンクリートが使用され，一般に富配合で，混和材料の使用に積極的である．

（ⅲ）早期脱型が要求され，促進養生が広く採用されている．

（ⅳ）特殊な締め成形法，たとえば遠心力締めや加圧振動締めが用いられている．

（ⅴ）製品の品質性能については，直接実物について試験できるものが多く，管理が十分行き届くとともに容易である．

(4) プレキャストコンクリートを用いた現場施工は，型枠支保工や打込みなどの現場作業がはぶけること，現場におけるコンクリートの養生期間が不要になること，コンクリートの品質管理が容易であること，などの利点を有するため広く採用される傾向にある．

B　プレキャストコンクリートと日本工業規格（JIS）

(1)　プレキャストコンクリートの工業標準化が行われると製品の種類を少なくすることができ，生産能率の向上，生産費の低下，取引きの単純公正化が期待できる．

(2)　プレキャストコンクリートの大部分には日本工業規格が制定されており，種別・形状・寸法・製造方法・強度その他の性質・試験方法・検査方法などが定められている．経済産業省もしくは認められた審査機関による認可を受けた JIS 表示許可工場で製造された製品には，JIS マークが表示されている．

(3)　平成 22 年 3 月に，プレキャストコンクリート製品の規格に改正があり，現在は JIS A 5361～5365 の基本規格と JIS A 5371～5373 の構造別製品規格がある．

(4)　この改正は，環境面への一層の配慮，ユーザーに対する情報提供，最近の実態等の反映の必要性等の観点から行われたものである．

(5)　この改正により，エコセメント，再生骨材，溶融スラグ骨材等のリサイクル材料利用の促進，ヒートアイランド緩和対策への貢献等が期待でき，ユーザーに対する情報提供の拡充が図られた．また，最新の技術や流通実態を反映することができた．

11.2　プレキャストコンクリートの製造

プレキャストコンクリートの製造において，一般のコンクリート標準示方書に定められている条項を守らなければならないことは当然であるが，特殊な条件でつくられるため，実験あるいは経験の結果から特殊な配慮をしていることも多い．ここではプレキャストコンクリートの製造に特有なことについてのみ述べる．

A 材料および配合
a 材料

(1) セメントは一般に普通ポルトランドセメントが使用されているが，脱型時期を早めるため，早期強度を得るためなどの目的から早強ポルトランドセメントが用いられることもある．ヒューム管の製造などでは，ケミカルプレストレスの導入を期待して膨張材が，また，耐酸性を期待して耐酸セメントが用いられたりしてもいる．

(2) 粗骨材の最大寸法は 40 mm 以下とするが，製品の最小厚さの 2/5 または鋼材の最小あきの 4/5 をこえてはならない．これは一般の値よりいくぶん緩和している．

(3) 鉄筋は JIS G 3112 鉄筋コンクリート用棒鋼に適合したものを用いるのを原則とするが，機械的性質がこれに相当するものの使用も認められている．

(4) 鉄筋には棒鋼や異形丸鋼のほかに 6 mm 以下の普通鉄線あるいは軟鋼線材も用いられる．鉄線や線材では鉄筋の交点を緊結する代わりにスポット溶接することが多く，このための便利な機械も製作されている．溶接工法が良ければ，ほとんど強度を低下させることはない．ただし，PC 鋼棒，PC 鋼線へのスポット溶接は PC 鋼材の材質を低下させたり，錆の発生原因となることがあるので十分に検討しなければならない．

(5) 鉄筋の最小かぶりは，一般に耐久性の考慮をする必要のある場合 12 mm，考慮する必要のない場合 8 mm 以上で，かつ鉄筋の直径以上とする．

b 配合

(1) プレキャストコンクリートには，一般に次の要求から富配合のものが用いられることが多い．

(ⅰ) 高強度が要求される．特に部材の取扱い中の損傷を防止するための早期強度が必要である．

(ⅱ) 型枠存置期間，すなわち脱型までの時間を短くする．

(ⅲ) 出荷時に設計基準強度を満足するには，早期強度を要求される．

(2) 各種のプレキャストコンクリート部材の製造に用いられている配合の標準を表 11.1 に示す．

(3) 最近，圧縮強度 80〜100 N/mm^2 の高強度コンクリートが一部のプレ

表11.1 プレキャストコンクリートの配合

コンクリート製品の種類		粗骨材最大寸法 (mm)	単位セメント量 (kg/m³)	水セメント比 (%)	スランプ (cm)	材齢28日圧縮強度 (N/mm²)
振動締固め製品	道路用製品	15～25	320～370	40～50	2～8	32～42
	矢板・フリューム管	15～25	300～400	38～50	2～8	30～45
	無筋ブロック	20～30	240～330	45～55	2～6	20～30
	セグメント	20～25	350～450	35～45	2～6	45～55
遠心力締固め製品	ポール・パイル	15～30	400～500	35～45	3～8	40～50
	ヒューム管	10～25	370～500	37～50	3～8	35～48
	スパンパイプ	10～20	400～440	38～43	3～7	40～45
PC製品	橋桁，まくら木	15～30	400～500	32～45	2～6	45～60
	高強度パイル	20～25	450～520	32～40	6～8	75～100
即時脱型製品	まくら木	15～25	400～450	30～40	0	50～60
	無筋コンクリート管	15～20	280～350	34～40	0	35～45
	ブロック類	15～25	230～300	35～45	0	25～35
建築用製品	プレハブパネル，スラブ	20～25	300～350	35～45	0～5	30～40
	ブロック	10～25	220～280	35～45	0	25～30

キャスト製品で実用化されている．この種のコンクリートは単に配合を選別するのみでなく，材料・配合・締固め方法・養生方法の適切な組合せにより可能となる[1]．表11.2に高強度コンクリートの配合の例を示す．オートクレーブ養生については11.2節 C.b. 参照．

表11.2 超高強度コンクリートの配合の例

目標強度[a]	85～90 N/mm²		100 N/mm²	
	オートクレーブ養生	水中養生	オートクレーブ養生	水中養生
単位セメント量 (kg)	450～550	500～600	600以上	700以上
水セメント比 (%)	32～34	28～32	25～27	25以下
混和剤	高性能減水剤	高性能減水剤	高性能減水剤	高性能減水剤
混和材		シリカフューム		シリカフューム
目標強度に達する材齢	18～24時間	28日	18～24時間	28日

a) 供試体 $\phi 10 \times 20$ cm 円柱形，振動締固め

(4) 高強度コンクリートに用いる骨材は，良質・強硬でなければならないことは当然であるが，特にオートクレーブ養生するものは，細骨材の石質が影響する．シリカ分の多い細骨材が有利であることが認められている[2]．

B 締固め成形

a 振動締固め

(1) 振動締固めには，内部振動機を用いる方法，外部振動機を用いる方法，振動台を用いる方法の3種がある．

(2) 振動締固めは，一般のコンクリート工事でも用いられているが，プレキャストコンクリートの場合，一般にコンクリートが硬練りであることもあって振動機を用いることは必須である．また一般の工事に比較すると外部振動機，振動台を用いることの割合が大きい．

(3) 締固めの効果は振幅と振動数に関係し，特に振動数は振動機の性能を大きく支配する．振動台の場合，振動の加速度が $4\sim 5g$ までは締固め効果が加速度に比例して増大するとされている．

b タンピング締固め

ごく硬練りのコンクリートの締固めに有効な方法である．特に平板を水平な型枠に打ち込むとき，タンピングマシンでたたき固める工法が用いられている．この方法で締め固められたコンクリートは，一般に即時脱型が可能である．

c 加圧締固め

フレッシュコンクリートに圧力を加え，水をしぼり出しながら成形するとともに，加圧下で高温養生することによって早期高強度を期待する工法である[3]．コンクリート矢板やコンクリートセグメントなどの製造に実用化されている．加圧の強さは $1.0\,\text{N/mm}^2$ 程度である．

d 遠心力締固め

(1) 回転によって生じる遠心力を利用してコンクリートを締め固めるもので，ポール，パイル，パイプのような中空円筒形の製品の成形には最適である（図11.1）．

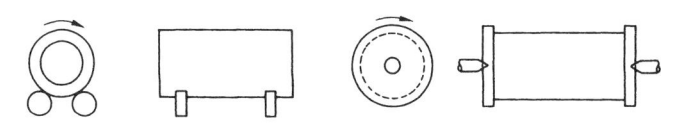

（a）車輪式：回転中微細な振動が加わる　（b）ジャイロ式：コマが回るようで，振動はほとんどない

図11.1 遠心力締固め機の種類

(2) 遠心力締固めの実用は，図 11.1 に示す車輪式であって，製品の壁厚の中心で計算した遠心力が 30〜40 g 程度になるように運転されている．

(3) 回転数を大きくすれば遠心力は大きくなり，締固め効率は良くなるが，一方，回転速度をあまり大きくすると，コンクリートの材料分離が著しくなる，円滑な回転が得られなくなるなどの理由から制約があり，それが上記の値である．遠心力の大きさのみならず，回転時間，低・中・高速回転時間の配分もコンクリートの品質に影響するので，これらの最適量は実験によって求める．

(4) 遠心力締固めを行うと，回転中に水がしぼり出されるので，成形後のコンクリートの水セメント比は練混ぜ時の水セメント比よりもかなり小さくなる（図 11.2）[4]．したがって通常の締固めを行ったコンクリートよりも圧縮強度において 15〜25% 増大する．

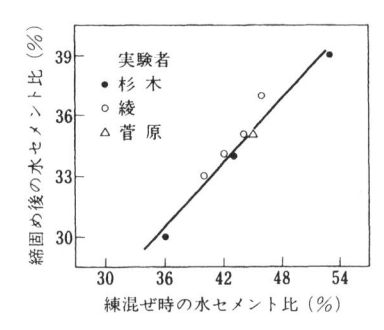

図 11.2 練混ぜ時の水セメント比と遠心力締固め後の水セメント比の関係

(5) 回転中に水と同時にしぼり出された微粉末との混合物（のろ）の処理には，各工場で苦慮しており，のろの少ない製造法や，工事に不都合がなければのろを製品内部で固めてしまう方法も実用化されている．

C 養　生

プレキャストコンクリートには促進養生が多く用いられている．促進養生の目的は，脱型を早くして型枠の回転を速めること，製品の出荷時期を早めることにある．養生は製品の品質と製造能率に大きな影響を及ぼす重要な工程である．

a 常圧蒸気養生

(1) コンクリートを型枠に打込み後，ボイラからの蒸気を配管で送って常圧で養生することをいう．

(2) 常圧蒸気養生は，一般に前養生期間，温度上昇期間，等温養生期間，温度下降期間より成る（図 11.3）．普通 1 日 1〜2 サイクルを採用し，蒸気養生によって所要強度の 60〜70% の値を得て，その後水中，湿潤，空中などの

条件で後養生を行う．

(3) 一般のプレキャストコンクリートの最適養生条件は，前養生：3～5 時間，温度上昇速度：15～22℃/h，最高温度：60～80℃，養生期間：10～20 時間が推奨されるが，これらの細部の値は，使用材料，配合，気温，製品の形状・寸法，所要強度，工程などによって相違するので実験によって定める必要がある．

(4) 蒸気の有効な使用を考慮した形式の蒸気養生室を図 11.4[5] に示す．

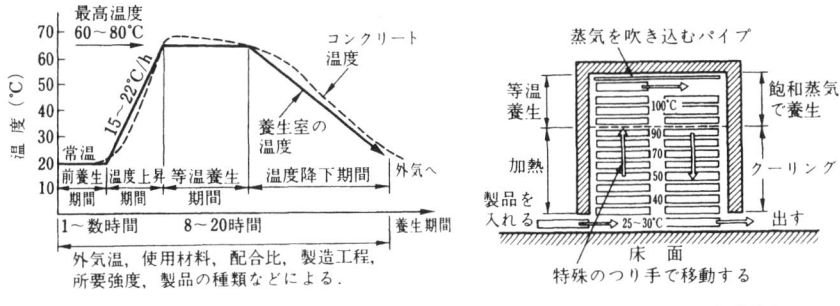

図 11.3　蒸気養生の際の養生サイクル

図 11.4　高効率の蒸気養生室

b 高温高圧養生（オートクレーブ養生）

(1) コンクリートを高温高圧蒸気のもとで養生すると，セメント中のシリカとカルシウムが結合して強固なトベルモライトのゲルまたは準結晶を形成する．この反応を水熱反応という．

(2) トベルモライトは $CaO\text{-}SiO_2\text{-}H_2O$ からなる天然の鉱物名称であるが，水和生成物がこの鉱物と同様な組成となることからこのように呼ばれる．この組成中には Si-O 結合が多く含まれるので結合力が強くなる．

(3) トベルモライトの形成過程でシリカ分が少ないときは $2CaO \cdot 2SiO_2 \cdot 3H_2O$ と $Ca(OH)_2$ を形成するが，シリカ粉末を混入したり，骨材に含まれるシリカ分が多いときには，$5CaO \cdot 6SiO_2 \cdot 5H_2O$ のトベルモライトを形成する．図 11.5 に示す結果によれば，水和生成物の全部をトベルモライトにするには，蒸気圧 $0.5\,N/mm^2$ から $1.8\,N/mm^2$，温度 150℃ から 200℃ が必要で，シリカ分はセメント量の 30～40% を置き換える必要がある[6]．

(4) モルタルやコンクリートの場合には一般に骨材中にシリカ分が含まれ

ているのでシリカ粉末の混和を必要
としない場合もある．

D 試験，検査，管理

JIS が制定されているプレキャストコンクリート製品では，製品の試験，検査，管理について規格条項で詳細に規定されている．

a 試験

（1） プレキャストコンクリート製品の試験は実物についてこれを実施するのを原則とするが（11.3節参照），製品によっては実物で試験をすることの困難な場合もある．たとえば，パイルの圧縮試験をするには 4000 kN 以上の容量の試験機を必要とするし，マンホール用側塊などは載荷も容易でない．このような場合には製品に用いたコンクリートで供試体を製造し，これについて各種の強度試験を行って，間接的に製品の試験をしたことにする．

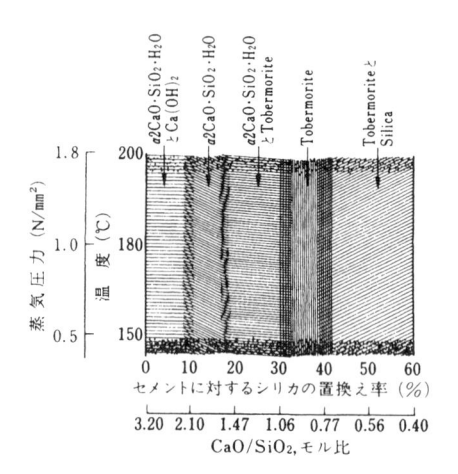

図 11.5 オートクレーブ養生によってできる水和生成物

（2） コンクリートの試験については，標準養生を行った供試体について圧縮強度試験を行うことを原則とする．しかしながら製品となったコンクリートの品質は，材料・配合のみならず，締固め方法，養生方法の相違によっても当然変化するので，製品と同一コンクリートで，かつ製品となるべく同一方法で締固めおよび養生したコンクリート供試体について強度試験を行うことが望ましい．供試体の寸法は一般の場合 10×20 cm の円柱型とすればよい．

（3） 遠心力締固めコンクリートの試験方法：JIS A 1136「遠心力締固めコンクリートの圧縮強度試験方法」では，遠心力締固めの前後ではコンクリートの水セメント比が大幅に変化すること（11.2節 B.d. 参照）を考慮して，遠心力締固めを行ったコンクリートの品質試験方法として次のように定めている．

（ⅰ） 供試体の形状・寸法は表 11.3 のようである．
（ⅱ） 両端に車輪のついた鋼製型枠にコンクリートをつめ，遠心機の車輪に

載せ回転して成形する．成形された供試体は中空円筒形に仕上がる．
（ⅲ）　図11.6に示すように，円筒形の中心軸方向に載荷して圧縮強度を求める．

表11.3　遠心力コンクリート供試体の形状・寸法

粗骨材の区分 (mm)	中空円筒形		
	外径 (cm)	高さ (cm)	厚さ (cm)
20以下	20	30	4
20をこえ25以下	20	30	5
25をこえ30以下	30	30	6

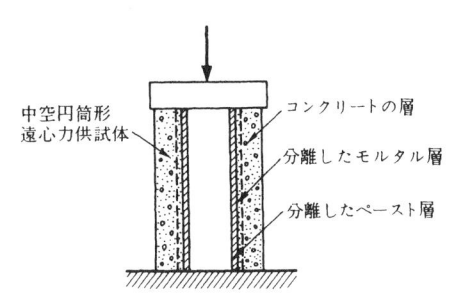

図11.6　遠心力供試体の圧縮試験

b　検　査

（1）　製品の検査は，製品の全数について外観，形状，寸法を調べる．わずかのきず，欠け程度であれば補修して使用してもよいが，耐力を減ずるような破損があるものについては不合格となる．また，形状，寸法が許容範囲，許容誤差をこえるものは不合格となることは当然である．

（2）　製品のコンクリートの品質試験は，あくまで抜取り試験であったり，供試体による試験であったりするので製品の全般についてこれを行うわけではない．そこで製品の全般試験としてシュミットハンマー（図12.13参照）やこれに類する反発式テストハンマーを用いて製品の均一性や硬化の進行状態を調べるのは良い方法である．たとえば，同型のパイプを試験して，所定の値がバラツキなく出ていればよいが，小さな値を示したものがあれば載荷試験をする必要が生じる．

c　管　理

（1）　プレキャストコンクリート製品の管理としては，（ⅰ）コンクリートの材料・配合の管理，（ⅱ）締固めの管理，（ⅲ）養生の管理があげられる．またPC製品の場合はプレストレッシングの管理がきわめて大切である．

（2）　製品が常に一定品質のコンクリートから成っているかどうかの管理には，工場製品と同等の締固めおよび養生の条件で製造した供試体について圧縮

強度試験を行う．この場合材齢は一般に14日とし，大型の工場製品では28日とする．ただしコンクリートの品質のみを管理する場合は標準養生した供試体によってもよい．プレキャストコンクリートの製造工場では，固定したバッチングプラントを設備しているから，配合の変動は比較的少ない．一般に工場におけるコンクリートの強度の変動係数は10％以下で管理されている．

（3）　締固めの管理は，他の2つの要因の管理よりも容易である．すなわち，あらかじめ試験によって得られた適切な締固め方法（振動数や振動時間，遠心力締固めの回転数や回転時間）を確実に実施すれば，品質の変動に及ぼす影響は比較的少ない．

（4）　常圧蒸気養生や高圧蒸気養生を行う場合には，養生の管理が特に大切である．養生管理の影響は，コンクリートの配合の変動以上に大きい．そのため，養生中の温度および圧力の変化を必ず記録し，この値があらかじめ設定された値と大差ないことを確認しなければならない．

（5）　プレストレッシングの管理：プレストレスを導入するプレキャストコンクリート製品にあっては，導入プレストレス量を管理することが最も大切である．最終的に導入されるプレストレス（prestress）（これを有効プレストレスという）を確実に満足するには，導入プレストレス量を管理するのみならず，設計において考慮したコンクリートの弾性変形，乾燥収縮，クリープ，PC鋼材のリラクセーション（relaxation）などの値が，実際のコンクリートやPC鋼材において満足されなければならない．初期に導入するプレストレスの管理，すなわちプレストレッシングの管理は，ジャッキのマノメータおよびPC鋼材の伸び量の両者の測定値によって行うのを原則とする．

11.3　主な製品

A　道路用製品

a　舗装用コンクリート平板（JIS A 5371）

正方形の無筋コンクリート平板で，歩道の舗装に用いられる（図11.7）．寸法は厚さ60 mmで普通平板の場合300×300 mmと400×400 mmの2種類を基本とし，1辺が450，500 mmのものもある．透水平板の場合も300×300 mm，400×400 mmの2種類を基本としている．その他，カラー平板，洗出平

板，擬石平板も規格化されている．

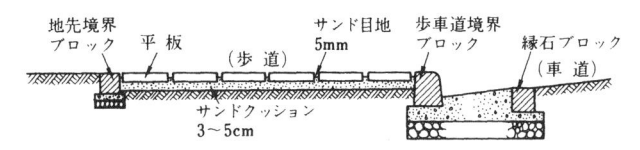

図 11.7 歩道用コンクリート平板の敷設標準

b 鉄筋コンクリート U 形（JIS A 5372）

図 11.8 に示すような U 字形の製品で，道路または街路の側溝に用いられる．

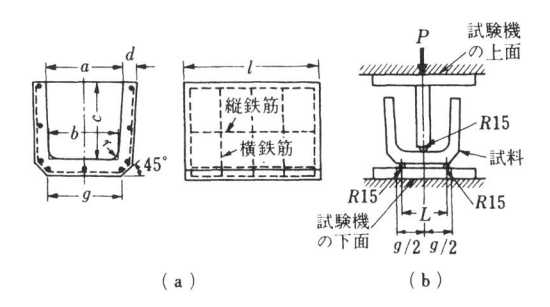

U 形の寸法：$a = 150 \sim 600$ mm, $b = 140 \sim 540$ mm, $c = 150 \sim 600$ mm, $d = 30 \sim 70$ mm, $l = 600$ mm または 1000 mm

図 11.8 鉄筋コンクリート U 形（推奨仕様）

c コンクリート境界ブロック（JIS A 5371）

街路の歩道と車道，あるいは植樹帯その他の路面との境界に用いられる（図 11.7 参照）．

d 鉄筋コンクリートガードレール

道路の曲線部の路肩に設置する防護さくで，一例を示すと図 11.9 のようである．鉄筋コンクリートガードレールは，鋼製のものやワイヤーロープのガードレールに比例して剛性が大きい特徴を有する．

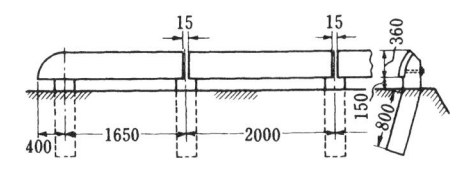

図 11.9 鉄筋コンクリートガードレール

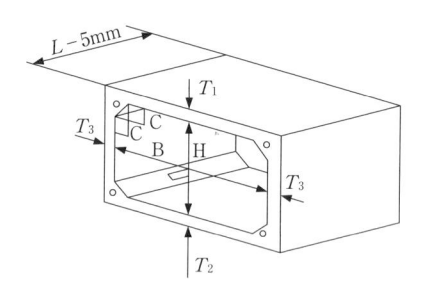

e ボックスカルバート

ボックスカルバートは，図 11.10 に示すように共同溝や大型上下水道溝として用いられ，JIS A 5372 および 5373 にそれぞれ規格化されている．ボックスカルバートには鉄筋コンクリート製とプレストレストコンクリート製とがあるが，最近の膨張材の作用で化学的にプレストレスを導入した，いわゆるケミカルプレストレストコンクリート製のボックスカルバートが大きな比率を占めるようになっている．

図 11.10 ボックスカルバートの形状

B 管 類

a 遠心力鉄筋コンクリート管（JIS A 5372）

遠心力締固め成形による鉄筋コンクリート管で，発明者の名前をとってヒューム管とも呼ばれる．ヒューム管のコンクリートは遠心力でよく締め固められているので，密実で水密性，強度が高く，下水管，排水管だけでなく水圧のかかる上水管やサイフォン管にも用いられている．図 11.11 に遠心力鉄筋コンクリート管の例を示す．

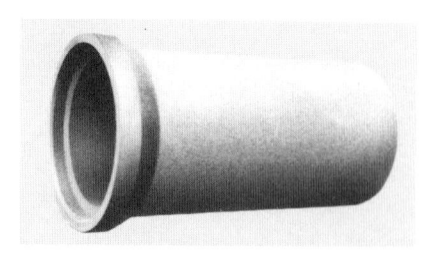

図 11.11 遠心力鉄筋コンクリート管（B 形管）（全国ヒューム管協会）

b 無筋コンクリートおよび鉄筋コンクリート管（JIS A 5371 および 5372）

鋼製の型枠（内枠と外枠）内に組み立てた鉄筋を入れ，コンクリートを打ち込み，型枠振動機や内部振動機を用いて成形する．無筋コンクリート管の場合は鉄筋を用いないことは当然である．下水用，かんがい排水用として用いられる．

c 透水コンクリート管

遠心力成形時に，くし状金物を用いてコンクリートに小孔を設けたり，砂を用いないコンクリート管（図 11.12）を製造したりして集水管をつくることが

できる．主に，雨水の速やかな排水性能が求められるスポーツ施設（野球場，ゴルフ場，テニスコート，グランド），公園，駐車場や地下の透水層を通って進入してくる地下水などを排除する必要のある道路路盤に利用されている．

図 11.12　透水コンクリート管（ポラコン工業会）

C　ポールおよびくい

コンクリート製ポールおよびくいは，近年その需要が急激に増大し，現在では各種プレキャストコンクリート製品中，最大の製造量になっている．

a　遠心力プレストレストコンクリートポール（JIS A 5373）

遠心力コンクリート管と同様の方法で製造され，軸方向に配置された鉄筋あるいは緊張された PC 鋼線と，スパイラル状に配置された円周方向の用心鉄筋によって補強されている．JIS には送電・配電・通信および信号用の第 1 種ポールと，鉄道や軌道の電車線路用の第 2 種ポールが定められている．第 2 種ポールは第 1 種ポールよりも大きいモーメントに耐えられるようになっている．

b　遠心力鉄筋コンクリートくい（JIS A 5372）

軸方向鉄筋，スパイラル状の用心鉄筋ならびにリング筋で補強され，遠心力で締固め成形された中空円筒形のくいをいい（図 11.13），必要に応じて，適当な先端部または継手部を設ける．JIS では長さ 3～15 m，外径 200～600 mm，厚さ 50～90 mm のものが 1 種および 2 種に分けて示されている．1 種は主として軸方向荷重に対し，2 種は軸方向荷重と水平荷重に対して設計されたものである．2 種はひび割れ曲げモーメントの大きさによって，A 種，B 種および C 種に区分されている．1 種ぐいは橋台，橋脚あるいは建築物の基礎ぐいとして使用され，2 種ぐいは水平力を受ける橋脚，桟橋あるいはけい船ぐいなどに用いられる．

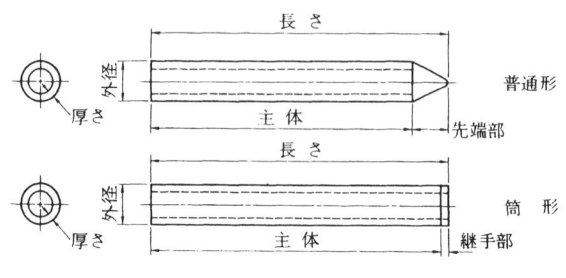

図 11.13　遠心力鉄筋コンクリートくい

c　プレテンション方式遠心力高強度プレストレストコンクリートくい（JIS A 5373）

プレストレストコンクリートくいは，プレストレスが与えられているので，運搬・取扱いによるひび割れ，あるいは打込み時のひび割れを防ぐことができる．また曲げモーメントが作用してひび割れが生じても，荷重が除去されれば復元してひび割れがなくなる利点がある．JIS はプレテンション方式による遠心力高強度プレストレストコンクリートくいに関する規定であって，外径 300～1200 mm，厚さ 60～150 mm，長さ 4～15 m の範囲で種別 A，B，C につき，ひび割れ曲げモーメント 24.5～1962 kN·m にわたって示している．ここに A，B，C 種は有効プレストレスをそれぞれ 4.0，8.0，10.0 N/mm² 程度としたものに対応する．

D　土止め用製品

a　コンクリート矢板（JIS A 5372 および 5373）

掘削などによってできる土壁が崩れないように押えるための土留め板として用いられるコンクリート矢板は，打込み時に頭部および先端部，特に頭部に打撃によるはげしい衝撃力を受けるし，打ち込まれた後は土圧による大きな曲げモーメントを受けるので十分な耐力を有するものでなければならない．JIS に定めるコンクリート矢板には，加圧成形によって製造したコンクリートの圧縮強度が 60 N/mm² 以上の加圧コンクリート矢板（以下加圧矢板という），およびプレテンション方式によって製造したコンクリートの圧縮強度が 70 N/mm² 以上のプレストレストコンクリート矢板（以下 PC 矢板という）がある．図

11.14 に平形コンクリート矢板の例を示す．

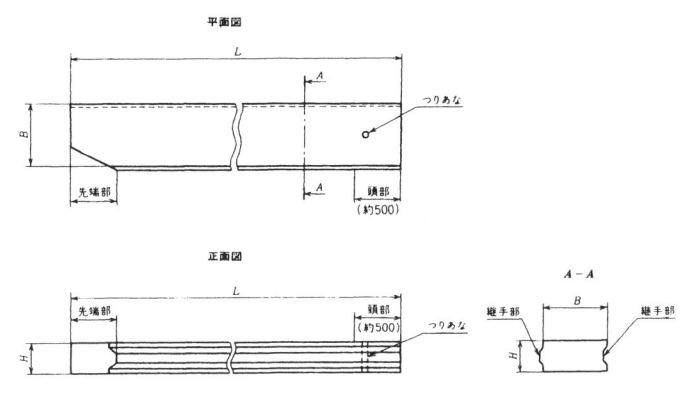

図 11.14 平形コンクリート矢板の例（加圧矢板および PC 矢板）

b コンクリート積みブロック
（JIS A 5371）

従来，間知石などで施工されていた切取り面の土止めや，河川堤防の護岸用にコンクリートブロックが広く使われている（図11.15）．積みブロックとしては，長方形，正方形，正六角形の面の形状が用いられる．

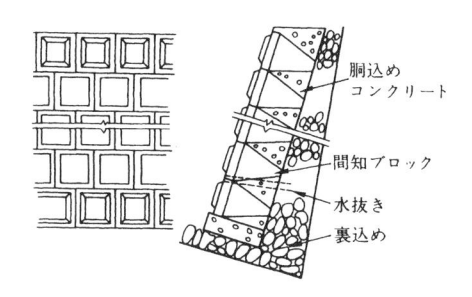

図 11.15 間知石型土止めブロック

E スラブ・けた用製品

a プレストレストコンクリート橋りょう類（JIS A 5373）

道路橋用橋げた，軽荷重スラブ橋用橋げた，道路橋用橋げた用セグメント，合成床版用プレキャスト版，道路橋用プレキャスト版などがある．この橋りょう類は道路橋のAおよびB活荷重の場合に使われる．各等級の橋に対し，スパン5～24mの範囲で推奨仕様が制定されている．プレキャストコンクリート橋げたは橋の幅1mにつき3本並べられる．これらの橋げたの間に現場打ちコンクリートを打設し，横方向にプレストレスを与えてスラブ橋とする．図11.16にけたの断面例を示す．

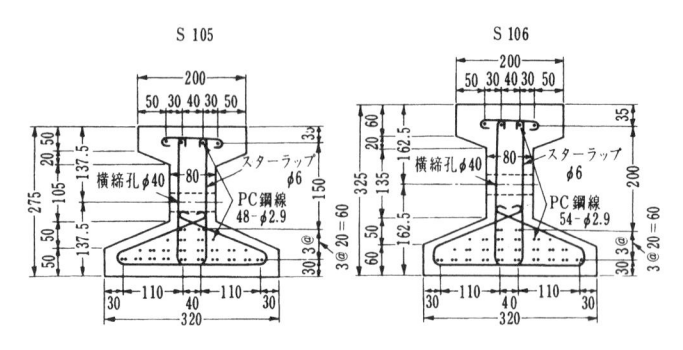

図 11.16 橋げたの断面図の一例

F その他の製品

プレキャストコンクリートの用途と応用は年々広がりつつあるが，これまであげた製品のほか，次のようなものがある．

a 鉄筋コンクリートフリューム (JIS A 5372)

鉄筋コンクリートの U 形製品で主として畑地かんがいの導配水用に用いられる．

b 鉄筋コンクリートケーブルトラフ (JIS A 5372)

敷設する電線を収める，ケーブルトラフといわれる鉄筋コンクリート製品をいう．

c まくら木

RC まくら木は古くから用いられてきたが，今日ではひび割れ防止，耐久性などですぐれている PC まくら木が一般的である．また最近では道床にバラストを用いない直結軌道用の大寸法まくら木も実用化されつつある（図 11.17 参照）．

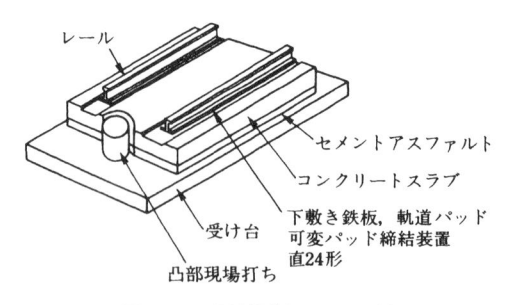

図 11.17 直結軌道用スラブの例

d セグメント

地下鉄工事などのシールド工法による都市内トンネル工事の増大につれ，鉄筋コンクリートセグメント，鋼板コンクリート合成セグメントなどが大量に用

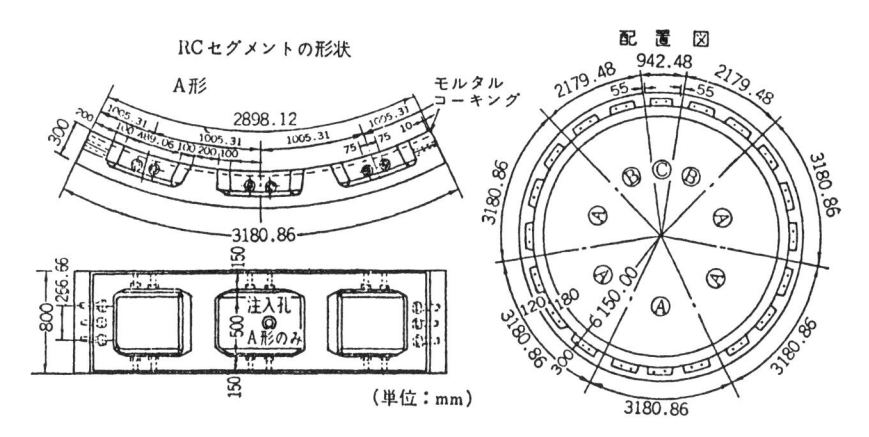

図 11.18 RC セグメントの形状と配置図の例

いられている（図 11.18 参照）．

  e　消波ブロック

テトラポッド，六脚ブロックなどが海岸線の波砕作用緩和の目的で大量に使用されている（図 11.19 参照）．

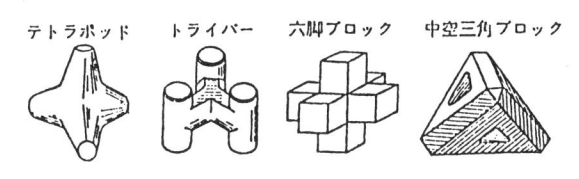

図 11.19 消波ブロックの例

  f　コンクリート魚礁

沿岸漁業振興対策として人工魚礁が大量に設置されているが，コンクリート

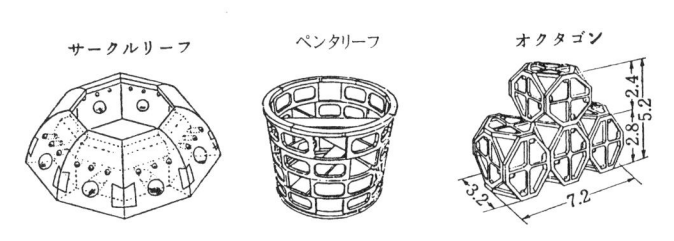

図 11.20 大型コンクリート魚礁の例

魚礁は他の材料よりも耐久性，経済性で優れており，今後要請が高くなると思われる．近年大型で組立て式の複雑な形状の魚礁も開発されている（図 11.20 参照）．

11.4 特殊プレキャストコンクリート

近年，特殊な製造方法によるプレキャストコンクリート製品，たとえば，起泡剤や発泡剤を用いることによって軽量化した製品や，バインダーとしてセメントを用いず樹脂を用いたものなどが製造・市販されている．ここでは代表的なものについてのみ述べる．

A ALC 製品

a 一般

(1) ALC 製品とはオートクレーブ養生した軽量気泡コンクリート製品（autoclaved lightweight concrete の略）をいい，主として建築構造に用いられる．

(2) ALC は石灰質原料およびケイ酸質原料を粉末状態として混合したものに，適量の水および気泡剤ならびに混和材料を加えて多孔質化したものを，オートクレーブ養生によって十分硬化させてつくる．なお，石灰質原料とは JIS R 9001（工業用石灰）に規定する石灰やポルトランドセメント，混合セメントを用いる．また気泡剤は金属粉末，表面活性剤などで，均等な気泡が得られるものでなければならない．

(3) ALC 製造工程の例を図 11.21 に示す．

b 製品および品質

(1) ALC 製品には，パネルとブロックがある．パネルの成形の際には，耐久上有効な防せい処理を施した鉄筋を挿入して補強する．

(2) ALC の品質は，絶乾かさ密度（絶乾密度，絶乾見かけ密度と同義）が $0.45\,\mathrm{g/cm^3}$ をこえ $0.55\,\mathrm{g/cm^3}$ 未満，圧縮強度が $3.0\,\mathrm{N/mm^2}$ 以上でなければならない．

(3) JIS には，各寸法のパネルについて，ひび割れ荷重を載荷したときのたわみ，曲げ破壊荷重が定められている

(4) ALC パネルおよびブロックには，使用上有害なそり，ひび割れ，くぼ

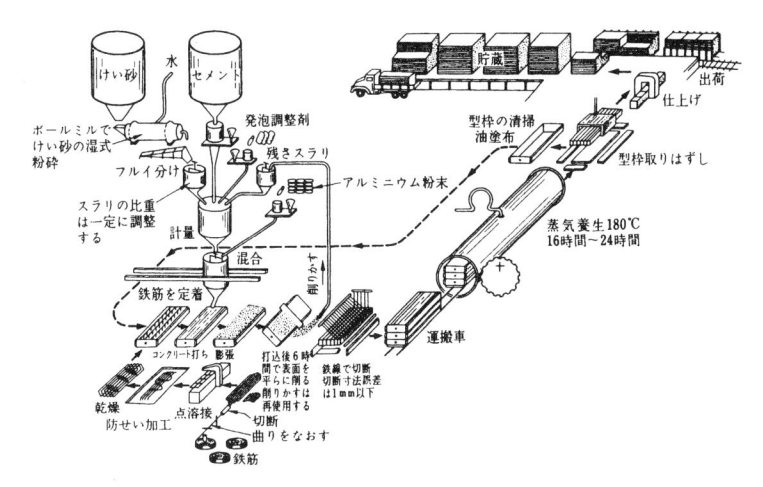

図 11.21 ALC の製造工程例

み，気泡むらなどがあってはならない．

B 樹脂含浸コンクリート

a 一 般

樹脂含浸コンクリートとは，耐久性増大や強度上昇を目的として，コンクリートに樹脂を含浸させて硬化させたものをいう．

b 製 造

（1） 含浸樹脂としてエポキシのように硬化剤による常温硬化性の樹脂を用いる場合には，乾燥させたコンクリートの表面から樹脂を圧入して含浸させ硬化させる．この場合，樹脂は一般に粘性が大きく含浸深さは小さい[7]．

（2） 熱重合や放射線重合型の樹脂（たとえばメタクリル酸メチルとかスチレンなど）を用いる場合には，乾燥させたコンクリートにモノマー樹脂を含浸させ，これに熱もしくは放射線を与えて樹脂をポリマー化させ硬化させる[8]．

c 品 質

（1） 図 11.22 に耐久性の改良程度，図 11.23[9] に強度改善の実験結果を示す．

（2） 高価なため，大量使用には至っていないが，海洋開発材料や配電管に実用されている．近年の事例では，明石海峡大橋の橋脚気中部で捨て型枠とし

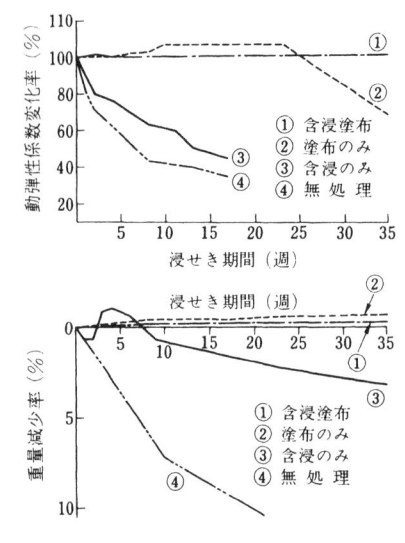

図 11.22 樹脂含浸コンクリートの耐酸試験
(HNO₃ 5% 溶液)(エポキシ樹脂)

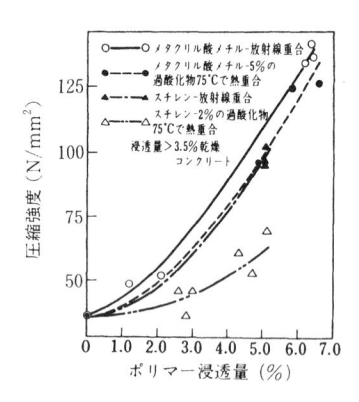

図 11.23 樹脂含浸コンクリート強度性状

て大量に使用された．

C レジンコンクリート

バインダーとして樹脂を用い，これに骨材を混合してつくったコンクリートをいう．引張強度がセメントコンクリートの5~8倍まで期待できるのでマンホールのふたなどに実用化されている[10]．またパイルへの応用も考えられている．樹脂を乳液化して，これをセメント，骨材と混合してつくったコンクリートもある[10]．

〈演習問題〉

11.1 プレキャストコンクリートの利点を述べよ．

11.2 圧縮強度 80~100 N/mm² の超高強度コンクリートの配合例を示せ．

11.3 プレキャストコンクリートで用いられる促進養生法の種類と特長を述べよ．

11.4 遠心力締固め方法の特長を述べよ．また回転速度を大きくした場合の問題点である材料分離について考察せよ．

11.5 高温高圧養生(オートクレーブ養生)を行うと強度が大きくなる理由を示せ．また高温高圧養生を行ったコンクリートの一般的性質を述べよ．

11.6 プレキャストコンクリートを日本工業規格(JIS)で規格化した意義を考察せよ．

11.7 プレキャストコンクリートの場合，新材料，新工法の導入に積極的であることの理由を論ぜよ．

11.8 樹脂含浸コンクリートとレジンコンクリートの相違について述べよ．

11.9 ALC の特長を述べよ．

[参考文献]

1) 長滝重義：高強度コンクリートに関する研究とその実用化，コンクリート工学年次論文報告集，Vol. 10, No. 1, pp. 61-68 (1988)
2) 西，大塩，福沢：オートクレーブ養生した高強度コンクリートとパイル，セメントコンクリート，No. 299 (1972.1)
3) 吉田徳次郎：最高強度のコンクリートの製造について，土木学会誌，Vol. 26, No. 11 (1940)
4) 杉木六郎：コンクリート製品，コンクリート技術の基礎 '72，コンクリート会議 (1972.9)
5) 河野 清：コンクリート製品の促進養生，コンクリートジャーナル，Vol. 4, No. 3-4 (1966)
6) ACI Committee 516 : High Pressure Steam Curing, Modern Practice and Properties of Autoclaved Products (1967)
7) 村田，小林：樹脂含浸によるコンクリートの耐水耐食処理，セメントコンクリート，No. 250 (1967.12)
8) 田沢，他：樹脂含浸セメント製品に関する基礎研究，コンクリートジャーナル，Vol. 9, No. 1 (1971)
9) たとえば，プラスチックコンクリート特集，コンクリートジャーナル，Vol. 11, No. 4 (1973)
10) 片岡，成岡：コンクリートポリマー材料(紹介)，コンクリートジャーナル，Vol. 8, No. 4 (1970)

12 コンクリート試験法

12.1 概説

　所要の品質のコンクリートが得られているかどうかを常に試験によって確かめなければならない．試験には必ず誤差が伴うものであるが，試験誤差が大きいと試験値に信頼性が失われるばかりでなく，その試験値から，コンクリートの品質を正確に把握するためには，多くの測定値が必要であり，時間的にも，また経済的にも不都合になる．JIS では試験による誤差が小さくなるように，各種試験方法の詳細を定めている．試験の結果は，管理図 (control chart) などを使って照査し，常に密実な良いコンクリートが得られるよう努力しなければばらない．

12.2 フレッシュコンクリートの管理試験

A 試料の採取

　(1) 試験に供する試料は，試験しようとするコンクリートを代表するものでなければならない．採取する試料の量を $20 l$ 以上とし，かつ，試験に必要な量より $5 l$ 以上多くなければならない．

　(2) 分取試料の採取方法として，JIS A 1115 に詳細に決められている．

B スランプ試験

　(1) スランプ試験は，コンクリートのコンシステンシー (consistency) を測定する方法として，最も広く用いられている．その試験方法は，JIS A 1101

に定められている．

(2) 試験に使用するスランプコーンを図12.1に示す．突き棒は，直径16 mm，長さ500〜600 mmの鋼または金属製丸棒で，その先端を半球状とする．

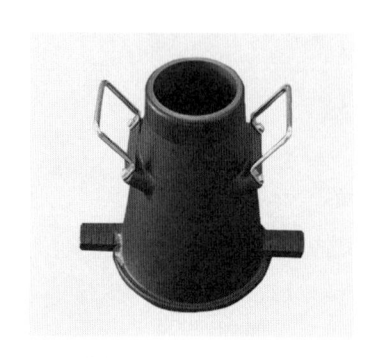

図 12.1 スランプコーン

(3) スランプコーンは水平に設置した剛で平滑な平板の上に押えて置き，試料はほぼ等しい量の3層に分けて詰める．その各層は突き棒でならした後，25回一様に突く．ただし，分離のおそれがある場合には，分離を生じない程度に突き数を減らす．各層を突く際の突き棒の突き入れ深さは，その前層にほぼ達する程度とする．

(4) スランプコーンに詰めたコンクリートの上面をスランプコーンの上端に合わせてならした後，直ちにスランプコーンを静かに鉛直に引き上げ，コーン中央部において下がりを0.5 cm単位で測定し，これをスランプとする．

C 空気量の試験

(1) 空気量試験方法には，JIS規格では重量方法 (JIS A 1116)，容積方法 (JIS A 1118) および空気室圧力方法 (JIS A 1128) の3つの方法が定められている．現在，一般に用いられている方法は，容積方法と空気室圧力方法である．

(2) 容積方法はコンクリート中の空気泡をすべて水で置き換えて，それに要した水量の総和により空気量を求めるものである．この方法は，空げきの多い骨材を用いたコンクリートの場合にも正確な空気量測定ができる[1]．した

がって，人工軽量骨材コンクリートの空気量測定には，この方法が望ましい[2]．

 (3) 空気室圧力法は空気室内の空気を所定の圧力に高めたあと，コンクリートを入れた容器中に放出し，コンクリート中の空気量が多いほど空気室の圧力低下が大きくなることを利用するものである．

 (4) 空気室圧力法に用いる空気量測定器を図12.2に示す．この容器の約1/3まで試料を入れ，ならした後，容器の底を突かないように突き棒で25回均等に突く．突き穴がなくなり，コンクリートの表面に大きな泡が見えなくなるように，容器の側面を10〜15回木槌などでたたく．さらに容器の約2/3まで試料を入れ，前回と同様の操作を繰り返す．最後に容器から少しあふれる程度に試料を入れ，同様の操作を繰り返した後，定規で余分な試料をかき取ってならし，コンクリートの表面と容器の上面とを正しく一致させる．

図12.2　空気量測定器

 (5) 容器のフランジの上面と，ふたのフランジの下面を完全にぬぐった後，ふたを容器に取り付け，空気が漏れないように締め付ける．注水法では排水口から排水されて，ふたの裏面と水面との間の空気が追い出されるまで注水口より注水し，最後にすべての弁を閉じる．

 (6) 空気ハンドルポンプで空気室の圧力を初圧力よりわずかに大きくする．約5秒後に調整弁を徐々に開いて，圧力計の指針が安定するように圧力計を軽くたたき，指針を初圧力の目盛に正しく一致させる．約5秒経過後，作動弁を十分に開き，容器の側面を木槌などでたたく．

 (7) 再び作動弁を十分に開き，指針が安定してから圧力計の目盛を小数点以下1桁で読む．この値から骨材修正係数（JIS A 1128参照）を引いて空気量とする．

 (8) 骨材修正係数は，コンクリートの空気量を測定している間における骨材粒の吸水が試験結果に及ぼす影響を補正するためのものである．

D　ブリーディング試験

 (1) ブリーディング（bleeding）は，材料分離の一種であって，ブリーディ

ングの多少により，モルタルあるいはコンクリートの材料分離の傾向を判断できる．その試験方法は JIS A 1123 に定められている．

(2) 試験容器は金属製の円筒状のものとし，内径 250 mm，内高 285 mm とする．

(3) コンクリートは空気量試験と同様に打ち込み，コンクリートの表面が容器のふちから 30±3 mm 低くなるように，こてでならす．

(4) こてでならした直後，時刻を記録する．次に振動しないように水平な台または床の上に置き適当なふたをする．

(5) 記録した最初の時刻から 60 分の間，10 分ごとにコンクリート上面に浸み出した水を吸い取る．その後は，ブリーディングが認められなくなるまで，30 分ごとに水を吸い取る．水を吸い取るのを容易にするため，その 2 分前に厚さ約 5cm のブロックを容器の底部片側に注意深く挟んで容器を傾け，水を吸い取った後静かに水平の位置に戻す．吸い取った水はメスシリンダーに移し，そのときまでにたまった水の累計を 1 ml まで記録する．

(6) ブリーディングが認められなくなったら，直ちに容器と試料の質量をはかる．

(7) ブリーディング量は，次の式によって算出し，その数値は，四捨五入によって小数点以下 2 桁に丸める．

$$B_q = \frac{V}{A}$$

ここに，B_q：ブリーディング量 (cm^3/cm^2)，V：最終時まで累計したブリーディングによる水の容積 (cm^3)，A：コンクリート上面の面積 (cm^2)．

(8) ブリーディング率は，次の式によって算出し，その数値は，四捨五入によって小数点以下 2 けたに丸める．

$$B_r = \frac{V \times \rho_w}{W_s} \times 100 \quad ただし \quad W_s = \frac{W}{C} \times S \times 1000$$

ただし，B_r：ブリーディング率 (％)，ρ_w：試験温度における水の密度 (g/cm^3)，W_s：試料中の水の質量 (g)，C：コンクリートの単位容積質量 (kg/m^3)，W：コンクリートの単位水量 (kg/m^3)，S：試料の質量 (kg)．

(9) 2 回の試験の平均値を，ブリーディング量およびブリーディング率の

値とする．

E 凝結時間試験

(1) この試験は貫入針を用いてコンクリートの凝結時間を測定するもので，コンクリートに凝結硬化促進剤（accelerating agent）または遅延剤（retarder）などを混入した場合，あるいはコンクリートの配合要素，温度変化などがコンクリートの凝結硬化過程に及ぼす影響を調べる方法である．

(2) 試験方法は JIS A 1147 に定められている．

(3) 貫入抵抗試験装置は油圧，またはスプリングを介して貫入針に貫入力を与える機構をもち，貫入に要する力を圧力計などにより最大 1 kN まで，精度 10 N で測定できるものとする．

(4) 貫入針は貫入部が均一な円形断面の鋼製で，断面積は 100 mm^2，50 mm^2，25 mm^2 および 12.5 mm^2 のものを標準とする．

(5) 容器は内径が 150 mm 以上，内高 150 mm 以上の金属製の円筒または短辺 150 mm 以上，内高 150 mm 以上の金属製の長方体のものとする．

(6) 試験に用いる試料は採取したコンクリートを公称目開き 4.75 mm の網ふるいでふるったモルタル分とする．

(7) 試料のモルタルは容器に一層で入れ，約 1000 mm^2 に 1 回の割合で突き棒で突く．突き終わったら容器の側面を軽くたたいて突き穴をなくし，上面を容器の上端より約 10 mm 低くなるように，コテでならす．

(8) 試料を入れた容器を振動しないような水平な台または床の上に置き，容器から水分が蒸発しないような適切なふたをする．

(9) 試料の硬化状態に応じて適切な断面積をもつ貫入針を選び，試料中に鉛直下方に 25 mm 貫入させる．貫入に要する時間は，約 10 秒とする．

(10) 貫入を行った時刻および貫入に要した力（N）を装置から読み取って記録する．

(11) 貫入に要した力（N）を用いた貫入針の断面積（mm^2）で除し，四捨五入によって小数点以下 1 けたに丸め，貫入抵抗値（N/mm^2）とする．

(12) 貫入抵抗値が 28.0 N/mm^2 を超えるまで貫入試験を続行する．

(13) 経過時間を横軸にとり，貫入抵抗値を縦軸にとって結果を図示する．

(14) 貫入抵抗値が 3.5 N/mm² になるまでの時間を，コンクリートの始発時間という．

(15) 貫入抵抗値が 28.0 N/mm² になるまでの時間を，コンクリートの終結時間という．

F 配合分析試験

(1) フレッシュコンクリートの配合を分析して水セメント比を推定できれば，コンクリートの品質管理を行う際，非常に有利である．一般に硬化コンクリートによる品質管理は確実ではあるが，結果が不良なことがわかっても，その結果を反映させて是正することが難しい．したがって，フレッシュコンクリートの配合分析試験は，きわめて重要である．

(2) 配合分析試験方法には多くの方法が提案されているが，主なものとして，水中秤量法[3]，遠心分離法[3]，セメントと塩酸の反応熱による方法[4] などがある．

G 単位容積質量試験

(1) 単位容積質量の試験方法としては，質量方法による空気量試験方法と一緒にして JIS A 1116 に定められている．

(2) 単位容積質量は，一定容量の容器中のコンクリートの質量を容器の容積で割って求める．

H VB 試験

比較的硬練りのコンクリート（スランプ 2～5 cm）に用いられる．わが国では，この試験機を多少改良して，土木学会基準「振動台式コンシステンシー試験方法（舗装用）」に採用されている．

試験方法は，円筒形容器を振動台に取り付け，この中央でスランプコーンにコンクリートをつめ，これを引き抜いたあと，透明な円板をコンクリート頂上に置いて振動台を振動する．コンクリートが流動して平らになり，透明円板に全面が接したときまでに要した時間をもって沈下度何秒として表示する．

現在では，いずれも図 12.3 に示すように，時間沈下曲線が自記される装置となっている．

I スランプフロー試験

高流動コンクリートや水中コンクリートの流動性を判断するための試験である．スランプコーンはJIS A 1101「コンクリートのスランプ試験方法」に示すものと同じものを使用する．

所定の方法でコンクリートを詰めたあと，スランプコーンを静かに鉛直に引き上げ，コンクリートの流動が止まるまで静置する．標

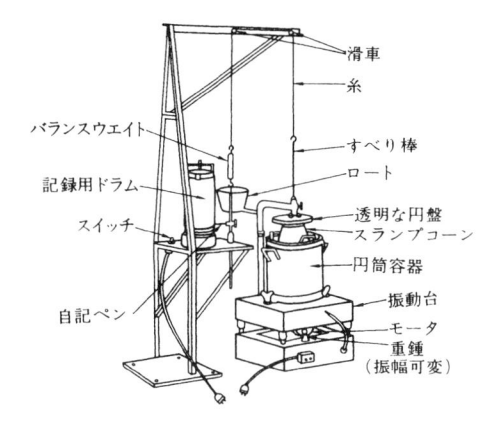

図 12.3 振動台式コンシステンシー試験機

準の静置時間を5分とする．その後コンクリートの広がりの直径を最大値と見られる所とこれを直角の方向の2ヶ所で測り，平均値をスランプフロー値とする．

J スプレッド試験

DIN 1048に規定されている試験で，台板の中央にコーンを置き，この中にコンクリートを詰め，コーンを抜いてから台板の一辺を4cmの高さまで持ち上げて落下させ，これを15回行ったときの広がりによりスプレッド値とする．

K 塩化物量の試験

JIS A 1144に規定され，フレッシュコンクリート中の塩化物量と簡易に測定するための塩分濃度計が多数開発されているが，その原理は，①モール法の応用（検知管式），②電極電流測定法，③電量滴定法，④イオン選択性電極法の4種類に大別される[5]．

L 高流動コンクリートの充填装置を用いた間隙通過性試験

粗骨材の最大寸法が25mm以下の高流動コンクリートの間隙通過性を判断するための試験である．図12.4に示される流動障害を有する充填装置に仕切りゲートを閉じた状態で，ジョッキなどを用いて容器のA室に上端までコンクリート試料を流し込んだ後，仕切りゲートを一気に開き，コンクリートが流

動障害を通過しながらB室に流動させ，流動が静止した時点での下端から充填コンクリート上面までの高さを測り，これを充填高さとする．

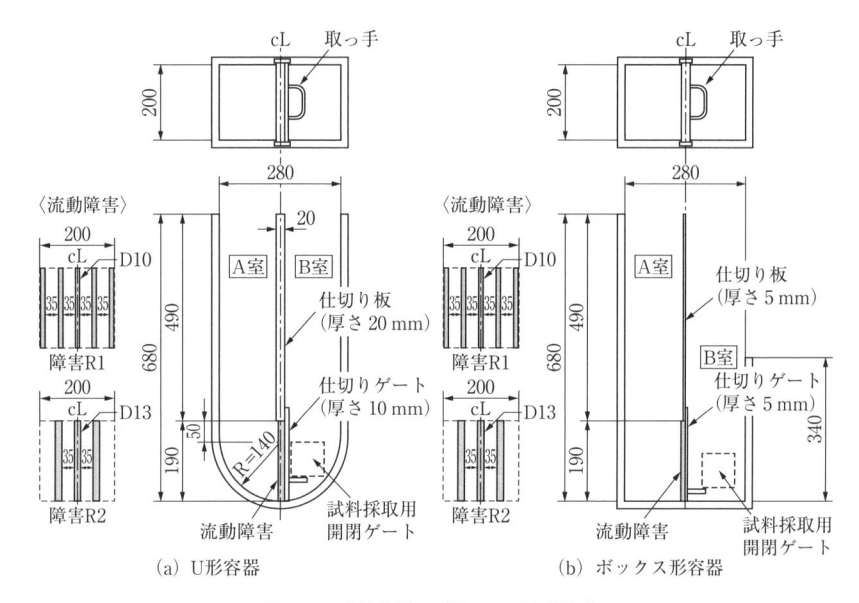

図12.4 充填装置の形状および流動障害

12.3 硬化コンクリートの試験

A 供試体の準備

a 供試体の個数

工事の種類や規模によって管理試験の回数も異なるので，一律に採取すべき供試体の個数を決めることはできないが，「土木学会示方書」によれば，その標準として，表12.1のように決められている．表12.1を参考として，責任技

表12.1

工事の種類	試験値の採取	備考
一般および舗装コンクリート	1日1回または構造物の重要度と工事の規模に応じて20〜150 m³ごとに1回	設計基準強度を下回る確率が5%以下であることを適当な生産者危険率で推定できること
ダムコンクリート	各ロットから無作為に採取	試験値は同一バッチから採取する供試体3個の平均値とする

術者が決めればよい．レディーミクストコンクリートについては，JIS A 5308 による．

b 供試体の形

一般にコンクリートの圧縮強度試験（JIS A 1108）は，直径の2倍の高さをもつ円柱供試体について行う．このほかに，はりの折片による圧縮強度試験（JIS A 1114）や，コンクリートから切り取ったコアによる強度試験（JIS A 1107）などについては，それぞれのJISでその形が決められている．曲げ強度試験（JIS A 1106）や，引張強度試験（JIS A 1113）についても同様である．

B 圧縮強度試験

(1) JIS A 1132によって標準供試体をつくり，試験の方法はJIS A 1108による．

(2) 円柱供試体の高さと径の比と圧縮強度比との関係は図12.5に示す．コンクリートから切り取ったコアによって圧縮強度試験を実施する場合，正確に直径の倍の高さをもつ試験片は得られないので，標準供試体への換算方法として表12.2を利用すればよい．

表 12.2[7]

直径と高さの比	標準供試体についての強度を得るために掛けるべき係数
2.00	1.00
1.75	0.98
1.50	0.96
1.25	0.94
1.10	0.90
1.00	0.85
0.75	0.70
0.50	0.50

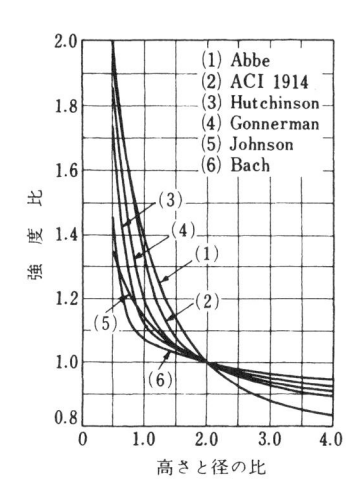

図 12.5 円柱供試体の高さと径の比と強度との関係[6]

(3) 高さが直径の2倍（$h/d = 2.0$）の円柱形供試体であっても，その寸法

が大きくなるほど見かけの圧縮強度は小さくなる（図12.6）．ただし，一般に多く用いられているφ10×20 cm 円柱形供試体による圧縮強度の値はφ15×30 cm 円柱形供試体による値とほぼ同じであることが確かめられている（図12.7）．

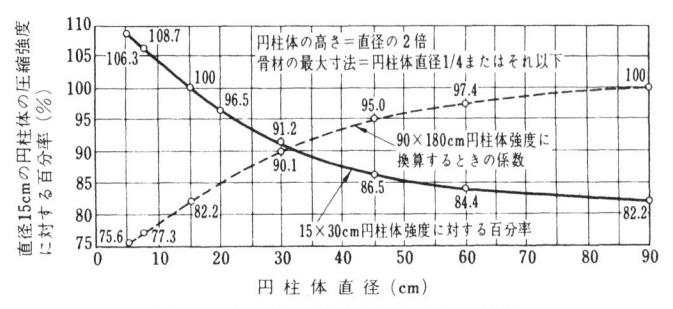

図 12.6 円柱体の直径と圧縮強度との関係[8]

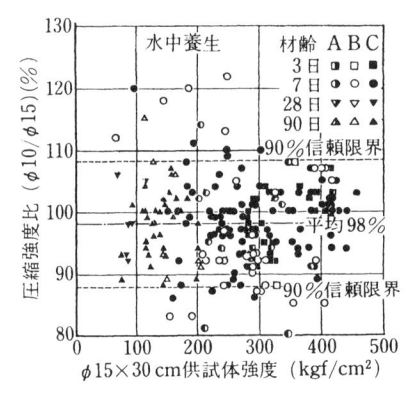

図 12.7 φ15×30 cm 供試体強度と φ10×20 cm 供試体強度との関係[9]

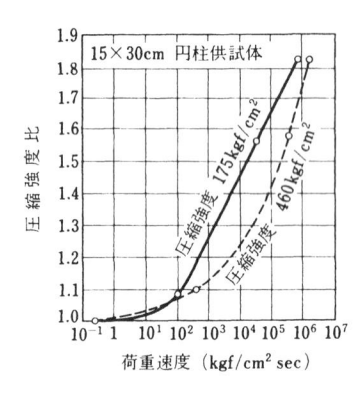

図 12.8 荷重速度と圧縮強度との関係[10]

(4) 加圧面が平面でないと供試体には偏心荷重または集中荷重が作用して，真の値よりも低い応力で破壊する．供試体上面仕上げの程度が約 0.15 mm 凸の場合，最大 30%，凹の場合，最大 5%，また試験機の加圧板に球座がない場合，最大 20% の強度低下があるといわれている[10]．

(5) 荷重速度も圧縮強度に大きく影響する．荷重速度が速くなると見かけの圧縮強度は大きくなる（図 12.8 参照）．

12.3 硬化コンクリートの試験

(6) ヨーロッパでは圧縮強度の標準試験に立方供試体を用いている．直径15cm×30cmの円柱供試体の圧縮強度は，立方供試体の約85%である[12]．

(7) 圧縮強度試験をその目的によって分類すると表12.3のようになる．

表12.3

区分	目標とするもの	摘要
配合設計のための試験	f'_{ck} の確認	f'_{ck}：設計基準強度
構造物の検査のための試験	f'_{28} の確認	f'_{28}：材齢28日の圧縮強度
管理試験	初期強度からf'_{28}の推定	初期強度はf'_1〜f'_7
型枠取りはずしのための試験	取りはずし当日の圧縮強度	型枠取りはずし時期を定める
構造物から採取したコアの試験	その構造物の圧縮強度	非破壊試験による方法もある

C 曲げ強度試験

(1) コンクリートの曲げ強度は，主として舗装コンクリートの管理試験に利用される．

(2) 曲げ強度試験用の供試体のつくり方は，フレッシュコンクリートの場合，JIS A 1132 により硬化コンクリートから切り取る場合は JIS A 1107 による．

(3) 試験の方法は JIS A 1106 によるが，この試験方法は単純ばり三等分点載荷とし，曲げ強度は弾性体として計算することになっている．ASTM C293 の曲げ試験方法は中央集中載荷方式を採用している（図12.9）．

(a) JIS A 1106　　　(b) ASTM C 293

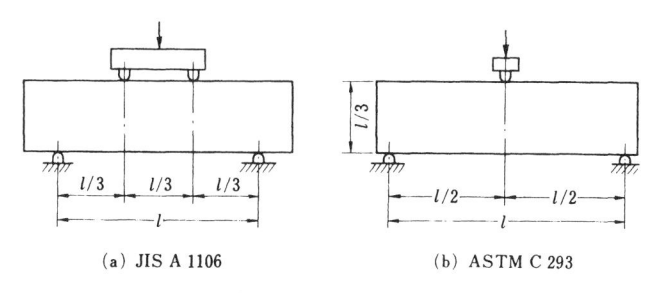

図12.9 曲げ試験の方法

D 引張強度試験

(1) 供試体の作成は JIS A 1132 による．

(2) 引張試験方法としては，JIS A 1113 の割裂試験が一般に用いられてい

る（図12.10参照）．

(3) JISの方法によれば，供試体と加圧板とは直接接触させるが，荷重分布板（合板など）を介して接触するようにしたブラジル法もある[12]．

E　せん断強度試験

(1) コンクリートの直接せん断強度を実験的に正確に求めることは難しい．現在，多くの試験方法で提案されている．図12.11に示すHagerの一面せん断試験方法はその中のひとつである．この方法では，応力がせん断面に均等に分布すると仮定し，最大荷重Pを，せん断面積Aで除してせん断強度を求める．

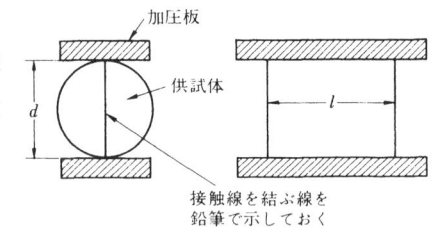

図12.10　引張強度試験方法

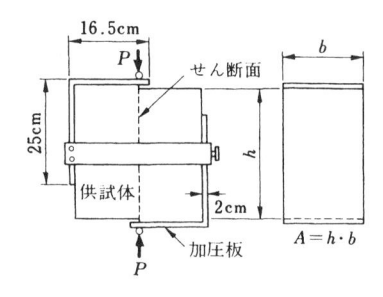

図12.11　Hagerの一面せん断試験方法[13]

F　付着強度試験

鉄筋とコンクリートとの付着強度試験方法には，引抜き試験，両引き試験およびはり試験などがある．ここでは引抜き試験の方法および両引き試験について述べる．

a　引抜き試験

(1) 引抜き試験は図12.12に示すように，コンクリートの大部分に圧縮応力，鉄筋に引張応力が起こり，実際の応力状態とは多少異なるが試験が簡単なため各国で標準試験法に採用されている．

(2) 引抜き試験方法には日本コンクリート会議（現，日本コンクリート工学会）の方法（案），およびASTM C234の方法がよく参考とされる．

(3) 日本コンクリート工学会の方法では以下のようにして試験を行う．

① 供試体は立方形とし，らせん筋で補強する．その寸法およびらせん筋の配筋などについては表12.4による．

② コンクリートは$f'_{28}=30\pm3\,\mathrm{N/mm^2}$（原文では$300\pm30\,\mathrm{kgf/cm^2}$），スランプ$8\pm2\,\mathrm{cm}$のものとし，鉄筋を水平の位置にしてコンクリートを打ち込む．

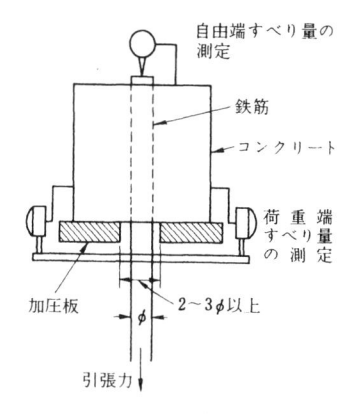

図12.12 引抜き試験

表12.4 供試体の寸法および補強

鉄筋直径の範囲 (mm)	供試体の寸法 立方体 (cm)	補強用らせん鉄筋の外径 (cm)
$\phi 16$ 以下	$10 \times 10 \times 10$	$8 \sim 10$
$\phi 19 \sim \phi 29$	$15 \times 15 \times 15$	$12 \sim 15$
$\phi 32 \sim 41$	$20 \times 20 \times 20$	$16 \sim 20$

注) らせん筋の直径は$\phi 6 mm$とし，ピッチを4 cmとする．らせん筋の端部は溶接するかまたは余分に1.5まきする．

供試体3個を一組とする．

③ 供試体の養生は18〜24℃の水中とする．

④ 材齢28日で試験を行う．荷重速度は毎分30 kN（原文では3 t）以下とし，偏心荷重がかからないように注意する．

⑤ ダイヤルゲージとそれに対応する荷重とを一定間隔で読み，荷重すべり量曲線を描く．基準すべり量として，自由端で0.05, 0.10および0.25 mmとし，各すべり量における平均付着応力度$f_{b0}=p/\pi\phi l$（p：荷重，ϕ：鉄筋直径，l：埋込み長さ）を計算し，付着性能が保証されている鉄筋と比較して，各すべり量における付着応力比を求め，これらの付着応力比の平均値によって試料鉄筋の付着性能を評価する[14]．

b 両引き試験

両引き試験によると鉄筋ならびにコンクリートの両者に引張応力が働き，はりの引張側鉄筋の状態をある程度再現できる．両引きすると，ある長さ以上の供試体には，横断方向にひび割れが入る．ひび割れの入らない最大の長さを最大ひび割れ間隔と考えることができる．表12.5は両引き試験の結果である．

G 非破壊試験

a テストハンマーによる試験

(1) 一般にシュミットハンマー(Schmidt hammer)が多く利用されてい

表 12.5 両引き試験によるひび割れ間隔の測定[15]

コンクリート	供試体		ひび割れ発生状況	最大ひび割れ間隔（cm）	強度（N/mm^2）	
	長さ（cm）	区分			圧縮	引張り
普通	35	ⓐ ⓑ 15〜20 16〜19 17〜18	19 cm 以上の部分に横断ひび割れ入る 18 cm 以下の部分にひび割れ入らず	18（1.00）	30	2.8
軽量 A	45	ⓐ ⓑ 20〜25 21〜24 22〜23	22 cm 以上の部分に横断ひび割れ入る 21 cm 以下の部分にひび割れ入らず	21（1.17）	20	2.4
軽量 B	45			21（1.77）	30	2.4

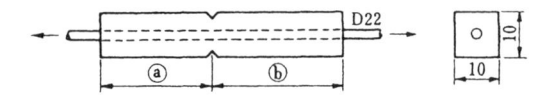

る．コンクリートの種類によって，N 型（一般用），P 型（低強度用），M 型（マスコン用），L 型（軽量コンクリート用）などがある（図 12.13 参照）．

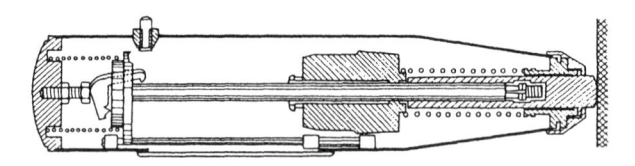

図 12.13 N 型シュミットハンマー

(2) シュミットハンマーによるコンクリート強度の判定は，ハンマーの反発係数 R に対して，打撃方向による補正（ΔR）を行い，次の式によって求める[16]．

$$F = -18.4 + 13.0 R_0 \ (\text{N/mm}^2)$$

ここに，F：コンクリートの強度，$R_0 : R + \Delta R$．

(3) テストハンマーによる基準かたさ R_0 とコンクリートの圧縮強度との関係は多くの研究者によって実験されているが，その一例を示すと図 12.14 のようである．

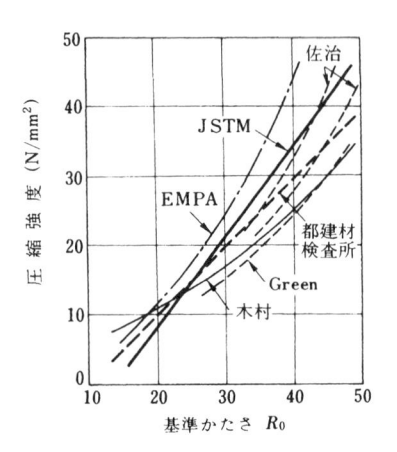

図 12.14 N 型シュミットハンマーの基準かたさ R_0 と圧縮強度との関係[17]

b 共振方法（動弾性係数）による試験

(1) この試験方法は JIS A 1127 に規定されている．試験に用いる振動の種類は，縦振動，たわみ振動およびねじり振動の3種がある．

(2) 動弾性係数からコンクリートの圧縮強度を求める式は多数提案されているが，一例として次の式がある[18]．

$$f'_c = E_D \left(1.79 + \frac{0.346}{\delta}\right) \times 10^{-7} \quad (\text{N/mm}^2)$$

ここに，f'_c：圧縮強度，E_D：動弾性係数，δ：対数減衰率[19]．

c 超音波方法による試験

コンクリート中を伝播する音の速度からコンクリート強度を推定しようとするものであるが，コンクリートは超音波を減衰させたり，反射させる空げきや粗骨材を有するため，音速からコンクリートの強度を推定することはかなり困難であり，おおよそのコンクリートの格付けに用いられる程度である．

d 放射線による試験

X線あるいはラジオアイソトープ（放射性同位元素）から放射されるガンマ線をコンクリートに照射し，透過量から比重の測定または内部の鉄筋の位置，太さあるいは空げきなどの透過写真をとり，非破壊的に試験をするものである．放射線を利用した中性子水分計，ガンマ線密度計によって，コンクリートの品質管理を行った実例もある[20]．

H 分析試験

試験方法は現在までに多数試みられているが，セメント協会のコンクリート専門委員会では昭和42年硬化コンクリートの配合推定に関する共同試験結果を発表し，かなりの精度で推定できる方法を見出している．その方法は，単位容積重量を測定した硬化コンクリート試料を全粉砕して分析試料をつくり，希塩酸で溶解し，不溶残分から単位骨材量を推定し，溶液中の酸化カルシウムを定量して単位セメント量を推定するものである．

I 弾性係数試験（静弾性）

(1) JIS A 1149 に定められており，静弾性係数は応力-ひずみの関係から求める．静弾性係数（static modulus of elasticity）を求めるためによく用い

られている方法は，コンクリートの圧縮強度用円柱供試体にワイヤーストレンゲージ（wire strain gage）をはり，これによってひずみを求め，それに対応する応力との比によって算出するものである．静弾性係数には，このように割線弾性係（secant modulus）が主に用いられるが，これを求めるときの応力度は破壊強度の 1/3～1/4 とすることが多い[21]．

（2） 圧縮強度試験機によっては，XY レコーダを備えているものが多く，この場合には，応力とひずみの関係はレコーダに記録される．

J 耐久性試験
a 気象作用に対する耐久性試験
（1） 自然暴露試験

この方法は $\phi 15 \times 30$ cm 供試体あるいは 20×20 cm 程度の断面をもつ供試体を自然に放置し中性化をみる．中性化の判定は JIS A 1152 に定められており，フェノールフタレイン（phenolphthalein）の 1％アルコール溶液を吹きかけ，着色しない部分は中性化したものとみなす[22]．

（2） 中性化促進試験

JIS A 1153 に定められており，CO_2 ガスによる方法が用いられる．供試体を密室に置き，CO_2 濃度 5 ± 0.2％に保って炭酸化させる．結果の判定にはフェノールタレイン溶液を噴霧して行われる[23]．

（3） 凍結融解試験

JIS A 1148 に定められている．試験装置の一例を図 12.15 に示す．

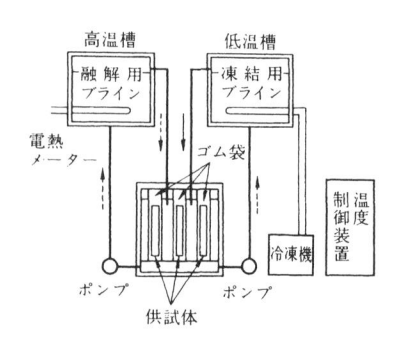

凍結用ブライン槽と融解用ブライン槽を設け，それを交互に供試体槽に循環させて所定の温度を保つ（供試体中心部温度 -18℃～$+5$℃）．凍結融解のサイクルは設定する条件によって異なる．コンクリートの劣化過程は，動弾性係数，長さおよび重量変化による．

図 12.15 凍結融解装置例

b 化学薬品に対する耐久性試験

(1) ASTM C267 に規定されているものは $\phi 2.5 \times 2.5$ cm 円柱供試体を材齢24時間で脱型し，温度23℃，湿度98%以上で7日間養生し，現場の状況と同じように調整した浸せき液中につけて所定の材齢ごとに検査するものである．

(2) そのほか，米国開拓局によるもので $\phi 15 \times 30$ cm 供試体の表面に金属片を埋め込みコンクリートの硫酸塩に対する抵抗性を調べる方法もある．

c すりへり作用に対する耐久性試験

コンクリート舗装などのすりへりを調べるために多くの方法があるが，DIN 50320 に適合する Boehme 試験機（図12.16）などがこれにあたる．

K 水密性の試験

(1) 吸水試験，透水試験および浸透深さ試験などで水密性を判断する．透水試験および浸透深さ試験方法の一例を図12.17に示す．

(2) 浸透深さ試験方法はコンクリート中に圧入した水の浸透深さを測定し，これと水圧の大きさおよび水圧を加えた時間との関係から得られた拡散係数 (β_i^2) をコンクリートの浸水性の尺度とする方法である．この方法によれば，長期材齢のコンクリートの場合も短時間で試験が可能であり，また試験値の偏差も少ない[24]．

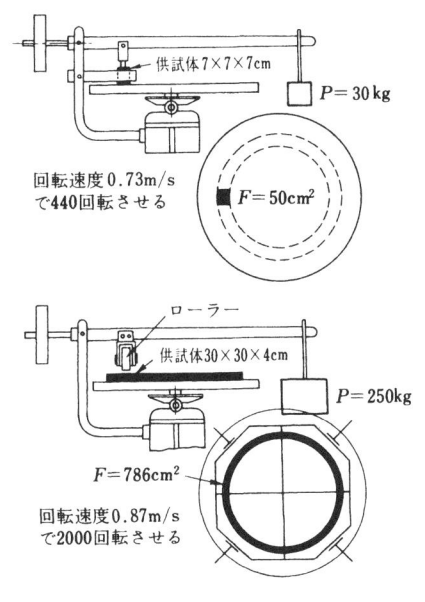

図12.16 Boehmeの摩擦試験機

β_i^2 は次の式から求められる．

$$\beta_i^2 = a \frac{D_m^2}{4 t \xi^2}$$

ここに，β_i^2：コンクリート中の水の拡散係数（cm²/s），D_m：平均浸透深さ

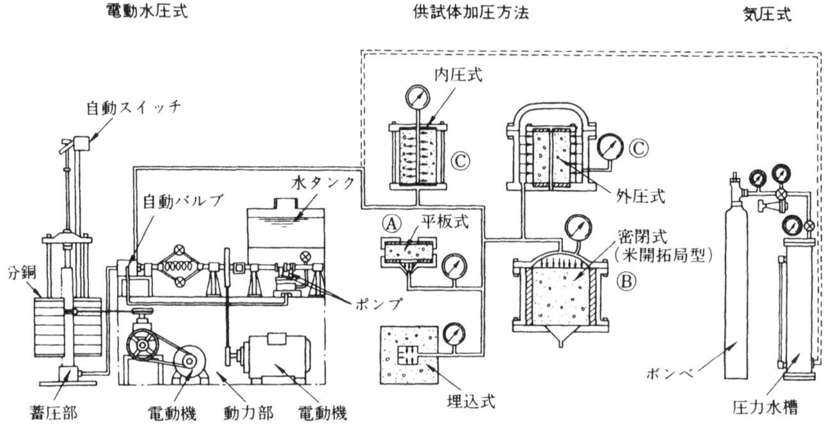

図12.17 透水試験方法と機構の一例

(cm), t：水圧を加えた時間（s），a：水圧を加えて時間に関する係数，ξ：水圧の大きさに関する係数．

		a の値				
t (s)	1	20×60^2	48×60^2	72×60^2	120×60^2	312×60^2
a	1	130.5	175.7	209.0	259.6	391.8

	ξ の値				
p_0 (N/mm^2)	0.25	0.5	1.0	1.5	2.0
ξ	0.594	0.905	1.163	1.301	1.386

L 膨張コンクリートの試験

(1) 膨張材のモルタルによる膨張性試験

JIS A 6202 付属書1に定められている．図12.18に示すような拘束器具を4×4×16 cm の型枠内にセットし，その中に膨張モルタルを詰めて供試体をつくる．材齢1日で脱型し，材齢7日まで水中養生を行う．その後恒温恒湿の状態（20±2℃，湿度58±1％）で保存し，この間の供試体の長さ変化を拘束端板間で測定する．得られた測定値を膨張率として示す．

(2) 膨張コンクリートの拘束膨張および収縮試験

JIS A 6202 付属書2に定められている．この試験には2つの試験方法があ

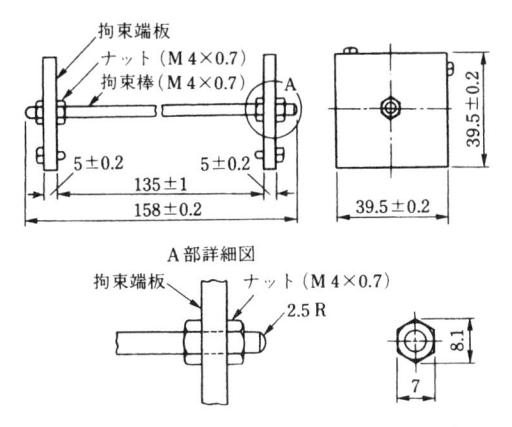

図 12.18 拘束器具（モルタル用，単位：mm）[25]

る．

 A 法：膨張のみを対象とした試験
 B 法：膨張および収縮を対象とした試験

 A 法はレディーミクストコンクリート工場などで管理試験に用いることを配慮して，膨張側だけ測定できるようにしたものである．一方，B 法は，膨張コンクリートが気中に置かれて乾燥し，その収縮率が大きくなって，原点より収縮側に移行しても測定が可能であるように拘束棒にねじきりを施したものである．A 法，B 法とも，測定原理や測定方法は，(1) の場合と同様である．ただし，供試体の断面寸法を $10 \times 10\,\mathrm{cm}$ と大きくしてある．

 (3) 膨張コンクリートの拘束養生による圧縮強度試験

 供試体のつくり方は通常のコンクリート供試体の製造と同じく，JIS A 1132「コンクリートの強度試験用供試体の作り方」による．ただし，この試験では，供試体を型枠につけたまま湿潤状態で養生する．湿潤状態を保つには，供試体を型枠につけたまま水中養生するか，空中養生の場合は，型枠上面を湿布で覆って供試体の上面からの乾燥を防ぐ．型枠は試験の直前に取りはずすものとする．

M　アルカリ骨材反応試験
a　化学法
JIS A 1145 に定められている．コンクリート中で骨材がアルカリと共存する場合に，潜在的に有するシリカとアルカリとの反応性を化学的に判定する．本方法は，試験溶液中のアルカリ濃度減少量（R_c）および溶解シリカ量（S_c）を測定することにより，判定図（図 12.19）から骨材のアルカリシリカ反応性を推定する．

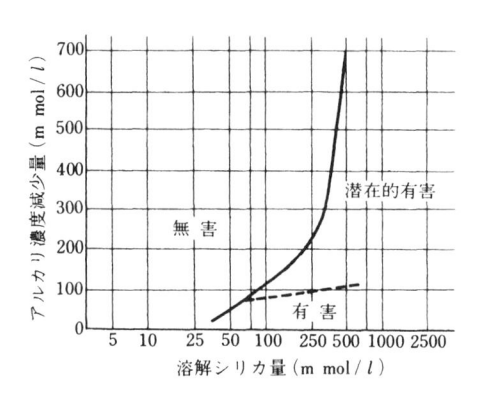

図 12.19　骨材の有害度の判定図[26]

b　モルタルバー法
JIS A 1146 に定められている．モルタルバーの長さ変化を測定することにより，骨材に潜在的に有するアルカリシリカ反応性を判定する．長さ変化の測定は，JIS A 1129「モルタルおよびコンクリートの長さ変化試験方法」に規定するダイヤルゲージ方法による．モルタルの配合は，質量比でセメント：水：砂の割合を 1：0.5：2.25 とし，1 回の試験に用いる供試体（モルタルバー）は原則として 3 本とする．

N　その他の試験
硬化コンクリートの試験は目的に応じて多種多様の試験が行われる．今後，新しい試験が必要となることも考えられるが，今までのところ以下のような試験がある．
　(1) 疲労試験，(2) クリープ試験，(3) 支圧強度試験，(4) 組合せ応力下の

強度試験，(5) 乾燥収縮試験，(6) 硬化コンクリートの空気量試験，(7) マイクロクラック試験，(8) 熱的性質試験．

〈演習問題〉
12.1 工事現場でのコンクリートの分取試料の採取はどのように行ったらよいか．JIS の規定を中心にして論ぜよ．
12.2 空気量試験方法について説明せよ．
12.3 フレッシュコンクリートの配合分析試験方法にはどのようなものがあるか．
12.4 フレッシュコンクリートの流動性を判断するための試験方法を列挙し，簡単に説明せよ．
12.5 コンクリートの圧縮強度試験結果に影響する事項を列挙し説明せよ．
12.6 圧縮強度試験を目的別に分類せよ．
12.7 引張強度試験方法について簡単に説明せよ．
12.8 付着強度試験方法を説明せよ．
12.9 硬化コンクリートの非破壊試験方法の種類をあげて説明せよ．
12.10 静弾性係数試験の方法を簡単に説明せよ．
12.11 耐久性試験方法を目的によって分類して説明せよ．
12.12 水密性試験方法について知るところを記せ．
12.13 膨張コンクリートの試験について説明せよ．
12.14 アルカリ骨材反応試験について知るところを記せ．

[参考文献]
1) Bartel, F. F. : Freshly Mixed ConcreteAir Content and Unit Weight, ASTM, STP 169A（1966）
2) 村田二郎：人工軽量骨材コンクリート，p. 77，セメント協会（1967）
3) 常山源太郎：まだ固まらないコンクリートの分析，セメントコンクリート，No. 149, pp. 27-33（1959. 7）
4) 神田衛：まだ固まらないコンクリートの水セメント比の測定方法，土木学会論文報告集，No. 193, pp. 115-123（1971. 9）
5) 福島敏夫：フレッシュコンクリート中の塩化物の試験方法，コンクリート工学，Vol. 25, No. 11, pp. 127-131（1987）
6) 近藤，坂：コンクリート工学ハンドブック，p. 278，朝倉書店（1967）

7) 丸安, 小林：現場コンクリートの試験と管理, p.106, オーム社（1968）
8) 土木学会編：土木工学ハンドブック（1964）
9) 笠井芳夫：供試体寸法とコンクリートの圧縮強度ならびに強度のバラツキとの関係, 日本建築学会論文集, 第100号（1964）
10) Connerman, H. F. : Proc. ASTM, Vol. 24, Part II （1924）
11) Watstein, D. : Effect of Straining Rate on the Compressitive Strength and Elastic Properties of Concrete, Jour. of ACI, Vol. 49（1953.4）
12) RILEM Bulletin, No. 21, pp. 29-45（1973）
13) Hager K., Nenning, E. : Deutscher Auschuss fur Eisenbeton, Heft, 69（1931）
14) 国分正胤：土木材料実験, p.328, 技報堂（1969）
15) 村田二郎：人工軽量骨材コンクリート, セメント協会（1960）
16) 日本材料学会：シュミットハンマーによる実施コンクリートの圧縮強度判定方法指針（案）
17) 笠井芳夫：コンクリートの試験, セメント協会（1972）
18) 明石外世樹：コンクリートの対数減衰率測定について, セメント技術年報, 14（1960）
19) 近藤, 坂：コンクリート工学ハンドブック, p.289, 朝倉書店（1967）
20) たとえば, 山本守之の紹介：放射線を利用したコンクリートの品質管理—ソ連における実例—, セメントコンクリート, No. 221, pp.15-19（1965.7）
21) 樋口, 村田, 小林：コンクリート工学（施工）I, p.95, 彰国社（1968）
22) 笠井芳夫：コンクリートの試験, p.109, セメント協会（1972）
23) 岸谷考一：鉄筋コンクリートの耐久性, p.17, 鹿島研究所（1963）
24) 村田二郎：コンクリートの水密性の研究, 土木学会論文集, 第77号（1961）
25) 長滝, 川瀬, 高田：膨張材の性能と膨張コンクリートの品質, セメントコンクリート, No. 386（1979.4）
26) 土木学会基準, 昭和61年版, p.329（1986）

演習問題解答

第2章　セメント

2.1 アリット（C_3S），ベリット（C_2S），セリット（C_4AF），アルミン酸三カルシウム（C_3A）の4種である．これらの鉱物の特性は表2.4参照．なお，セメント化学ではアリットをエーライト，ベリットをベーライトなどと発音することもあるので注意すること．

2.2 C_3A の水和反応は最も早く，水にあうと次式によりただちに水和物となり，セメントはすみやかに，ときには瞬時に固結する．

$$C_3A + nH_2O \longrightarrow C_3A \cdot nH_2O \quad n=6,\ 10.5$$

このときせっこうが存在すると次式によりセメントバチルスの針状結晶が析出し，セメントの急速な固結をおさえると説明されている．

$$C_3A + 3CaSO_4 + mH_2O \longrightarrow C_3A \cdot 3CaSO_4 \cdot mH_2O \quad m=30\sim32$$

（セメントバチルス）

2.3 密度が小さいことの原因としては，焼成が不十分である，異物を混和している，風化している，などが考えられるが，現状では風化の影響が主であるといえる．したがって風化の程度を判定する強熱減量試験，凝結試験，強度試験などを実施する．

2.4 超速硬セメントの特徴はきわめて短時間で初期強度が得られることにあるので，緊急工事，寒中工事などに用いると利点が大きい．現在，道路橋継目部の補修工事に多用されている．

2.5 ブレーン値は，セメントの比表面積を直接的に測定するのではなく，粉体中を流れる空気抵抗値から算出するものである．その方法は，あらかじめ比表面積のわかっているセメント標準試料を通過する空気抵抗と，測定する試料を通過する空気抵抗の比によって求めるのである．詳しくは JIS R 5201 ブレーン空気透過法参照．

2.6 2.2節 E. e. 参照．なお標準砂は石英質であるので，吸水率を零としてよい．標準砂として九味産砂，豊浦産砂が用いられてきたが，国際規格（ISO）に整合させる目的から今回新しく標準砂を制定した．この砂の品質は DIN の標準砂と

同等であることをセメント協会で確認してから市販している.
2.7 2.3 節 混合セメント参照
2.8 2.4 節 E. 参照
2.9 まず利点は,混和材を5%まで混入するので耐久性の増大が考えられる.欠点は,初期強度の低下が挙げられる.
2.10 2.4 節 A. 参照

第3章 水

3.1 3.3 節(1),(2)参照
3.2 (1) 上水道水はそのまま使用してよい.上水道水以外の水すなわち工業用水,河川水,湖沼水,地下水等については水質試験を行い,土木学会規準 JSCE-B 101「コンクリート用練混ぜ水の品質規格」あるいは JIS A 5308 附属書3の「上水道水以外の水」の規定に照らして使用の可否を定める.
(2) 現場で迅速簡易におよその判断を必要とする場合,上水道水はもちろん井戸水など飲める程度に清浄なものは一般にそのまま使用してよい.ただし海岸近くの井戸水には塩分を含むことが多いので注意する.
上記以外の水については口に含んで苦味やかん味の強い水は使用しない.
3.3 3.5 節参照

第4章 骨材

4.1 吸水量 $= 650 \times 0.021 = 13.7$ g
表面乾燥飽水状態の質量 $= 650 + 13.7 = 663.7$ g

$$\text{表面水率} = \frac{710 - 663.7}{663.7} \times 100 = 6.97\%$$

4.2 4.9 節 B. および 4.11 節 B. 参照

4.3

ふるい目 (mm)	残留百分率(整数)	
	細骨材	粗骨材
60		
50		
40		20
30		
25		
20		68
15		
10		85

砂利の粗粒率7.30とは,砂利の平均の粒径が約10mmであること,砂の粗粒率2.83とは砂の平均の粒径が約0.6mmであることを意味する.

演習問題解答

5	2	97
2.5	13	100
1.2	34	100
0.6	54	100
0.3	84	100
0.15	96	100
粗粒率	2.83	7.70

4.4 4.11 節 A. 参照

4.5 海砂：調整用砂 $= m : n$ とする.

$$\begin{cases} (1.55 \times m) + (3.01 \times n) = 2.20 \\ m + n = 1 \end{cases}$$

$$m = 0.55, \quad n = 0.45$$

4.6 4.7 節参照

4.7 4.8 節 B. (1), (2) 参照

4.8 4.12 節 C. 参照

4.9 (1) 高炉スラグ粗骨材 L

(2) 土木構造物に用いる場合，一般に設計基準強度 $21\mathrm{N/mm^2}$ 未満で耐凍害性を重視しない場合に限られる．

(3) 使用に際し，プレウェッチングを行う．

4.10 人工軽量細骨材 MA 417, 人工軽量粗骨材 MA 417

第 5 章 混 和 材 料

5.1

効　　果		混　和　材　料
ワーカビリティー改善		AE 剤，AE 減水剤，高性能 AE 減水剤，減水剤，流動化剤，フライアッシュ，高粉末度高炉スラグ微粉末
凝結，硬化，促進		急結剤，促進剤，促進形減水剤
強度増進	初　　　期	促進剤，促進形減水剤
	長　　　期	ポゾラン，高炉スラグ微粉末
高強度または高流動		高性能 AE 減水剤，流動化剤，シリカフューム
耐久性改善	耐 凍 害 性 化 学 抵 抗 性 乾燥収縮ひび割れ抵抗性 防 菌 防 虫 性	AE 剤，AE 減水剤，高性能 AE 減水剤 高炉スラグ微粉末，ポゾラン 膨張材，乾燥収縮低減剤 殺菌剤，殺虫剤
水密性改善		防水剤，ポゾラン，高炉スラグ微粉末，膨張材，AE 剤，AE 減水剤，高性能 AE 減水剤

膨　張　性	充　て　ん　性 沈　下　補　償 乾燥収縮補償 ケミカルプレストレス	発　泡　剤 セメント系膨張材，鉄粉系膨張材 セメント系膨張材，乾燥収縮低減剤
コンクリート中の鋼材の防せい		防　せ　い　剤
初期凍害防止		防凍剤または耐寒用混和剤
水　中　不　分　離		水中不分離性混和剤
分離防止性（グラウトの）		分離防止剤
容　積　増　量		起　泡　剤
アルカリ骨材反応抑制		高炉スラグ微粉末，フライアッシュ
じん性強化		鋼　繊　維
打継目の接着性		接着用混和剤
着　　　色		着　色　剤

5.2　フライアッシュのポゾラン反応は，セメントの水和反応が順調に進み $Ca(OH)_2$ が生ずること，また $Ca(OH)_2$ との結合は水の存在のもとで起こる．したがって部材断面が薄く比較的乾燥しやすい場合は，ポゾラン反応が期待できない．ただし，このような場合でもワーカビリティー剤としての効果は認められる．

5.3　5.4 節参照

5.4　5.6 節 B., 5.7 節 B. 参照

5.5　5.7 節 C. 参照

5.6　5.9 節 B. 参照

5.7　5.5 節 A., 5.10 節 B. 参照

5.8　5.10 節 A. 参照

5.9　5.10 節 C. 参照

5.10　日本工業規格　　JIS A 6201「フライアッシュ」
　　　　　　　　　　　　JIS A 6202「コンクリート用膨張材」
　　　　　　　　　　　　JIS A 6204「コンクリート用化学混和剤」
　　　　　　　　　　　　JIS A 6205「鉄筋コンクリート用防せい剤」
　　　　　　　　　　　　JIS A 6206「高炉スラグ微粉末」
　　　　　　　　　　　　JIS A 6207「コンクリート用シリカフューム」
　　　　土木学会規準　　JSCED101 コンクリート用流動化剤品質規格
　　　　　　　　　　　　JSCED102 コンクリート用急結剤品質規格
　　　　　　　　　　　　JSCED104 コンクリート用水中不分離性混和剤品質規格

第6章 フレッシュコンクリートの性質

6.1 ① ワーかビリティー：材料分離を生じることなく，運搬，打込み，締固め，仕上げなどの作業が容易にできる程度を表すフレッシュコンクリートの性質．
② コンシステンシー：フレッシュコンクリート，フレッシュモルタルおよびフレッシュペーストの変形または流動に対する抵抗性．
③ フィニッシャビリティー：コンクリートの打ち上がり面を要求された平滑さに仕上げようとする場合，その作業性の難易を示すフレッシュコンクリートの性質．
④ プラスティシティー：用意に型枠に詰めることができ，型枠を取り去るとゆっくり形を変えるが，くずれたり，材料が分離することのないような，フレッシュコンクリートの性質．
⑤ ポンプ圧送性：コンクリートポンプによって，フレッシュコンクリートまたはフレッシュモルタルを圧送するときの圧送の難易性．

6.2 コンシステンシーを定量的に表す方法として，現在広く用いられている試験方法にスランプ試験がある．スランプが大きい場合は，一般にコンシステンシーの小さい（流動性が高い）コンクリートは作業が容易である．しかし同時に材料分離の傾向も大きくなる．高流動コンクリートのコンシステンシーの測定には，スランプフロー試験によってコンクリートの広がりが停止した直後の直径によって評価できる．硬練りコンクリートのコンシステンシーの測定には，振動台式コンシステンシーメーターを用いるのが実務的と考えられる．

6.3 細骨材の最適混入割合である最適細骨材率は，最適なワーカビリティーを得ることができる．スランプはワーカビリティーを直接表示できないが，細骨材率を種々に変化させたときのスランプが最大となる細骨材率は，単位水量を最小にする細骨材率 (s/a) で，その値が最適細骨材率である．これを図示する．

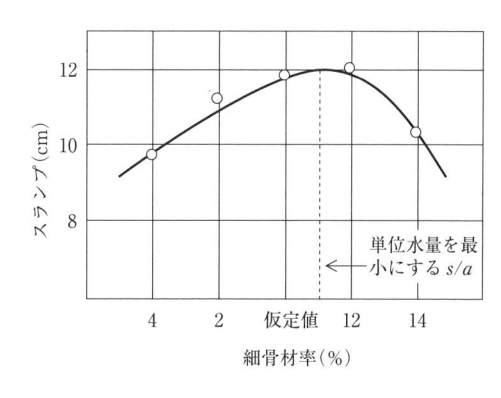

6.4 単位セメント量，セメントの種類，粉末度，粒形，単位水量，骨材の粒度，粒形，

最適細骨材率，粗骨材の粒度，粗骨材の粒形，混和材料，温度などである．

6.5 フレッシュコンクリートに外力を加えると，変形または流動を起こす．水のように粘性の小さい液体の場合は外力を加えるとただちに流動を開始する．これを粘性流体と呼んでいる．粘性流体のうち外力（せん断応力）とせん断ひずみ速度との関係が線形となるものをニュートン流体（Newton fluid）という．加える外力の大きさがある程度大きくならなければ流動を開始しないような性質を塑性流動と呼び，流動を開始するせん断応力を降伏値という．塑性流動を示すもののうち，線形となるものをビンガム流体という．せん断応力とせん断ひずみ速度との関係の曲線を流動曲線（コンシステンシー曲線）と呼び，直線の傾きが緩やかなほど粘性が高く，フレッシュコンクリートのコンシステンシーが高いことになる．

6.6 本文6.6節C参照．
スランプ12 cm程度以上の軟練りコンクリートに外力を加えると流れはじめ，外力に対して直角方向の速度は粘性のために速度差をなくするような接線応力が現れる．この際に壁と直角方向の速度変化が接線応力の成分と比例するものを粘性流動といい，外力を取り除いてもコンクリートは基の位置に戻らない．これに比べ変形は，外力を加えたとき，体積や形状が変化することをいう．

6.7 ① 軟練りコンクリートの最適細骨材率を定める場合には，細骨材率を種々に変化させたフレッシュコンクリートについて，回転粘度計を用いてレオロジー定数を測定した場合，塑性粘度が最小となる細骨材率が最適細骨材率となり，細骨材率の相違（配合の相違を）塑性粘度で表示できるので，この塑性粘度を活用して，ポンプ圧送性を具体的に評価できる．
② フレッシュコンクリートの管内流動（ポンプ圧送）時の圧送性は，配管長さ，圧送圧力，配管径およびレオロジー定数によって計算（バッキンガム・ライナー式）できるのでレオロジー定数の活用により施工の合理化が推進される．

6.8 ・富配合でスランプを小さくする．
・コンクリートが均一となるよう十分練り混ぜる．（ミキサの練混ぜ時間はJIS Q 1119によって試験を行って定める）
・振動などによって粗骨材は運搬容器内で沈降する等が起こるので，スランプが8 cm程度以上のコンクリートはトラックアジテータを用いている．

6.9 ・ブリージングとは，コンクリートを打設したあとなどに，水が分離上昇してコンクリートの上面に浮いてくる現象をいう．
・レイタンスとは，ブリーディングに伴って，コンクリート表面に浮び出て沈

殿した微細な物質をいう．
・コールドジョイントとは，コンクリートを打ち重ねる適正な時間の間隔を過ぎてコンクリートを打設した場合に，前に打ち込まれたコンクリートの上に後から打ち込まれたコンクリートが一体化しない状態となって，打ち重ねた部分に不連続な面が生じることをいう．

6.10 ・単位水量を少なくする．
・骨材の粒度が適当であること，特に0.15〜0.3mm程度の細粒部分を確保する．
・減水剤，AE剤，ポゾランなどの使用は，保水効果があり，いずれもブリージングを少なくする．

6.11 6.8節参照

6.12 塩化物はコンクリート自体の性質や品質に影響を及ぼさないが，鉄筋コンクリートでは鉄筋の発錆を助長し，耐久性に影響する．また，塩化物が存在するとアルカリ性であっても発生する．これは，塩素イオン（Cl^-）によって，鉄筋表面に生成している$Fe(OH)_2$の被膜が破壊され，孔食を生じるからである．

6.13 6.10節参照

6.14 壁の場合で打ち上がり速度$R≦2$m/hであるから，式（6.12）を用いる．
$P = W_c/3(1+100R/(T+20))$
$= 0.024/3(1+100×1.5)/(20+20)$
$= 0.008(1+150)/40 = 0.0302$ N/mm^2

第7章 硬化コンクリートの性質

7.1 7.2節A.参照

7.2 従来のJISモルタルは豊浦標準砂を用いていたため，成型に必要な軟度を得るには水セメント比で65%の水量を必要とし，実際$W/C=65$%のモルタルで強度を試験していた．一方土木工事で用いるコンクリートの水セメント比は，強度，耐久性などの必要性から，もっと小さい値であるのが一般的である．そこであまりにも相違する水セメント比で試験した値を用いるには問題があったからである．今回$W/C=50$%のモルタルで試験することになったので，現在はデータが少ないので認めていないが，将来的には認めるかも知れない．

7.3 7.2節D.c.参照

7.4 7.3節B.参照．試験体が大きくなると，曲げ強度試験値が小さくなるのは，試験体の寸法効果によるものである．

7.5 7.3 節 H. 参照
7.6 7.4 節 D. 参照
7.7 7.4 節 D.c. 参照
7.8 7.7 節 A.a. 参照
7.9 7.7 節 A.c. 参照
7.10 7.7 節 B.a. 参照
7.11 7.7 節 E. 参照
7.12 コンクリートが常温より高い温度にさらされるのは（ⅰ）火災時などのように1000℃程度の温度に一時的にさらされる場合，（ⅱ）工業用炉などのように1000℃以上の温度に長時間さらされ，かつ加熱冷却の繰返しがある場合，（ⅲ）原子力圧力容器のように100℃以下の温度に長時間さらされ，場所によっては400℃程度になる場合などである．土木構造物としては工業用炉は範囲外としても，煙突内部，溶鉱炉基礎，溶鉱処理設備を始めとして多くの耐熱性を要求されるコンクリートがある．また原子力圧力容器も高温ガス炉型への移行や経済性などから耐熱コンクリートの開発が望まれている．
7.13 7.8 節参照
7.14 7.4 節 C. 参照

第 8 章 配　　合

8.1 8.3 節参照
8.2 8.4 節 B. 参照
8.3 8.4 節 C. 参照
8.4 8.4 節 C. 参照
8.5 粗骨材の最大寸法およびスランプ，部材最小寸法，鉄筋の最小あき，かぶり等を考慮して，粗骨材の最大寸法 = 40 mm（砕石4005），スランプ = 10 cm とする．
　① 強度の照査
　　次式によりコンクリートの圧縮強度の照査を行う．
$$\gamma_p \frac{f'_{ck}}{f'_{cp}} \leq 1.0$$
　　コンクリートの圧縮強度の設定値 f'_{ck} は設計基準強度として $f'_{ck} = 21\text{N}/\text{mm}^2$ を与える．安全係数（割増係数）γ_p は，予想される現場コンクリートの強度の変動係数 $V = 10\%$ とすれば，

$$\gamma_p = \cfrac{1}{1 - 1.645\cfrac{V}{100}} = 1.20$$

強度の予測値（現場コンクリートの平均強度）$f'_{ck} \geq 1.20 \times 21 = 25.2\,\text{N/mm}^2$

工事に使用する材料を用い，空気量を 4.5% とした AE コンクリートのセメント水比と圧縮強度の関係式は $-14.6 + 24.5\,C/W = f'_c$ において $f'_{ck} = 25.2$

$W/C < 0.61$

② 相対動弾性係数の照査

壁体の最小厚さ，気象条件，水で飽和されること等を考慮して表 8.2 より動弾性係数の最小限界値 $E_{\min} = 70\%$.

上部の部位を考慮して $70 \times 1.3 = 91\%$

図 8.5 より $W/C =$ 約 53%

水セメント比の変動を考慮して 2～3% を減じ，所要の水セメント比を 50% とする．

③ 中性化の照査

構造物係数 $\gamma_i = 1.0$ として，中性化深さの設計値 $y_d = C - C_k = 60 - 10 = 50$ (mm)（中性化残り $C_k = 10\,\text{mm}$ とする）．

$y_0 = \gamma_{cb} \alpha_d \sqrt{t} = \gamma_{cb}(\alpha_k \beta_e \alpha_c)\sqrt{t}$

$50 = 1.15 \alpha_k \times 1.0 \times 1.3 \times \sqrt{50}$, $\alpha_k = 4.73\,(\text{mm/年})$

（乾燥しにくい環境として $\beta_e = 1.0$，コンクリート材料係数 $\gamma_c = 1.3$，耐用年数 $t = 50$ 年として）

中性化速度係数の予測値 $\alpha_p \leq \alpha_k / \gamma_p = 4.73/1.1 = 4.30$

土木学会フライアッシュ小委員会の提案式を用い，$\alpha = -3.57 + 9.0\,W/B$，$\alpha = 4.30$，$W/B = W/C\,(0.5 + 0.7 + 0.5)$．（スラグ含有率 50% の高炉セメント使用，有効率 $k = 0.7$）

$W/B \leq 0.874$, $W/C \leq 0.74$

以上の検討の結果，所要の水セメント比は強度から 0.61 以下，凍結融解抵抗性から 0.50 以下，中性化からの 0.74 以下となるので，これらの中の最小値として $W/C = 0.50$ を採用する．

よって，配合条件は粗骨材の最大寸法 = 40 mm（砕石），スランプ = 10 cm，空気量 = 4.5%，水セメント比 = 50%．

表 8.12 より $W = 155(1 + 2 \times 0.012) = 159\,\text{kg/m}^3$

$$s/a = 40 - \left(\frac{2.80-2.63}{0.1} \times 0.5\right) - \left(\frac{0.55-0.50}{0.05} \times 1\right) = 38\%$$

$$C = 159/0.5 = 318 \text{ kg/m}^3$$

$$骨材の単位量 = 1000 - \left(\frac{318}{2.95} + 159 + 45\right) = 688.3 \text{ リッター}$$

$$S = 688.3 \times 0.38 \times 2.60 = 680 \text{ kg/m}^3$$

$$G = 688.3 \times (1-0.38) \times 2.70 = 1152 \text{ kg/m}^3$$

第9章 現場練りコンクリート

9.1 9.2節参照
9.2 9.3節B.参照
9.3 9.3節B.参照
9.4 9.3節C.参照
9.5 9.3節D.参照
9.6 9.3節E.参照

第10章 レディーミクストコンクリート

10.1 10.3節AおよびB参照

10.2 JIS A 5308附属書A「レディーミクストコンクリート用骨材」に適合するものであって，JIS A 5002「構造用軽量コンクリート用骨材」，JIS A 5005「コンクリート用砕石及び砕砂」，JIS A 5011-1〜4「コンクリート用スラグ骨材」-1（高炉スラグ骨材），-2（フェロニッケルスラグ骨材），-3（銅スラグ骨材），-4（電気炉酸化スラグ骨材），JIS A 5021「コンクリート用再生骨材H」に適合するもの，および砂利，砂は表10.7に適合する品質のものとする．

10.3 10.5節A（1），10.5節A（2）参照

10.4 10.4節（iii）参照

10.5 10.8節B，CおよびD参照

10.6 10.6節E c, e 参照

10.7 10.7節B参照

10.8 ・生産者が行う検査は，製品に対する品質保証のために行う検査で，コンクリートの種類ごとに定められた検査項目が所定の許容差内にあることを実証するために行い，これを製品検査と呼んでいる．検査の頻度はJIS A 5308の10.2に指定されているが，スランプ，スランプフロー，空気量，お

よび塩化物量については頻度の指定はないが，一般に強度試験用供試体の作製と同時に行われている．
- 購入者が行う検査は，配達されたレディーミクストコンクリートが協議事項などで指定して項目を満足しているか，合否判定のための検査である．受け入れ検査の項目が一般に生産者が行う製品検査と同様であることから，生産者が行う製品検査に購入者が立ち会うことで受け入れ検査とする考えは誤りであり，購入者自らの責任で受け入れ検査を実施し，合否判定を行うことが必要である．

10.9 JIS A 5308 では，呼び強度の強度値に対して，以下の2つの条件を満足しなければならないことが規定されている．

① 1回の試験結果は，購入者が指定した呼び強度の強度値の85％以上でなければならない．

② 3回の試験結果の平均値は，購入者が指定した呼び強度の強度値以上でなければならない．

3回行ったそれぞれの試験結果（3本の供試体による圧縮強度試験結果）は，下表の通りであって，1回の試験結果の最小である $29.4\,\text{N/mm}^2$ については，

$29.4\,\text{N/mm}^2 > 30\,\text{N/mm}^2 \times 0.85 = 25.5$ であるから，条件①を満足している．

また，3回の試験結果の平均値は $30.5\,\text{N/mm}^2$ であるから，条件②を満足している．

よって判定は合格となる．

回	圧縮強度 （N/mm²）			
	x_1	x_2	x_3	平均値
1	34.4	25.1	31.6	$\bar{x}_1 = (34.4 + 25.1 + 31.6)/3 = 30.4$
2	28.5	34.3	32.5	$\bar{x}_2 = (28.5 + 34.3 + 32.5)/3 = 31.8$
3	29.6	33.4	25.1	$\bar{x}_3 = (29.6 + 33.4 + 25.1)/3 = 29.4$
3回の試験結果の平均値				$\bar{x} = \bar{x}_1 + \bar{x}_2 + \bar{x}_3 = 30.4 + 31.8 + 29.4 = 30.5$

第11章　プレキャストコンクリート

11.1 11.1 節 A. 参照

11.2 表 11.2 参照

11.3 11.2 節 C. 参照

11.4 11.2 節 B.d. 参照

遠心力締固めで最大の問題点は材料分離である．遠心力の重力加速度が $40\,g$

ということは，回転中のコンクリート材料が40倍の密度になっていることからも当然である．材料分離に影響する要因は次のようである．

(i) セメント粉末度が小さいと分離しやすい．
(ii) 細骨材の粒形は角ばっている方が分離が少ない．
(iii) 0.3mm以下の粒子が少ないと分離する．
(iv) コンクリートの単位水量は少ないほど分離しない．

11.5 11.2節C.b.参照

高温高圧養生を行ったコンクリートの一般的な材質は次のようである．

圧縮強度は材齢18〜28時間で標準養生材齢28日に匹敵する強度を示す．耐衝撃性もすぐれているが，引張強度，曲げ強度は増加しない．

弾性係数はやや小さくなるが，体積変化も一般にきわめて小さくなる．たとえば，乾燥収縮は標準養生の約1/3，クリープは標準養生の1/4以下である．このことが諸外国でコンクリートブロックの製造に高温高圧養生を用いている理由である．

11.6 11.1節B.参照

11.7 11.2節全般参照

プレキャストコンクリートの場合，新材料・新工法の採用の可否を製品実物について試験することが可能であるので，その効果の判定が容易であることが第1の理由である．その他，新規に設備投資をしても製品が大量に製造できれば投資額の回収が比較的早いことや，工場の稼動率を上げれば製品単価の低減が可能であることなどによる．

11.8 11.4節B.およびC.参照

11.9 11.4節A.参照

第12章 コンクリート試験法

12.1 12.2節A.参照　　**12.8** 12.3節F.参照
12.2 12.2節C.参照　　**12.9** 12.3節G.参照
12.3 12.2節E.参照　　**12.10** 12.3節I.参照
12.4 12.2節I.参照　　**12.11** 12.3節J.参照
12.5 12.3節B.参照　　**12.12** 12.3節K.参照
12.6 表12.3参照　　　**12.13** 12.3節L.参照
12.7 12.3節D.参照　　**12.14** 12.3節M.参照

索　引

〈ア　行〉

アクリル・アミド ……………………………… 85
亜硝酸ソーダ …………………………………… 84
アスペクト比 …………………………………… 87
圧縮強度 ………………………………………… 114
圧縮強度試験 …………………………………… 247
圧送負荷 ………………………………………… 178
圧力損失 ………………………………………… 178
アミノカルボン酸塩系 ………………………… 80
アルカリ骨材反応 ……………………………… 138
アルカリ骨材反応試験 ………………………… 258
アルカリ骨材反応性 …………………………… 43
アルカリシリカ反応 ……………………… 43, 139
アルカリシリカ反応性 …………………… 47, 56
アルカリシリカ反応抑制対策 ………………… 182
アルカリ炭酸塩反応 ……………………… 43, 139
アルカリ量 ……………………………………… 9
アルキルアリルスルホン酸塩 ………………… 75
アルミナセメント ……………………………… 23
アルミニウム粉末 ……………………………… 83
アルミネート相 ………………………………… 8
安定性 …………………………………………… 13
安定性試験 ……………………………………… 36
安定性損失量 …………………………………… 36
陰イオン ………………………………………… 74
打込みの最小スランプ ………………………… 161
海　砂 …………………………………………… 44
運搬時間 ………………………………………… 192
運搬車 …………………………………………… 190
エアメータ法 …………………………………… 202
エコセメント ……………………………… 5, 19
エトリンガイト ………………………………… 72
エーライト ……………………………………… 8
塩　害 …………………………………………… 146
塩化物イオン量 ………………………………… 9
塩化物含有量 ……………………………… 45, 185
塩化物の検査 …………………………………… 210
塩基度 …………………………………………… 16
遠心表面水率 …………………………………… 34
遠心力締固め …………………………………… 221
遠心力鉄筋コンクリート管 …………………… 228
遠心力鉄筋コンクリートくい ………………… 229
遠心力プレストレストコンクリートポール … 229
応力-ひずみ曲線 ……………………………… 127
オキシカルボン酸塩 …………………………… 78
オキシカルボン酸塩系減水剤 ………………… 77
押抜き …………………………………………… 124
オートクレーブ養生 ……………………… 54, 223
温度の影響 ……………………………………… 98

〈カ　行〉

加圧締固め ……………………………………… 221
加圧ブリージング試験方法 …………………… 101
回収水 …………………………………………… 29
海　水 …………………………………………… 28
海水の作用 ……………………………………… 143
回転粘度計 ……………………………………… 96
化学的侵食 ……………………………………… 140
化学法 …………………………………………… 258
化学薬品に対する耐久性試験 ………………… 255
拡散係数 ………………………………………… 157
可傾式ミキサ …………………………………… 176
火山灰 …………………………………………… 65
カットワイヤー ………………………………… 87
ガラス化率 ……………………………………… 16
カルシウム・サルホ・アルミネート ………… 72
間隙通過性試験 ………………………………… 245
含水状態 ………………………………………… 32
岩石粉末 ………………………………………… 72
乾燥収縮 ………………………………………… 133
乾燥収縮低減剤 ………………………………… 86
乾燥法 …………………………………………… 202
貫入抵抗試験装置 ……………………………… 243
管壁における滑り速度 ………………………… 100
管理限界 ………………………………………… 197

管理限界線	197	高炉スラグ骨材	50
管理試験	200	高炉スラグ細骨材	50
管理図	197	高炉スラグ粗骨材	50
管理図の使い方	200	高炉スラグ微粉末	70
管理特性	197	高炉スラグ微粉末6000	70
起泡剤	86	高炉スラグ微粉末8000	70
キャビテーション	143	高炉セメント	5, 15
急結剤	82	国際標準	193
吸水率	32	骨材破砕値	61
凝結	13	コロイドセメント	23
凝結時間試験	243	コンクリート境界ブロック	227
凝集力	76	コンクリート魚礁	233
共振方法	253	コンクリート検査基準の比較	208
強制練りミキサ	176	コンクリート生産工程管理用試験方法	200
強度	184	コンクリート積みブロック	231
強度による検査	209	コンクリートの材料分離	101
強熱減量	11	コンクリートの仕上げ性	99
空気量	165, 210	コンクリートのスランプロス	94
空気量試験	240	コンクリートの性能照査	153
クリープ	131	コンクリートの側圧	107
クリープ係数	133	コンクリートの側圧の算定	109
クリープひずみ	133	コンクリートの品質管理	197
クリンカー	6	コンクリートのブリージング試験方法	104
ケイ酸質微粉末	86	コンクリートポンプ	177
ケイ酸ソーダ系	84	コンクリートミキサ	176
ケイ酸白土	65	コンクリート矢板	230
ケイ藻土	65	混合セメント	5
ケイ素合金	69	コンシステンシー	89, 93
ケイ沸化物	82	コンシステンシー曲線	96, 97

〈サ 行〉

軽量骨材	58	細骨材率	166
ケミカルプレストレス	72, 74	砕砂	46
減圧乾燥法	202	再生骨材	62
現場添加方式	79	砕石	46
現場配合	163	最大寸法	40
高温高圧養生	223	最適細骨材率	99
鋼さい	65	材料貯蔵設備	189
高周波加熱法	203	材料の受入れ検査	195
高性能減水剤	77, 78	材料の計量	191
高性能AE減水剤	80	材料分離	99, 102
鋼繊維	87	材料分離の測定法	104
高ビーライト系セメント	23	殺菌・殺虫剤	86
降伏値	96		
鉱物質微粉末	70		

3σ限界	197
残留ひずみ	127
支圧強度	122
自己収縮	135
自己適合宣言	191
自重による変形	98
実績率	35
脂肪酸石けん	84
示方配合	163
締固め	104, 117
社内規格	193
煮沸方法	14
斜面試験	98
獣 血	65
収 縮	15
重量コンクリート	61
重力式ミキサ	176
樹脂含浸コンクリート	235
シュート	177
シュミットハンマー	225, 251
常圧蒸気養生	222
消波ブロック	233
初期収縮	104
初期ひび割れ	107, 159
徐放剤	80
シリカセメント	5, 18
シリカフューム	69
シリカフュームスラリー	69
新旧コンクリートの付着強度	125
人工軽量粗骨材	59
振動効果	108
振動締固め	221
振動台式コンシステンシー試験方法	244
振動台式コンシステンシーメーター	94
真密度	34
水中不分離性混和剤	85
水密性	104, 147
水密性の試験	255
水溶性高分子	80
水 和	9
水和熱	15
水和熱低減剤	86
砂当量	46

スプレッド試験	245
すべりによる流量	100
スラッジ固形分	29
スラッジ固形分離	188
スランプ	165, 210
スランプフロー試験	94, 210, 245
スランプロス	77, 80
すりへり	143
すりへり作用に対する耐久性試験	255
すりへり抵抗性	44
成熟度	118
製造設備の管理	193
製造設備の管理試験	194
セグメント	232
施工性能	160
是正処置	197
ゼータ電位	78
石 灰	65
石灰石微粉末	72
絶乾密度	33, 34
設計基準強度	155
セメント水比説	116
セメントの蛍光X線分析方法	8
セメント分散効果	69
セルロース・エステル類	85
潜在水硬性	16
せん断強度試験	248
早強ポルトランドセメント	5
相対動弾性係数	158
造粒型膨張けつ岩	58
側圧分布	107
促進剤	80
促進養生による早期強度	197
粗骨材の最大寸法	165
塑性粘度	96
粗粒率	38
損 食	143

〈タ 行〉

耐火性	148
耐寒用混和剤	86
耐久性	35, 104, 137
耐久性指数	104

耐酸セメント	23
体　積	47
耐熱性	148
耐硫酸塩ポルトランドセメント	5
耐冷性	149
濁沸石	44
単位かさ容積	35
単位水量	90, 166
単位水量迅速推定法	203
単位水量迅速推定法の精度	204
単位水量測定試験方法	202
単位水量に影響を与える要因	91
単位セメント量	167
単位容積質量	34, 35, 113
短　径	47
弾性係数試験（静弾性）	253
弾性ひずみ	127
タンピング締固め	221
遅延剤	81
チクソトロピー	95
着色剤	86
中間径	47
中性化	144
中性化促進試験	254
中性化速度係数	157
中庸熱ポルトランドセメント	5
超音波による試験	253
長　径	47
超早強ポルトランドセメント	5
超速硬セメント	5, 21
超遅延剤	82
超低発熱セメント	23
沈　下	104
沈下収縮ひび割れ	107
沈下量	104
低熱ポルトランドセメント	5
低濃度スラッジ水法	188
鉄筋コンクリートガードレール	227
鉄筋コンクリートU形	227
鉄筋との付着強度	104, 124
テーパー管	178
電気炉還元スラグ	57
電気炉酸化スラグ骨材	50, 56
電気炉酸化スラグ骨材 H	57
電気炉酸化スラグ細骨材	50
電気炉酸化スラグ粗骨材	50
天然ポゾラン	65
電流の作用	144
転炉スラグ	57
凍結融解作用	137
凍結融解試験	254
透水コンクリート管	228
銅スラグ骨材	50
銅スラグ細骨材	50
動弾性係数	129
特性値	155
トベルモライト	223
トラックアジテータ	102, 190, 192
トレーサブル	193

〈ナ　行〉

ナフタリンスルホン酸縮合物	78
軟練りコンクリート	99
荷卸し地点での空気量及びその許容差	185
荷卸し地点でのスランプ	185
荷卸し地点でのスランプの許容差	185
荷卸しのスランプ	162
2σ線	198
ニュートン流体	96
熱拡散率	137
熱伝導率	137
熱膨張係数	136
練上りのスランプ	162
練混ぜ時間	106
練混ぜ水	27
粘　性	95
粘性係数	96
粘性摩擦係数	100
粘土鉱物	44
ノズル	178

〈ハ　行〉

配　合	153
配合強度	205
配合計画書作成依頼書	189
配合設計	153

索　引

白色セメント	5, 20
バケット	177
バッチミキサ	176
バッチングプラント	190
発泡剤	83
非イオン系界面活性剤	74
引抜き	124
引抜き試験	250
ヒストグラム	200
非造粒型膨張けつ岩	58
引張強度	120
比熱	137
非破壊試験	251
微粉炭燃焼ボイラ	67
表乾状態	32
表乾密度	34
標準砂	14
表面乾燥飽水状態	32
表面水率	32, 33
ビーライト	8
微粒分量	46
疲労強度	126
疲労限度	126
ビンガム流体	96
品質の指定	205
フィニッシャビリティー	89, 95
風化	9
フェライト	8
フェロニッケルスラグ骨材	50
フェロニッケルスラグ細骨材	50
吹付けコンクリート用急結剤	83
付着強度	124
付着強度試験	248
付着ひび割れ	130
付着モルタル量	62
付着力	100
普通ポルトランドセメント	5
フッ化カルシウム	82
フライアッシュ	67
フライアッシュセメント	5, 18
プラスチック収縮ひび割れ	107
プラスティシティー	89, 95
プラント添加方式	80
ブリーディング	102
ブリーディング試験	241
ブリーディング率	242
ブリーディング量	242
フリーデル塩	45
フレキシブルホース	178
プレキャストコンクリート	217
プレストレストコンクリート橋りょう類	231
フレッシュコンクリートの洗い分析試験方法	104
フレッシュコンクリートの水セメント比	197
プレパックドコンクリート用グラウト	83
ブレーン空気透過法	12
プロクター貫入抵抗試験	82, 83
フロック	72
ブロック用混和剤	86
粉じん防止剤	86
粉体シリカフューム	69
粉末度	12
分離防止剤	85
ベルトコンベヤ	177
変動係数	155, 205
偏平率	47
ポアソン比	129
方形率	47
放射線による試験	253
防水剤	84
防せい剤	84
膨張けつ岩系軽量骨材	58
膨張材	72
膨張性試験	256
膨張セメント	5, 22
防凍剤	86
舗装用コンクリート平板	226
細長率	47
ポゾラン	66
ポゾラン系	84
ポゾラン反応	18
ポゾラン反応性	66, 68
ボックスカルバート	228
ポッツォラーナ	66
ポリカルボン酸塩系	80
ポルトランドセメント	5

〈マ 行〉

ボールベアリング効果 ……………………… 74
ポンパビリティー …………………………… 99
ポンプ圧送性 ……………………………… 90, 101

マイクロフィラー効果 ……………………… 69
まくら木 …………………………………… 232
曲げ強度 …………………………………… 121
曲げ強度試験 ……………………………… 249
真砂土 ……………………………………… 65
松　脂 ……………………………………… 65
ミキサ ……………………………………… 190
水セメント（結合材）比 ………………… 166
密　度 …………………………………… 11, 34
メビウスループ …………………………… 211
メラミンスルホン酸縮合物 …………… 78, 81
モルタルバー法 …………………………… 258
モルタルひび割れ ………………………… 130
モンモリロナイト ……………………… 44, 46

〈ヤ 行〉

山　砂 …………………………………… 44, 46
ヤング係数 ………………………………… 128
油井セメント ……………………………… 23
有機不純物 ………………………………… 41
誘電率法 …………………………………… 202
輸送限界距離 ……………………………… 178
養　生 ……………………………………… 117
容積係数 …………………………………… 47
呼び強度の強度値 ………………………… 205

〈ラ 行〉

リグニンスルホン酸塩系減水剤 ………… 76
リサイクル材 ……………………………… 191
粒形判定実績率 …………………………… 48
粒体シリカフューム ……………………… 69
粒　度 ……………………………………… 36
流動化剤 …………………………………… 78
流動曲線 …………………………………… 96
粒度曲線 …………………………………… 37
流　量 ……………………………………… 100
両引き ……………………………………… 124
両引き試験 ………………………………… 251
ルシャテリア法 …………………………… 14
レイタンス ………………………………… 102
レオロジー ………………………………… 96
レギュレーテッドセットセメント ……… 21
レジンコンクリート ……………………… 236
レディーミクストコンクリート …… 175, 181
レディーミクストコンクリート工場の選定要件
　……………………………………………… 204
レディーミクストコンクリート納入書 … 214
レディーミクストコンクリートの種類 … 182
レディーミクストコンクリートの発注から配合の
　報告までの流れ ………………………… 207
連続ミキサ ………………………………… 176
ローモンタイト ………………………… 44, 46

〈ワ 行〉

ワーカビリティー ………………………… 89
ワーカビリティー測定法 ………………… 92
割増し係数 ………………………………… 205
割増し係数の比較 ………………………… 206

〈英 名〉

AE剤 ………………………………………… 74
ALC製品 …………………………………… 234
JIS A 5308 ………………………………… 181
JIS Q 1011 ………………………………… 181
JIS Q 17025 ……………………………… 193
PC用グラウト ……………………………… 83
VB試験 …………………………………… 244
VB試験器 …………………………………… 99
$\bar{X}$-R 管理図 ………………………………… 198
$\bar{x}$-R_s 管理図 ………………………………… 198

〈著者紹介〉

村田　二郎（むらた　じろう）
　1947　年　東京大学工学部土木工学科卒業
　専門分野　コンクリート工学
　現　　在　東京都立大学名誉教授，工学博士

長瀧　重義（ながたき　しげよし）
　1960　年　東京大学工学部土木工学科卒業
　専門分野　コンクリート工学
　現　　在　東京工業大学名誉教授，愛知工業大学教授，工学博士

菊川　浩治（きくかわ　ひろじ）
　1956　年　名城大学理工学部土木工学科卒業
　専門分野　コンクリート工学
　現　　在　名城大学名誉教授，工学博士

〈改訂者紹介〉

鈴木　一雄（すずき　かずお）
　1975　年　関東学院大学大学院工学研究科修士課程修了
　専門分野　コンクリート工学
　現　　在　全国生コンクリート工業組合連合会常務理事，工学博士

藤原　浩已（ふじわら　ひろみ）
　1996　年　東京工業大学大学院理工学研究科博士後期課程修了
　専門分野　コンクリート工学
　現　　在　宇都宮大学大学院工学研究科教授，博士（工学）

久田　真（ひさだ　まこと）
　1990　年　京都大学工学部交通土木工学科卒業
　専門分野　コンクリート工学
　現　　在　東北大学大学院工学研究科教授，博士（工学）

佐伯　竜彦（さえき　たつひこ）
　1989　年　東京工業大学大学院修士課程修了
　専門分野　コンクリート工学
　現　　在　新潟大学工学部教授，博士（工学）

コンクリート工学の基礎
〔建設材料 コンクリート：改訂・改題〕

2012 年 4 月 1 日　改訂・改題　1 刷発行	
2022 年 9 月 10 日　改訂・改題　5 刷発行	検印廃止

著　者　村田　二郎　　©2012
　　　　長瀧　重義
　　　　菊川　浩治

改訂者　鈴木　一雄
　　　　藤原　浩已
　　　　久田　　真
　　　　佐伯　竜彦

発行者　南條　光章

発行所　共立出版株式会社

〒 112-0006　東京都文京区小日向 4 丁目 6 番 19 号
電話　03-3947-2511
振替　00110-2-57035
URL　www.kyoritsu-pub.co.jp

一般社団法人
自然科学書協会
会員

印刷：横山印刷 / 製本：協栄製本
NDC 511.7 / Printed in Japan

ISBN 978-4-320-07432-3

JCOPY ＜出版者著作権管理機構委託出版物＞
本書の無断複製は著作権法上での例外を除き禁じられています．複製される場合は，そのつど事前に，出版者著作権管理機構（ＴＥＬ：03-5244-5088，ＦＡＸ：03-5244-5089，e-mail：info@jcopy.or.jp）の許諾を得てください．

■土木工学関連書

www.kyoritsu-pub.co.jp **共立出版**

土木職公務員試験 過去問と攻略法	山本忠幸他著
コンクリート工学の基礎 (建設材料コンクリートノート:改訂・改題)	村田二郎他著
標準 構造力学 (テキストS土木工学 12)	阿井正博著
工学基礎 固体力学	園田佳巨他著
静定構造力学 第2版	高岡宣善著／白木 渡改訂
不静定構造力学 第2版	高岡宣善著／白木 渡改訂
詳解 構造力学演習	彦坂 熙他著
鉄筋コンクリート工学	加藤清志他著
土砂動態学 山から深海底までの流砂・漂砂・生態系	松島亘志他編著
土質力学の基礎とその応用 土質力学の基礎改訂・改題	石橋 勲他著
土質力学 (テキストS土木工学 11)	足立格一郎著
地盤環境工学	嘉門雅史他著
水理学入門	真野 明他著
流れの力学 水理学から流体力学へ	澤本正樹著
移動床流れの水理学	関根正人著
水文科学	杉田倫明他編著
水文学	杉田倫明訳
復刊 河川地形	高山茂美著
交通バリアフリーの実際	高田邦道編著
メッシュ統計 (統計学OP 15)	佐藤彰洋著
都市の計画と設計 第3版	小嶋勝衛他監修
新・都市計画概論 改訂2版	加藤 晃他編著
風景のとらえ方・つくり方 九州実践編	小林一郎監修
新編 橋梁工学	中井 博他著
例題で学ぶ橋梁工学 第2版	中井 博他著
対話形式による橋梁設計シミュレーション	中井 博他著
森の根の生態学	平野恭弘他著
森林と災害 (森林科学S 3)	中村太士他編
実践 耐震工学 第2版	大塚久哲著
震災救命工学	高田至郎他著
津波と海岸林 バイオシールドの減災効果	佐々木 寧他著
環境計画 政策・制度・マネジメント	秀島栄三訳
入門 環境の科学と工学	川本克也他著